信息可视化

网上疯转的信息图如何做？

视觉文化 著

人民邮电出版社
北京

图书在版编目（ＣＩＰ）数据

信息可视化. 网上疯转的信息图如何做？ / 视觉文化著. -- 北京 : 人民邮电出版社, 2016.5
ISBN 978-7-115-40451-0

Ⅰ. ①信… Ⅱ. ①视… Ⅲ. ①视觉设计 Ⅳ. ①J062

中国版本图书馆CIP数据核字(2015)第262711号

内 容 提 要

如何实现数据可视化、文字图形化？

本书以“实战操作”为主线，通过6大类信息图案例——表格信息图、图表信息图、图形信息图、统计信息图、图解信息图以及地图信息图的制作过程讲解，从零开始，帮助读者快速掌握信息图制作的方法和技巧。

本书结构清晰、案例丰富、实用性强，不仅适用于初学信息图的设计师，同时也适用于有意学习信息图制作或希望通过信息图传递相关信息的人员阅读使用。

◆ 著　　　　视觉文化
责任编辑　恭竟平
责任印制　周昇亮

◆ 人民邮电出版社出版发行　　北京市丰台区成寿寺路 11 号
邮编　100164　　电子邮件　315@ptpress.com.cn
网址　http://www.ptpress.com.cn

◆ 开本：700×1000　1/16
印张：14.25　　　　2016 年 5 月第 1 版
字数：328 千字　　　2016 年 5 月北京第 1 次印刷

定价：59.80 元

读者服务热线：(010)81055296　印装质量热线：(010)81055316
反盗版热线：(010)81055315
广告经营许可证：京东工商广字第 8052 号

前言

信息图为什么越来越火爆?

它究竟有什么样的魅力、特色和亮点?

在哪些行业、场景、工作当中可以充分应用信息图?

它又是通过哪些软件、工具，轻松制作出来的?

如果自己想 DIY，根据需求亲手制作信息图，如何步步实现?

如果想提高效率、偷点小懒，直接在网上找到模板后，又该如何进行修改?

在此，作为数据可视化——信息图的前沿发烧友，我们特意精心策划并编写了两本信息图的制作教程，供大家学习和参考：

《信息可视化：网上疯转的信息图如何做？》

《信息可视化：信息图制作与应用 108 例》

在本书里，我们不仅详细地介绍了制作信息图最常用的 4 个软件——Power Point、Excel、Photoshop、illustrator，还介绍了 10 款网络在线信息图制作工具。本书的其他特色如下。

（1）内容全面： 信息图的制作理念、流程、步骤、技巧、方法，应有尽有!

（2）案例经典： 表格、图表、图形、统计、图解、地图六大信息图全制作!

（3）步骤详细： 一步一步详细地讲解了信息图的制作过程，全盘揭秘设计技巧!

（4）模板套用： 提供了大量信息图的模板，读者稍加修改即可活学活用!

本书共分为 8 章，具体内容包括：“信息图快速了解”“信息图制作准备”“表格信息图的制作”“图表信息图的制作”“图形信息图的制作”“统计信息图的制作”“图解信息图的制作”以及“地图信息图的制作”。

由于作者知识水平有限，书中难免有错误和疏漏之处，恳请广大读者批评、指正。联系邮箱：itsir@qq.com。

CONTENTS 目录

第 1 章 信息图快速了解

第 2 章 信息图制作准备

第 3 章 表格信息图的制作

第 4 章 图表信息图的制作

第 5 章
图形信息图的制作

第 6 章
统计信息图的制作

7 章
解信息图的制作

第 8 章
地图信息图的制作

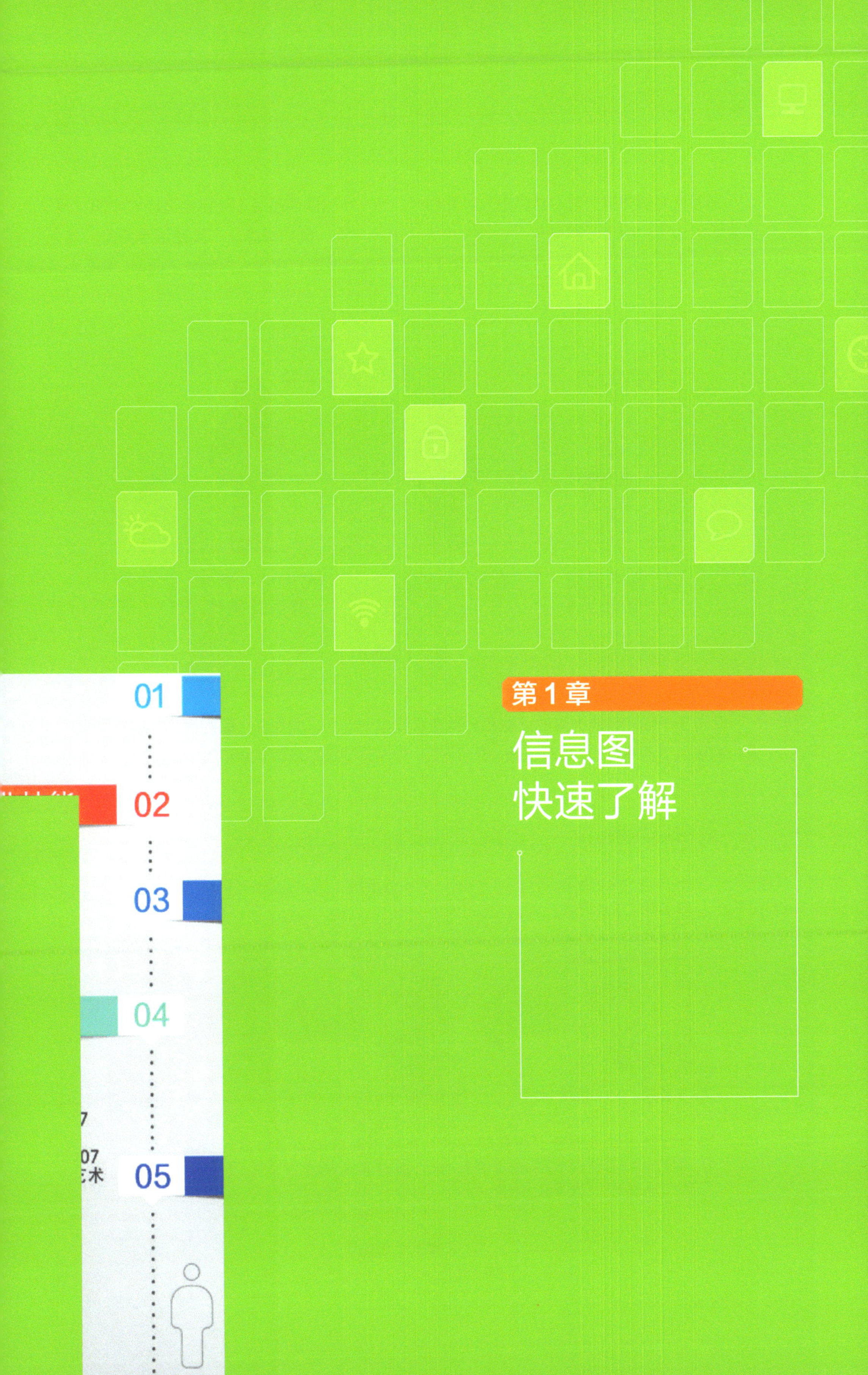

第 1 章

信息图快速了解

1.1 信息图兴起的原因

随着社交媒体的兴起，全民进入读图时代，纯文字的阅读已经不能完全适应时代的发展。纯文字阅读费时费力，有些东西仅靠文字无法形象传达，例如概念、产品使用手册等。如今正在兴起的信息图，给没有时间和精力坐下来好好琢磨满屏文字的人们带来了福音，如图 1-1 所示。

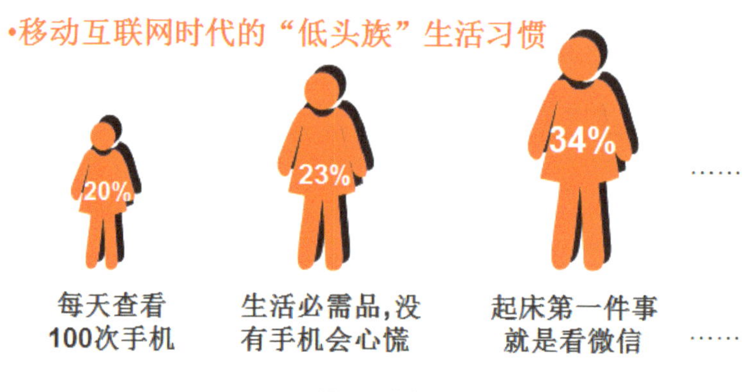

图 1-1 信息图

在过去，或许需要大量的证据和分析去解读某一信息，而现在，取而代之的信息可视化，为人们提供了更易解读、更有乐趣、更加美观、更快速便捷地获取信息的方式，如图 1-2 所示。

图 1-2 信息图

1.1.1 信息图的表达方式更直接

信息图是整合复杂的数据与想法，将其用视觉的方法呈现给读者，帮助读者更快地理解和消化信息。

信息式的图表或信息图表是为了把复杂的信息、数据、知识以快速而清晰的方式进行生动的视觉效果呈现。运用图表可以提高人类视觉系统的能力，通过图案和走向，达到改善认知的效果，如图 1-3 所示。

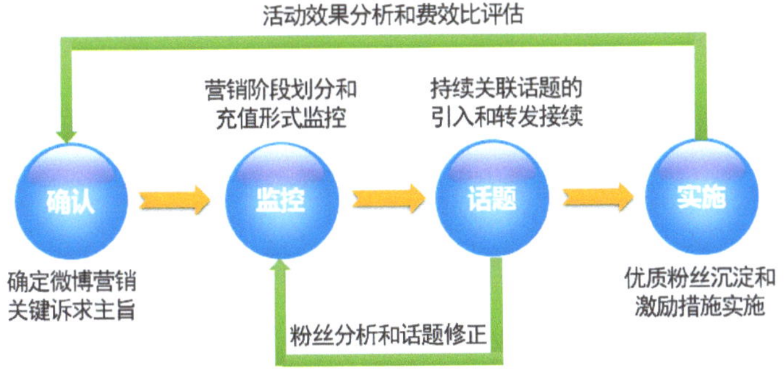

图 1-3 信息图

简单来说，信息图就是一种“一图胜千言”的表达方式，通过图形化思维将复杂的逻辑关系清晰地表达出来。因此，信息图越来越受到大家的青睐，这也是信息图为什么这么“火”的原因。

1.1.2 信息图的发展现状良好

根据相关的研究发现，信息图具有以下优势：

90% 的视觉信息可以更容易被人脑所接收；

信息图可以覆盖到全球各个角落，比普通的文字表达能够提高 12% 的流量。

因此，随着信息技术和社交媒体发展以及人们对传播的进一步理解，信息图的使用范围也会越来越广。

1. 信息图的发展

公元前 7500 年以前的新时期时代的 Catalhoyuk 遗址中出土过一张地图，这是人类发现的有史以来的第一张信息图，比埃及金字塔的建造时间早了将近 5000 年，如图 1-4 所示。

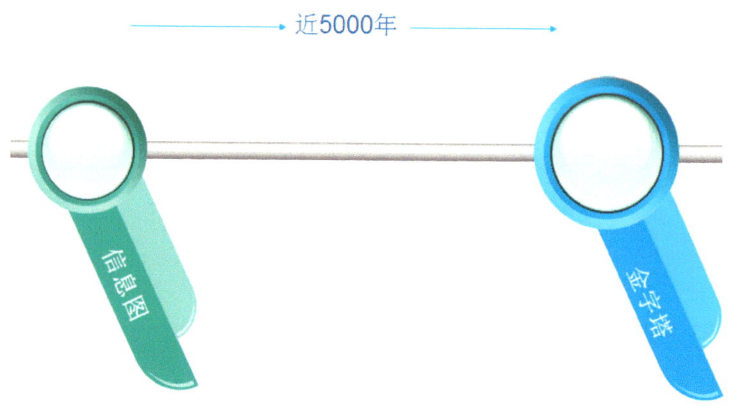

图 1-4 世界上第一张信息图

1786—1801 年，苏格兰人 Wiliam Play 发明了线形图、柱状图、饼图和环形图，如图 1-5 所示。

图 1-5 Wiliam Play 发明的信息图

现代信息图首次使用是在20世纪70年代，它更有效地呈现了数据，也让数据更易于理解，如图1-6所示。

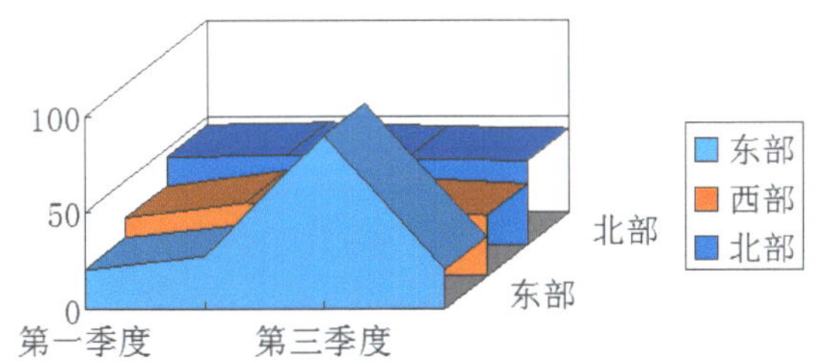

图1-6 现代信息图

2. 信息图的现状

看信息图是一件非常有趣的事情，一幅图的信息传达能力要胜过千言万语。下面是一些信息图发展过程中的相关数据。

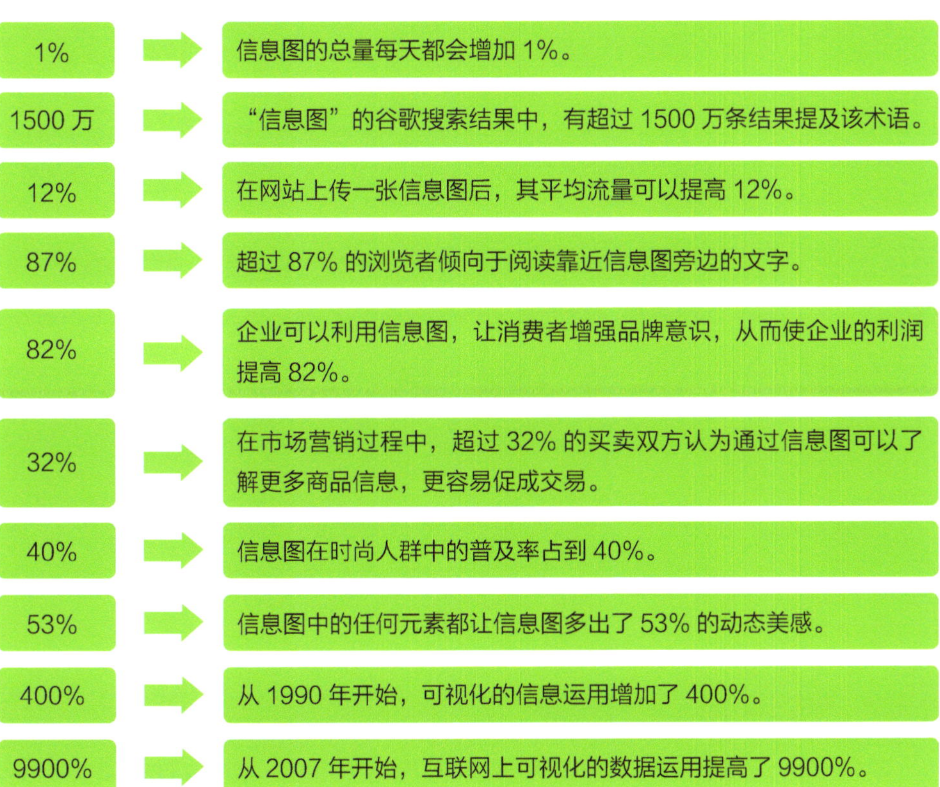

1%	信息图的总量每天都会增加1%。
1500万	“信息图”的谷歌搜索结果中，有超过1500万条结果提及该术语。
12%	在网站上传一张信息图后，其平均流量可以提高12%。
87%	超过87%的浏览者倾向于阅读靠近信息图旁边的文字。
82%	企业可以利用信息图，让消费者增强品牌意识，从而使企业的利润提高82%。
32%	在市场营销过程中，超过32%的买卖双方认为通过信息图可以了解更多商品信息，更容易促成交易。
40%	信息图在时尚人群中的普及率占到40%。
53%	信息图中的任何元素都让信息图多出了53%的动态美感。
400%	从1990年开始，可视化的信息运用增加了400%。
9900%	从2007年开始，互联网上可视化的数据运用提高了9900%。

1.1.3 信息图的优势更突出

在与他人进行沟通交流、传递信息的过程中，与其使用大量的文字，不如多使用些图形、图表，发挥它们在传递信息方面的优势。

信息图的具体优势如下所示。

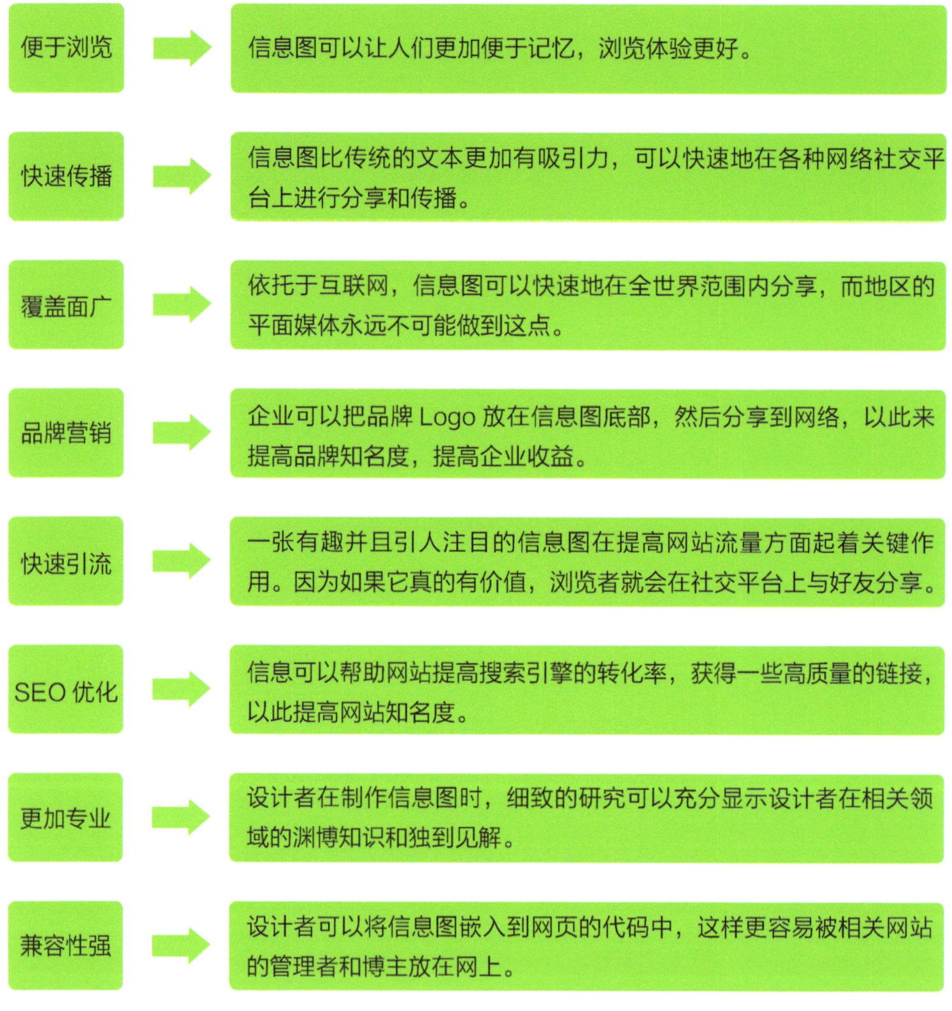

1.1.4 信息图的应用范围更广泛

如今，很多广告已经不再是单纯地介绍产品的特征，而是越来越多地使用大量的可视化元素，如独特的创意和各种图标效果等，如图 1-7 所示。

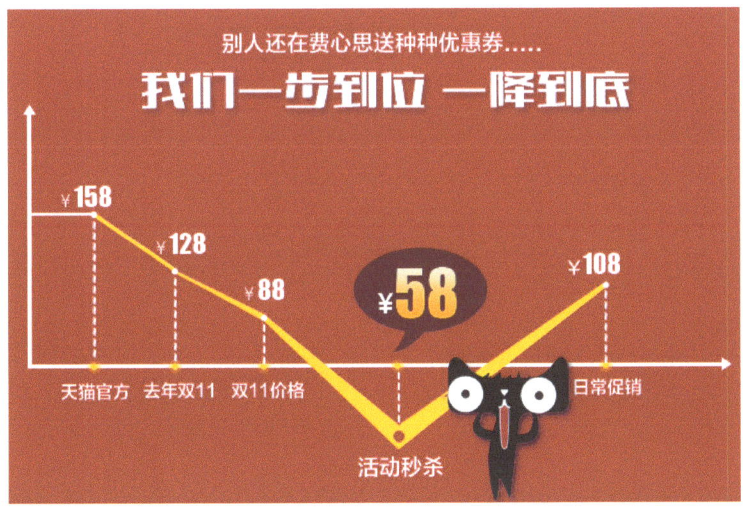

图 1-7 信息图在广告中的应用

除了应用在广告中外，信息图还可以应用在以下领域，如图 1-8 所示。

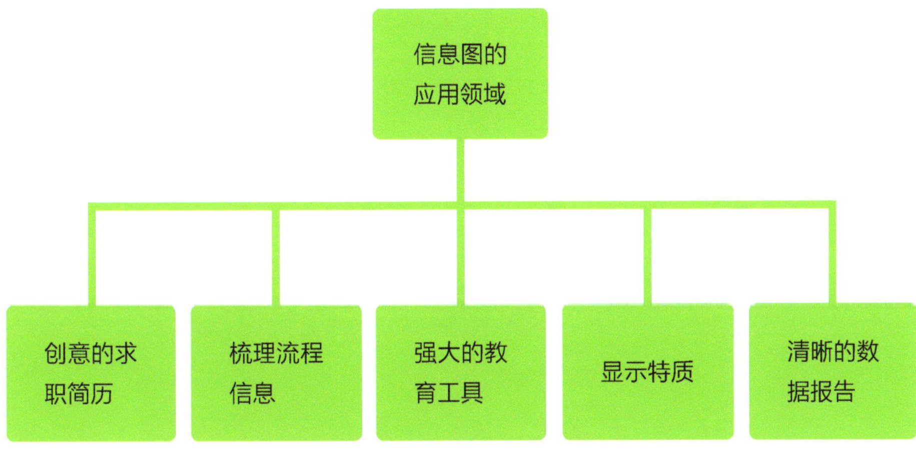

图 1-8 信息图的应用范围

1. 创意的求职简历

设计师们很早就开始使用“信息图”来制作有创意的简历，既能体现自己的设计风格和水平，同时也能突出自己的亮点和经验，如图 1-9 所示。

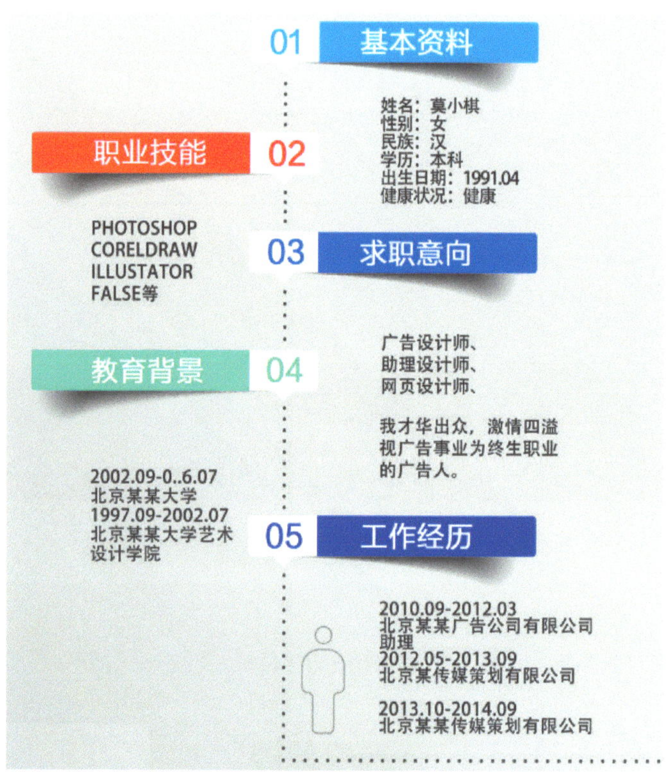

图 1-9 求职简历信息图

近来，企业招聘者也开始重视信息图的使用，让自己的招聘职位显得更有吸引力，如图 1-10 所示。

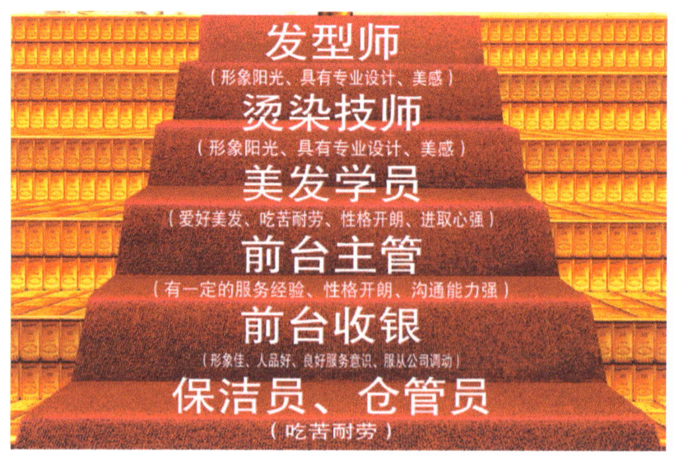

图 1-10 企业招聘信息图

2. 梳理流程信息

用于表达各种流程类信息，如产品的制造流程、销售流程、企业的发展过程等，如图 1-11 所示。

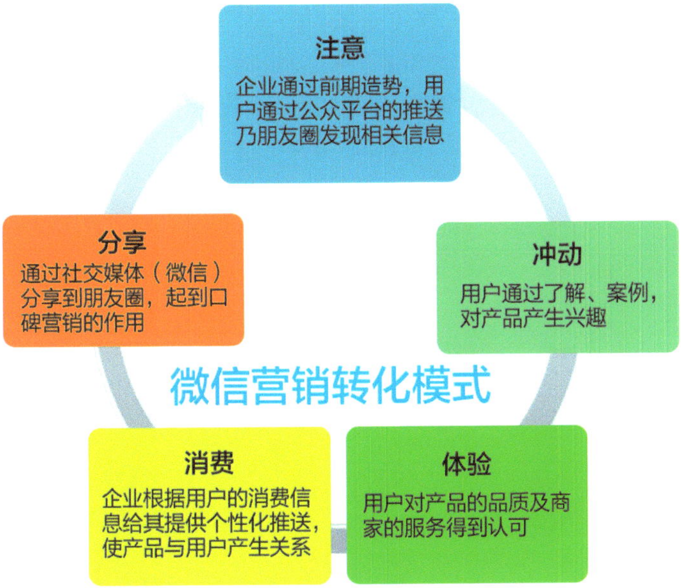

注意
企业通过前期造势，用户通过公众平台的推送乃朋友圈发现相关信息

冲动
用户通过了解、案例，对产品产生兴趣

体验
用户对产品的品质及商家的服务得到认可

消费
企业根据用户的消费信息给其提供个性化推送，使产品与用户产生关系

分享
通过社交媒体（微信）分享到朋友圈，起到口碑营销的作用

微信营销转化模式

图 1-11 流程类信息图

3. 强大的教育工具

信息图的另外一个重要用途是简化复杂概念，因此信息图也是非常强大的教育工具，尤其适合做综述式的介绍，但不适合做太过深入的分析，如图 1-12 所示。

二维码的价值

品牌广告互动
微信营销闭环
会员价值挖掘
O2O落地服务
促进客户开发
移动支付应用

图 1-12 教育工具类信息图

4. 显示特质

信息图可以十分清晰地表现出事物的特点和特征。

5. 清晰的数据报告

调查数据展示是信息图最常见的用途之一，常规的统计报告充斥着大量枯燥的数据，让人望而生畏，但信息图能够快速、简洁、直观地展示报告中的信息亮点，如图 1-13 所示。

图 1-13 数据报告类信息图

1.2 信息图入门知识

信息图越来越火爆，学习信息图也越来越重要。下面我们来了解一下信息图的定义、历史以及分类。

1.2.1 信息图的定义

随着大数据时代的到来，信息可视化越来越被人重视，同时越来越多的设计师热衷于以图形化的方式结合视觉上的美感将信息传达给读者，使得信息图越来越流行、越来越被大众所喜闻乐见。

把“信息”和“图”的 2 个英文单词 Information 和 Graphics 结合在一起就是 Infographics，也就是现在我们经常在各种信息传播媒介上看到的“信息图形”，它可以将复杂的信息通过图形的样式清晰明了地传达给读者，如图 1-14 所示。

信息图形（Infographics），又称为信息图，是指数据、信息或知识的可视化表现形式。

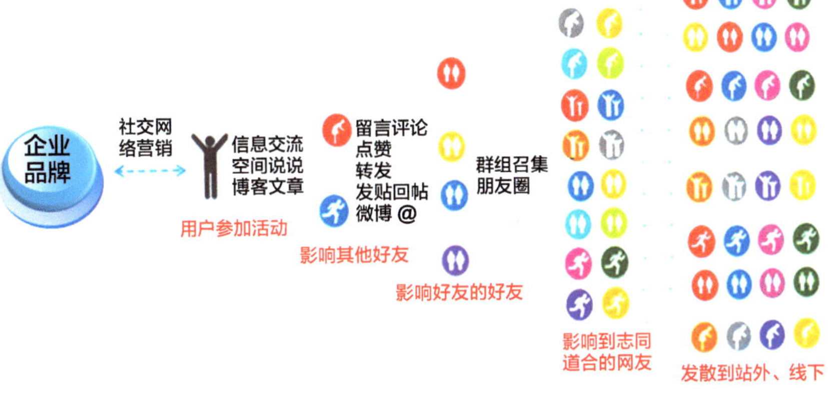

图 1-14 信息图对信息的表达

1.2.2 信息图的分类

信息图的分类有很多种，各分类之间也并不是泾渭分明，所以大可不必纠结什么样的分法最正确。目前最常用的分类方法，是将信息图分为 6 大类：表格、图表、图形符号、统计图、图解和地图，如图 1-15 所示。

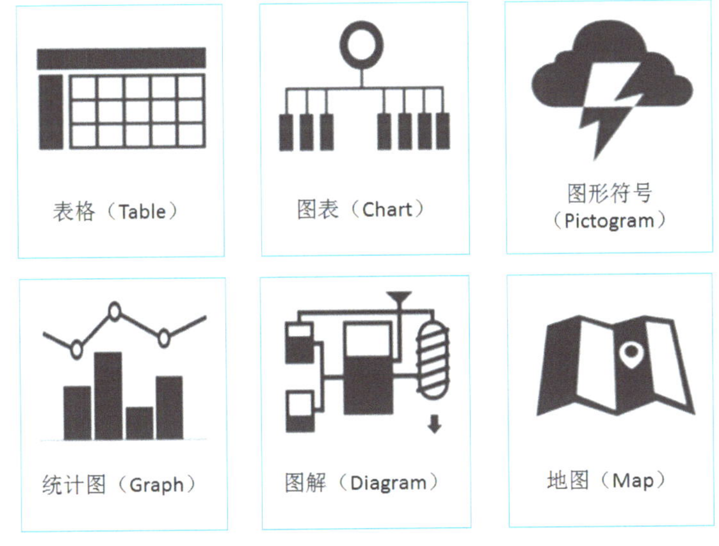

图 1-15 信息图分类

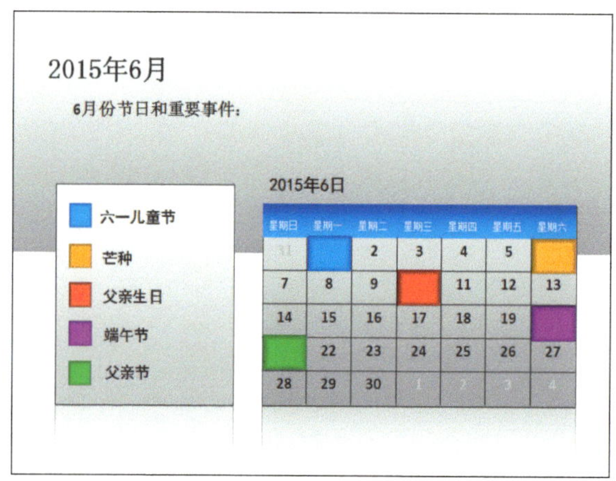

图 1-16 表格信息图

表格： 根据特定信息标准进行区分，如图 1-16 所示。

图表： 运用图形、线条及插图等，阐明事物的相互关系，如图 1-17 所示。

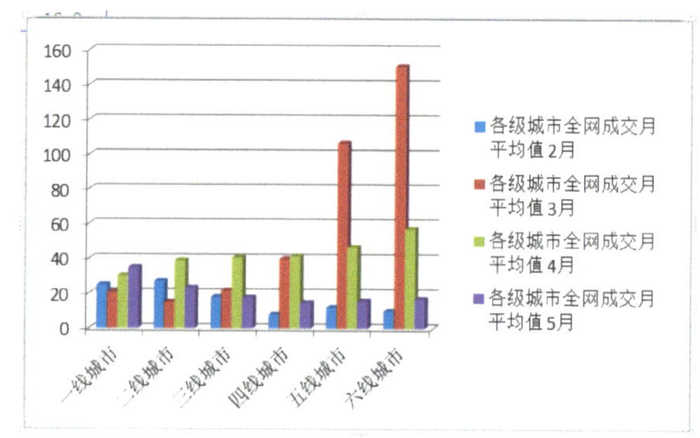

图 1-17 图表信息图

图 1-18 图形信息图

图形： 不使用文字，运用图画直接传达信息，如图 1-18 所示。

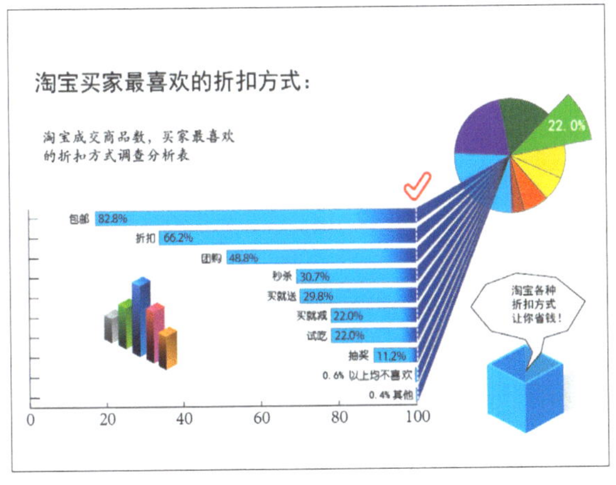

图 1-19 统计信息图

统计图：通过数值来表现变化趋势或进行比较，如图 1-19 所示。

图解：主要运用插图对事物进行说明，如图 1-20 所示。

图 1-20 图解信息图

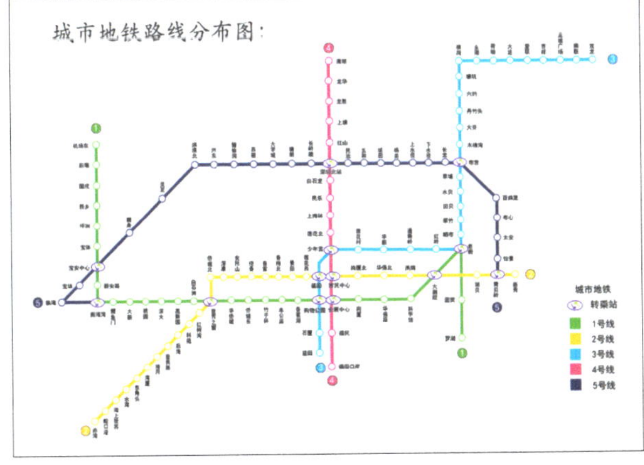

图 1-21 地图信息图

地图：描述在特定区域和空间里的位置关系，如图 1-21 所示。

不过，在信息图的实际制作过程中，通常会通过多种形式相配合的方式来完成。

1.3 为什么要学信息图

信息图的应用领域不局限于传媒行业，培养信息视图化的设计理念和思维，掌握绘制信息视图的技巧，对每一位职场人士来说都十分重要。

信息图的视觉化冲击力很强，又能通过联系相关图形把枯燥的数据进行加工后表达出来，在读者群中取得了较好的反响，所以目前慢慢流行起来，并迅速地被运用于各个领域。如图1-22所示，通过信息图可以快速地展示出各种媒体对用户购买决策的影响比率。所以，为了更好地适应读图时代，我们需要学习信息图。

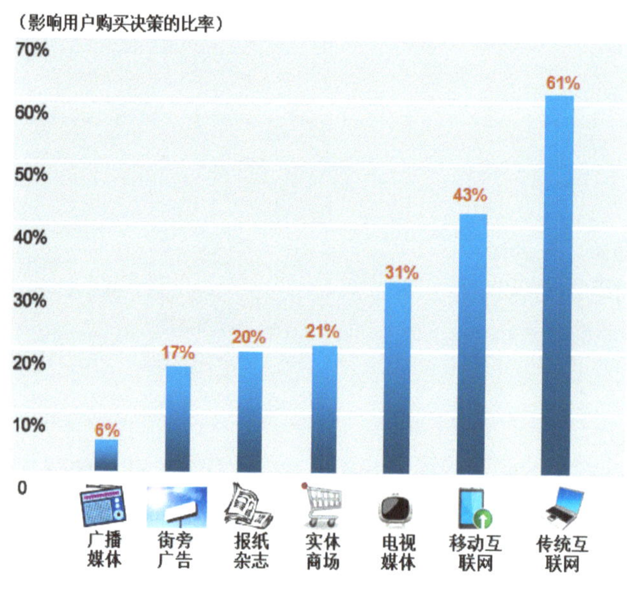

图 1-22 各种媒体对用户购买决策的影响比率

1.3.1 信息图的视觉意义

信息图的设计是一种图视化信息的过程，也是一个提炼、总结和设计的过程，核心传递模式是力求简洁和数据化。

例如，当用户面对复杂的问题苦思冥想时，可以画一张脉络清晰的信息图，即可理顺脑海中的千头万绪，如图 1-23 所示。一个高质量的信息图越来越受到运营者的喜欢，同时也被更多的读者所喜欢。

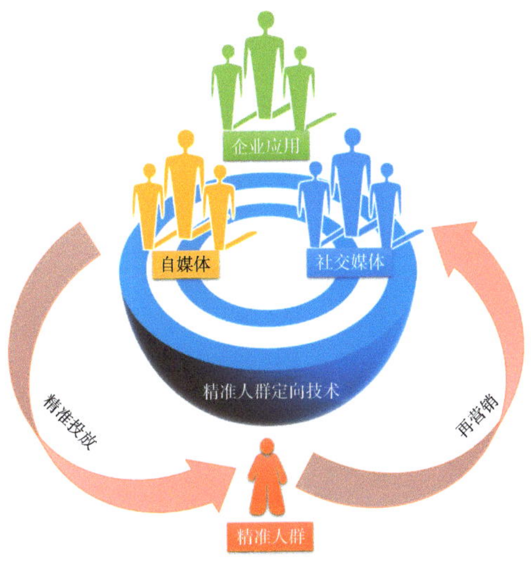

图 1-23 脉络清晰的信息图

信息图的视觉意义，如图 1-24 所示。

图 1-24 信息图的视觉意义

1.3.2 信息图可提高效率

信息图可以把枯燥的信息变成彩色的、容易记忆的、高度组织的图表，让读者的大脑更简单有效地处理信息。

信息图，无论是呈现数据还是表达观点都有纯文字所不能替代的功效，如图 1-25 所示。在工作、学习和生活中的任何一个领域中，使用信息图都可以极大地提高效率，增强思考的有效性和准确性以及提升注意力和工作乐趣。

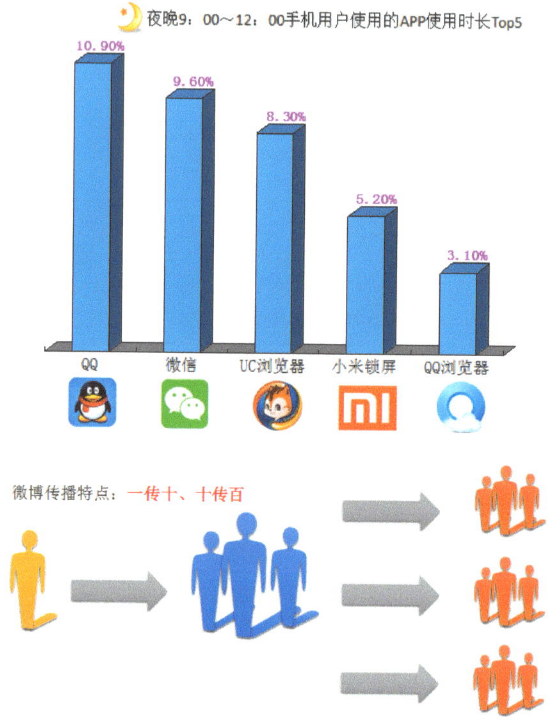

图 1-25 信息图应用举例

1.4 制作信息图的 5 大要素

设计者在制作理想的信息图时，应该考虑的 5 大要素，如图 1-26 所示。

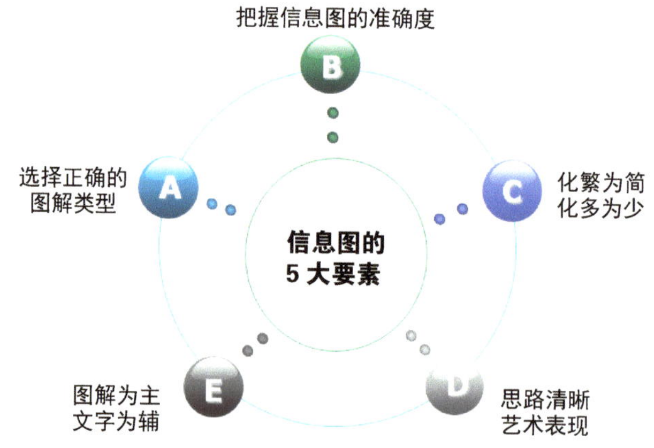

图 1-26 制作信息图的 5 大要素

1.4.1 选择正确的图解类型

数据可视化的方法有很多种，在可视化的过程中，图解的类型必须富有吸引力，所以设计者应该设计一些能够让读者产生共鸣的东西。如图 1-27 所示，以装修广告为主题制作的信息图，极易引起同类人群的共鸣。

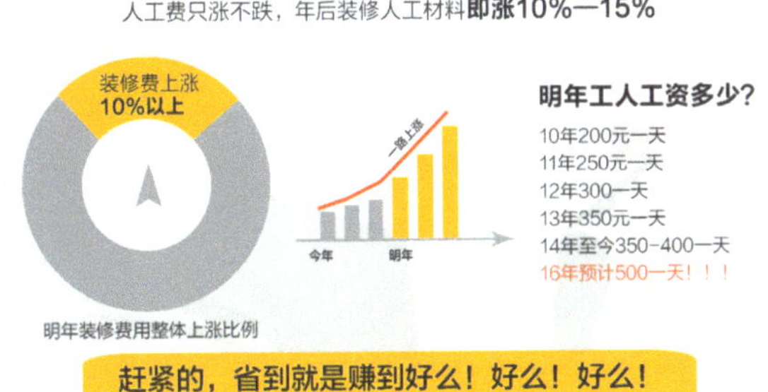

图 1-27 装修广告信息图

1.4.2 把握信息图的准确度

设计信息图时要选择一个最想要传达给读者的主题，把这个主题巧妙地表现出来。因为读者很难理解内容含糊的图文，因此在制作信息图时，设计者必须明确自己想传达什么、想让读者理解什么。

旅游企业在制作旅游流程线路图时，可以使用时间轴将每天的游览历程连接起来，加上宣传文案，并配以精美的图片，展现出其线路特色和精华之处，从而吸引消费者订购，如图 1-28 所示。

图 1-28 旅游流程信息图

1.4.3 化繁为简，化多为少

要从庞大的信息量中将真正必要的信息筛选出来，同时设计的表现手法同样需要合理简化、突出重点。

明确设计意图后，经过再三斟酌，设计思路便得以形成。尽管意图确定以后，会有多种相应的思路，但并非每种思路都能找到足够的相关资料。不过，在信息图中，信息也不是越多越好。

有人会想，图中这些信息或多或少能起到一些作用，但是，大胆舍弃也是设计中的一种能力。如果没能舍尽，那些冗余的信息就如同过滤网一般阻碍意图的有效传达，这也是造成一些信息图视觉效果不佳的原因。图上保留的信息要能以最小的量产生最大的效果，让读者第一眼就能明白其中传达的意图。另外，需要简化的不仅仅是信息，还包括颜色、字体、字数、线条和排版等。

1.4.4 思路清晰，艺术表现

在设计信息图时，设计者应充分利用人们的阅读习惯，注意视线移动的规律，通过创意的设计流程来营造出时空感，如图 1-29 所示。

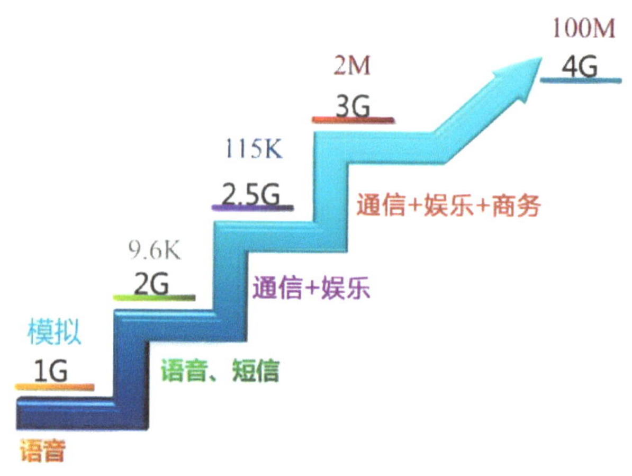

图 1-29 成功营造时空感的信息图

排版时充分利用人们的阅读习惯，是一个很重要的因素。在阅读时，人的视线习惯从左上向右下移动。因此，展板、海报、杂志、网页等的排版设计，基本上都应遵循这个规律。也就是说，认识视线移动的顺序后，我们就可以找到版面上最吸引眼球的地方，并把最主要的图文资料放在那里。

1.4.5 图解为主，文字为辅

对信息图中要表达的事物的结构或流程等进行说明时，尽量避免使用文字，仅以图形传达信息。

一幅信息图没有任何文字，其内涵也能被读者充分理解，这是最理想的信息图。将来，信息图有可能变成世界共通的语言，成为人们新的沟通工具。有的图能够很自然地洞察读者的心思，并能与读者沟通。

如图 1-30 所示，为一款便携式投影机的宣传广告信息图，图中没有放置任何文字，而是通过 Wi-Fi 图标展示出投影机的双频网络特点，代入感更强。

图 1-30 以图形传达信息

图片与文字围绕同一内容在各自独立发挥作用的基础上有机地结合起来，充分调动读者的联想力，加大感知深度。例如，一些风景名胜的图片，可以使读者沉浸在美的享受之中，并激发身临其境的渴望，如图 1-31 所示。

图 1-31 图片与文字的结合

1.5 信息图的设计原则、制作流程、技巧与发布平台

信息图在现在生活中所占的地位越来越重要，学会制作信息图也就越来越重要。下面我们来学习信息图的设计原则、制作流程、技巧与发布平台。

1.5.1 信息图的设计原则

在正式学习信息图的各种设计技巧之前，应先了解信息图的基本设计原则，这可以避免陷入许多设计中常见的误区，并且有助于快速掌握信息图的一些设计要点，如图 1–32 所示。

根据信息内容选择样式	• 在信息图设计中，展示市场调查、风格研究、布置工作进程等不同的信息内容时，可以通过具体的图像依次罗列，给人较为直观的比较。
根据数据类型选择图表	• 在信息图数据的提炼过程中，通过分析各种数据和参数，选择合适的图表类型，还可以将多个类型的图表进行结合。
根据信息主题选择颜色	• 信息图要表达的主题一般都有一定的主色彩，可以帮助观者更快地找到相应的内容，以及帮助他们记忆信息。

图 1–32 信息图的设计原则

1.5.2 信息图的制作流程

信息图的制作是一个团队合作的过程，在平时的设计中可能并没有严格按照下面的流程来做，但是我们可以从中理解到信息图的核心是传达主题，如图 1–33 所示。

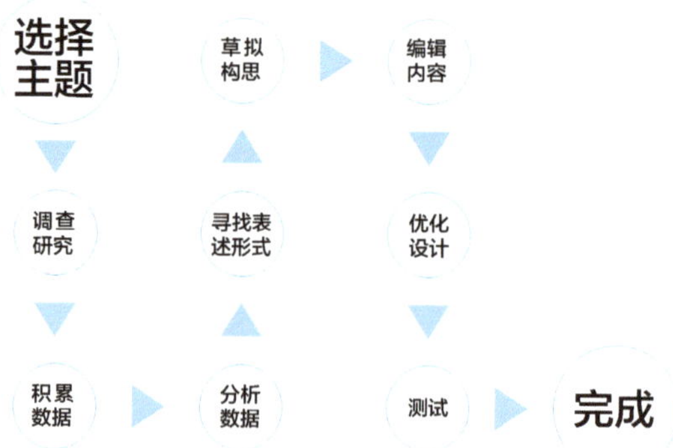

图 1–33 信息图的制作流程

1.5.3 信息图的制作技巧

通过整理一些相关资料以及结合自己的经验，我们总结了一般信息图设计中经常涉及的5类手法和技巧。

1. 建立结构模型

掌握结构模型的选择和设计，是制作信息图的第一步。

信息图的主要结构模式有箭头结构、分组结构、卫星型结构、展开型结构、单向型结构、多向型结构、发散型结构、集中型结构、树状结构、矩形图结构、循环结构、堆积分层结构、相关型结构、对比型结构等。

例如，发散型结构可以强调构成要素，如图1-34所示。

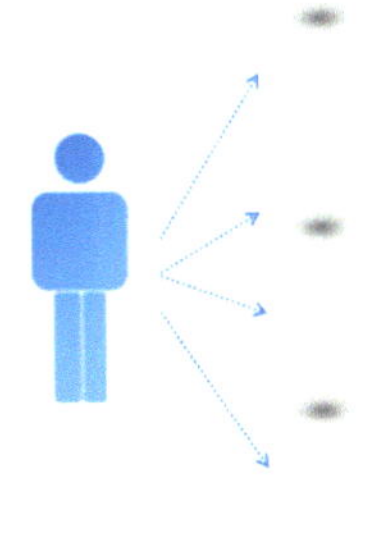

图1-34 发散型结构模型

2. 版面设计

通过设计并调整信息图的版面，可以规划出信息图的基本框架。

信息图的版面设计类型主要有整齐版面、根据读者的视线移动习惯来调整版面、简洁视觉版面、重复型网格版面、曲线型版面、三角形构成的稳定版面、聚散对比型版面。

例如，聚散对比型版面通常用来凸显某种热点信息，如图1-35所示。

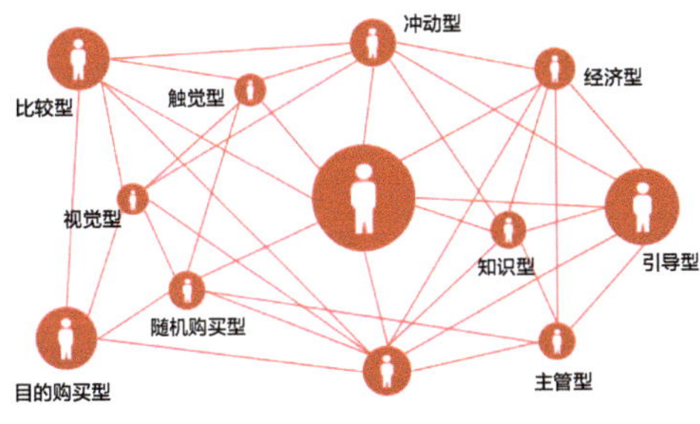

图1-35 聚散对比型版面

3. 图元素的设计

信息图中的图元素是其设计与运用的灵魂所在，包括图片、图形两类元素，如图 1-36 所示。

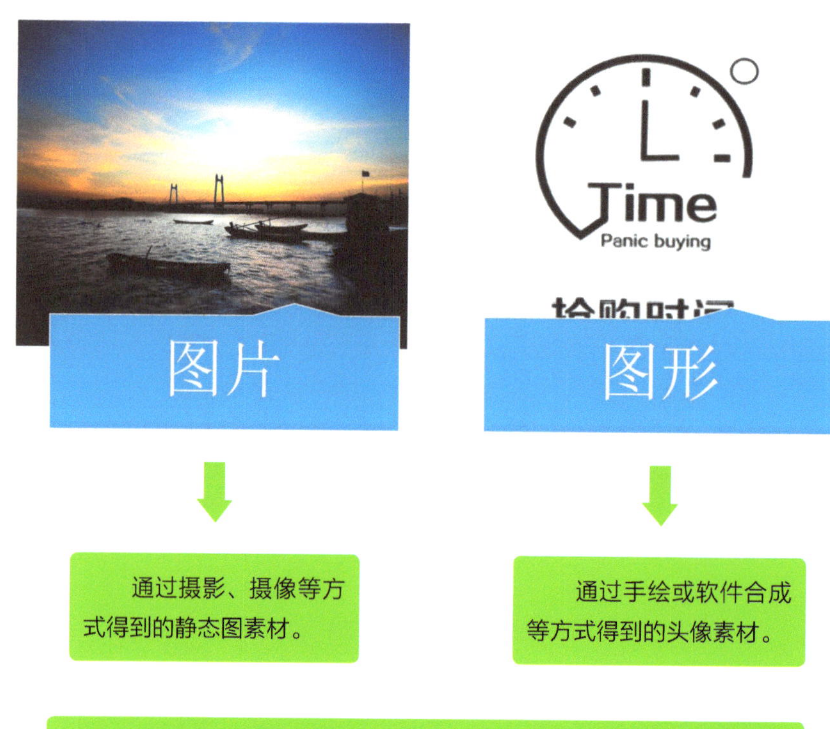

图 1-36 信息图的两类图元素

4. 文字与文案的处理

在信息图制作过程中，文案处理以及文字设计对信息视图化的传播效果有很大的影响。在某些以文字为主的信息图设计中，设计者拿到手的素材往往是一些未经处理的文案，在这种情况下，设计者首先要做的便是对文案进行处理。

例如下面一段文案：

分析会员数据可以帮助企业准确地找到目标消费群体，促使产品研发，更贴近消费者的市场需求。同时，分析会员数据还可以帮助企业判定消费者和潜在消费者的消费标准，实现精准营销，减低营销成本，提高企业的用户质量和数量。最后，分析会员数据还能帮助企业掌握客户需求的各种信息，以便制定有针对性的营销策略，培养客户忠诚，留住每一位客户，带来更多后续的购买行为。

如下所示为整理后的文案信息。

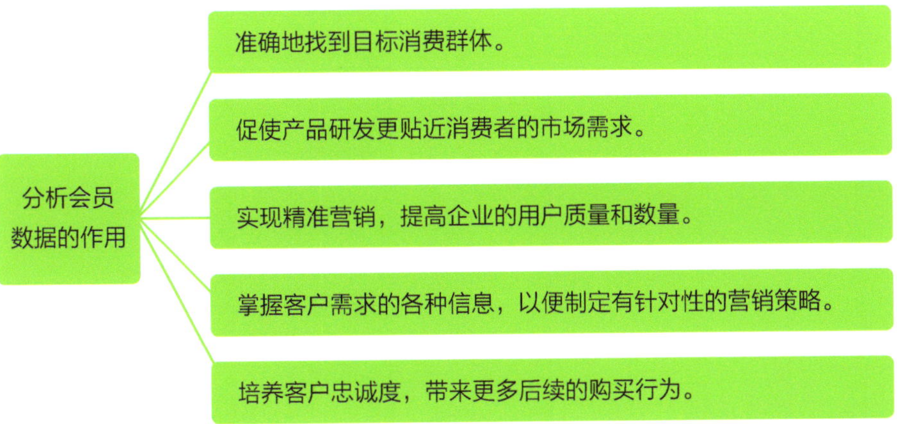

5. 色彩的运用技巧

色彩是感染读者的一大捷径，能让信息图“活”起来。例如，在对一组信息图进行配色时，常常需要强调突出其中的某个元素，此时就可以通过色彩的搭配将其从整个视图中突显出来，如图 1-37 所示。

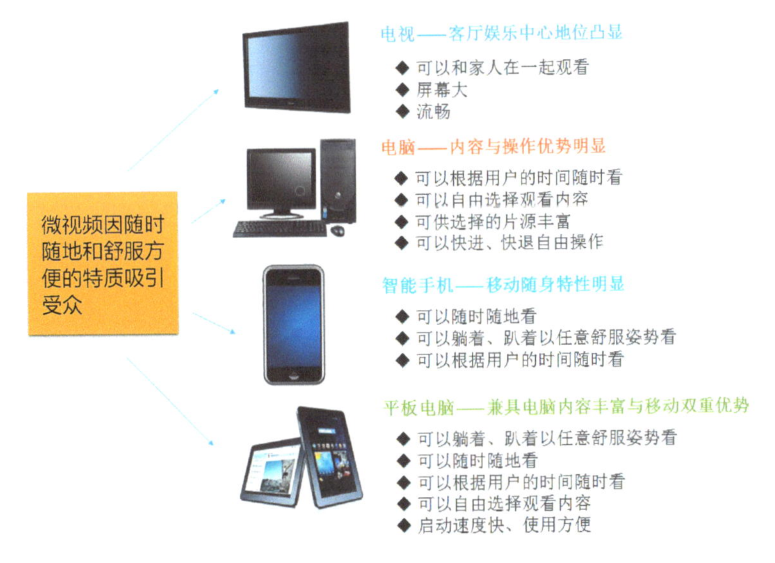

图 1-37 信息图中“色彩”的应用

1.5.4 信息图的发布平台

当信息图制作完毕后，即可将其发布到网络中。图 1-38 所示为常用的信息图发布平台。

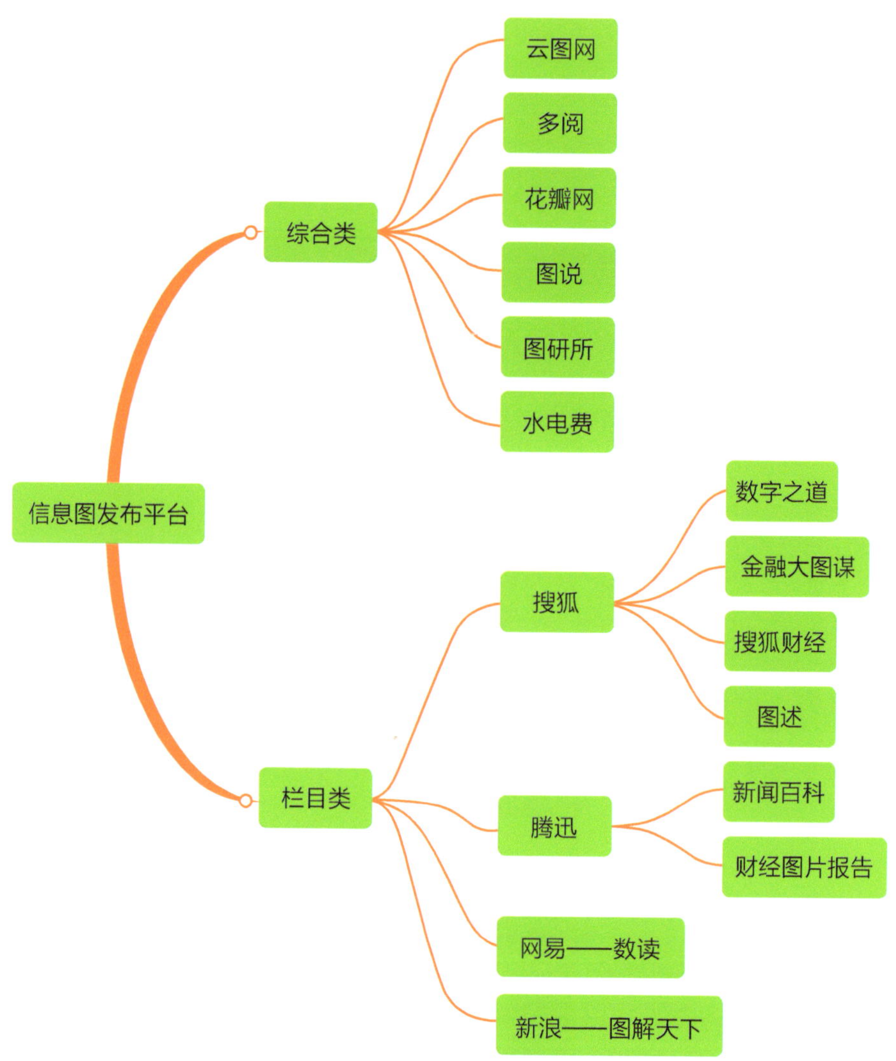

图 1-38 常用的信息图发布平台

第 2 章

信息图制作准备

2.1 深层了解信息图

信息图是对信息、数据或知识的可视化表达，可以使复杂的信息快速、清晰地呈现出来，信息图通过制图强化人类视觉系统分析模式和趋势的能力。

2.1.1 信息图与 PPT 的区别

信息图整合复杂数据与想法，用视觉化的方式呈现，让人们更快、更好地消化与理解制作者想表达的信息，多以图文的形式表达，如图 2-1 所示。

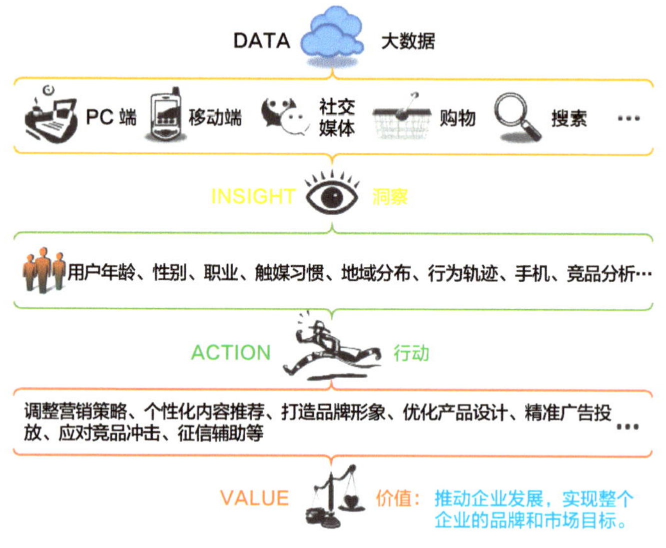

图 2-1 信息图

PPT 是一种演示文稿图形程序，是功能强大的演示文稿制作软件，可协助读者独自或联机创建良好的视觉效果。它增强了多媒体支持功能，利用 Power Point 制作的文稿，可以通过不同的方式播放，也可将演示文稿打印成一页一页的纸样。

2.1.2 信息图与数据可视化的关系

数据可视化指的是技术上较为高级的技术方法，而这些技术方法允许利用图形、图像处理、计算机视觉以及用户界面，通过表达、建模以及对立体、表面、属性以及动画的显示，对数据加以可视化解释。

例如，BDP 就是一款数据可视化的服务，如图 2-2 所示。

信息图和可视化是 2 个容易混淆的概念。基于数据生成的信息图和可视化这两者在现实应用中非常接近，并且有时能够互相替代使用。

图 2-2 BDP 数据可视化分析工具

2.2 信息图软件制作学习

读者可以下载制图软件制作信息图，也可以登录制作信息图的网站进行制作。下面向读者介绍 Excel、PPT、PS、AI 以及其他信息图制作软件。

2.2.1 用 Excel 制作信息图

Microsoft Excel 是微软公司的办公软件 Microsoft Office 的组件之一，是 Microsoft 为 Windows 和 Apple Macintosh 操作系统的电脑编写和运行的一款试算表软件。Excel 是微软办公套装软件的一个重要的组成部分，它可以进行各种数据的处理、统计分析和辅助决策操作，广泛地应用于管理、统计、财经、金融等众多领域。

1. Excel 为什么可以做信息图

当今，长幅的信息图表正大行其道，各种设计精美、颇具趣味的信息图表让阅读变得非常轻松、享受，Excel 是个绝佳的轻量级信息图表制作工具，下面介绍 Excel 制作信息图的特点。

- 信息图表常用的图表、图释等对 Excel 来说可以轻而易举实现。
- 工作表是个天然的画布，可以自由地摆放各种图表、图示、图形等对象，可随时插入、删除行或者调整行高，更可自由向下滚动延展。
- 网格线是个天然的对齐参考线，特别是与锚定操作结合时会十分顺手。另外，使用分布与对齐功能也能很方便地排版对象。
- 右侧是广阔的数据准备区，不管需要制作多少个图表，在右侧区域可自由放置源数据和辅助数据而不影响左侧图表区域。同时，在同一个平面中操作也非常方便。
- 完成后，可采用滚动截屏、拍照、另存为网页等方式保存。其中，拍照后复制到 PPT 中转存为 emf 格式图片，无需任何其他软件，而且保存的还是矢量高清图，放大无损。

2. Excel 的主要功能

• 建立电子表格

Excel 表处理软件经过多次改进和升级，能够方便地制作出各种电子表格，使用公式和函数对数据进行复杂的运算；用各种图表来直观明了地表示数据；读者利用超级链接功能，可以快速打开局域网或网络上的文件。

Excel 提供了许多张非常大的空白工作表，每张工作表由 256 列和 65536 行组成，行和列交叉处组成单元格，别看单元格在屏幕上显示不是很大，但每一单元格可容纳 32000 个字符。

将数据从纸上录 Excel 工作表中，这使数据的处理和管理已发生了质的变化，使数据从静态变成动态，能充分利用计算机自动、快速地进行处理。在 Excel 中不必进行编程就能对工作表中的数据进行检索、分类、排序、筛选等操作，利用系统提供的函数可完成对各种数据的分析。

• 数据管理

启动 Excel 之后，屏幕上显示由横、竖线组成的空白表格，直接填入数据后，就可形成现实生活中的各种表格，如学生登记表、考试成绩表、工资表、物价表等，图 2-3 所示为一份学生信息登记表；而表中的不同栏目的数据有各种类型，可满足读者不同的建表习惯，不用特别指定，Excel 会自动区分数字型、文本型、日期型、时间型、逻辑型等。对于表格的编辑也非常方便，可任意插入和删除表格的行、列或单元格，也可对数据进行字体、字号、颜色、底纹等的修饰。

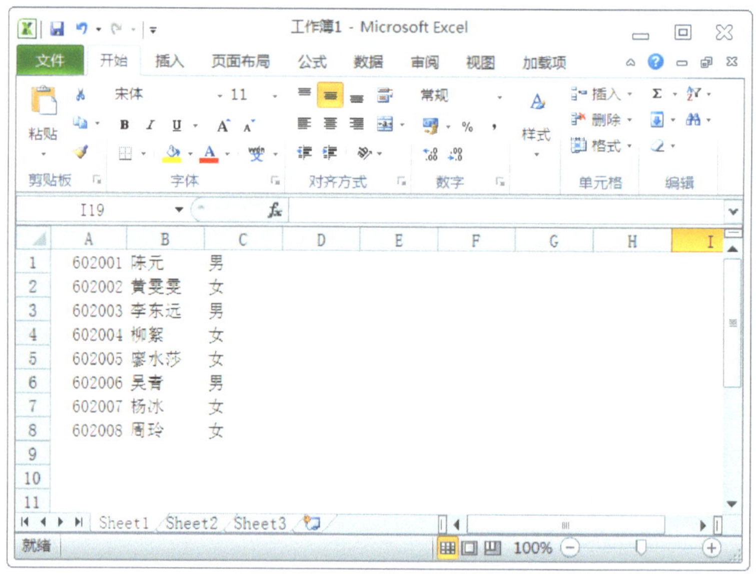

图 2-3 Excel 学生信息登记表

- 制作图表

Excel 提供了 14 类、100 多种基本的图表，包括柱形图、饼图、条形图、面积图、折线图、气泡图以及三维图，图 2-4 所示为饼图。

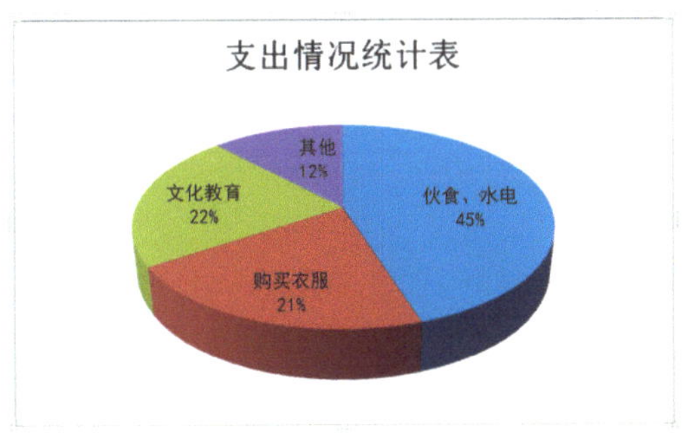

图 2-4 饼图信息图

图表能直观地表示数据间的复杂关系，同一组数据用不同类型图表表示也很容易发生改变。图表中可添加各种对象，如标题、坐标轴、网络线，图例、数据标志、背景等也能任意地进行编辑；图表中也可添加文字、图形、图像，精心设计的图表更具说服力，利用图表向导可方便、灵活地完成图表的制作。

- 数据网上共享

Excel 为我们提供了强大的网络功能，用户可以创建超级链接以获取互联网上的共享数据，也可将自已的工作簿设置成共享文件，保存在互联网的共享网站中，让任何一个互联网用户分享。

3. 用 Excel 制作图表的注意事项

使用 Excel 制作图表时应注意以下事项。

- 出现的图形如与样张不一致，此时应重新选择数据区域（也可能是由于“行”与“列”的关系不对）。
- 需要调整图表选项（右击图标空白处即可）。
- 新建窗口，若只想保留其中一个，只需关闭另一个即可。
- 数据格式（坐标轴格式中的刻度）。
- 对齐中的方向有时需要调整。

2.2.2 用 PPT 制作信息图

PPT 全名 PowerPoint，主要以制作幻灯片文案为主，同时 PPT 拥有强大的图表功能，也可以将数据转换为图形。下面介绍用 PPT 制作信息图的原理及技巧。

1. PPT 为什么可以制作信息图

用 PPT 制作信息图具有以下显著优势。

- 拥有强大的制作功能。如文字编辑功能强、段落格式丰富、文件格式多样、绘图手段齐全、色彩表现力强等。
- 通用性强，易学易用。PPT 是在 Windows 操作系统下运行的专门用于制作演示文稿的软件，其界面与 Windows 界面相似，与 Word 和 Excel 的使用方法大部分相同，提供有多种模板及详细的帮助系统。
- 拥有强大的多媒体展示功能。PPT 演示的内容可以是文本、图形、图表、图片或有声图像（如图 2-5 所示），并具有较好的交互功能和演示效果。

图 2-5 PPT 信息图

- 拥有较好的 Web 支持功能。读者利用超级链接功能，可使 PPT 指向任何一个新对象，也可将其发送到互联网上。
- 拥有一定的程序设计功能，提供了 VBA 功能（包含 VB 编辑器 VBE），读者可以结合 VB 进行开发。

2. 用 PPT 制作信息图的技巧

有的计算机上没有安装 PPT 软件或者 PPT 发生故障而无法播放（如在 PPT 文档中插入了声音，到其他计算机上却不能找到音频文件；设置了漂亮的字体，到其他计算机上却发生了改变），这时可以对制作的文件进行打包，拷贝至其他电脑中，解压即可。

2.2.3 用 PS 制作信息图

Photoshop（简称 PS）主要处理像素构成的数字图像，使用其众多的编修与绘图工具，可以有效地进行图片绘制和编辑工作。PS 有很多功能，在图像、图形、文字、视频、排版等各方面都有涉及，可以很方便、快捷地制作信息图，如图 2-6 所示。

图 2-6 PS 制作的信息图

特效制作在 PS 中主要由滤镜、通道及工具综合应用完成，包括图像的特效创意和特效字的制作，如油画、浮雕、石膏画、素描等常用的传统美术技巧都可借由该软件特效完成。

而各种特效字的制作更是很多美术设计师热衷于该软件研究的原因。利用 PS 可以使文字发生各种各样的变化，并利用这些艺术化处理后的文字为图像增加效果。利用 PS 对文字进行创意设计，可以使文字变得更加美观、个性强，使得文字的感染力也大大加强。

此外，PS 还可以制作非常精美的图标、图形，在 PS 的工具箱中包括了多种选框工具、套索工具、钢笔工具以及多种形状工具，在自定义形状工具中，系统拥有自带的各种形状图案，读者可以根据需要选择。

Photoshop 的应用领域很广泛，在图像处理、视频、出版等各方面都有涉及，但 Photoshop 的专长在于图像处理，即对已有的位图图像进行编辑加工处理以及运用一些特殊效果，其重点在于对图像的加工处理。

2.2.4 用 AI 制作信息图

AI 是一款专业图形设计工具，是专业矢量绘图软件，其提供丰富的像素描绘功能以及顺畅、灵活的矢量图编辑功能，能够快速创建设计工作流程。

AI 软件使用 Adobe Mercury 支持，能够高效、精确地处理大型复杂文件。AI 全新的追踪引擎可以快速地设计流畅的图案以及对描边使用渐变效果，能快速又精确地完成设计；其强大的性能系统提供各种形状、颜色、复杂效果和丰富的排版，读者可以自由尝试各种创意并传达自己的创作理念。图 2-7 所示为用 AI 软件制作的信息图。

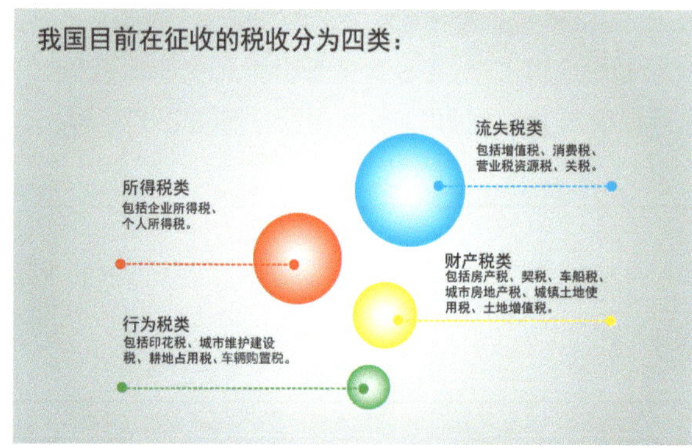

图 2-7 用 AI 软件制作的信息图

AI 支持和允许矢量图形处理功能，拥有很多拥护者，也经历了时间的考验。AI 提供了一些相当典型的矢量图形工具，诸如三维原型（primitives）、多边形（polygons）和样条曲线（splines），一些常见的操作都可以通过 AI 得以实现。

2.2.5 其他 9 款信息图制作工具

下面向读者介绍其他 9 款信息图制作工具。

1. Visual.Ly

Visual.Ly 可以用来快速创建自定义的信息图，它提供了大量其他读者制作的信息图。打开 Visual.Ly 所在的网站，如图 2-8 所示，读者可以在网站中选择信息图的类型，在页面中单击相应图标按钮即可。

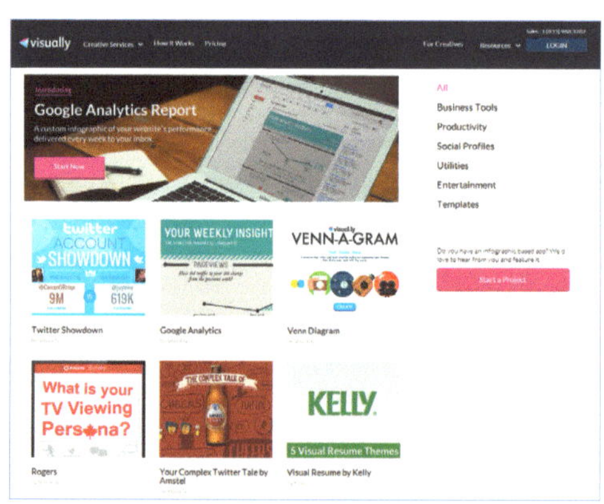

图 2-8 Visual.Ly 网站

2. StatSilk

StatSilk 有网页版和桌面客户端 2 个版本，可以让读者简易地分析数据，也可以让读者快速地创建非常好看的地图、表格、图形以及各种视觉元素来展示数据，如图 2-9 所示。

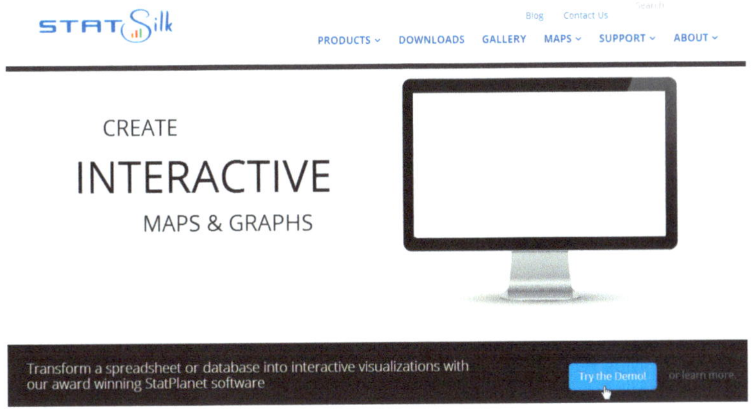

图 2-9 StatSilk 网页版

打开 StatSilk 所在的网站，读者可以在网站中选择信息图的类型，在页面中单击相应图标按钮即可，如图 2-10 所示。

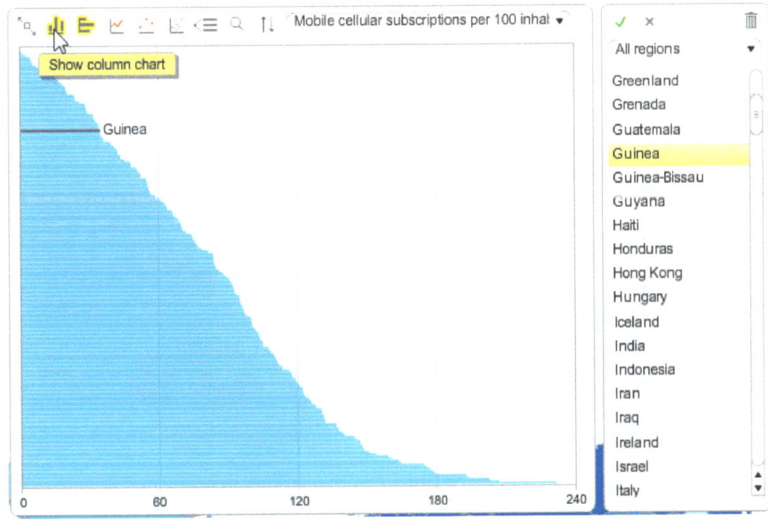

图 2-10 StatSilk 网站

单击“Try the Demo！”按钮，即可进入相应编辑界面，读者就可以在界面中制作地图信息图，如图 2-11 所示。

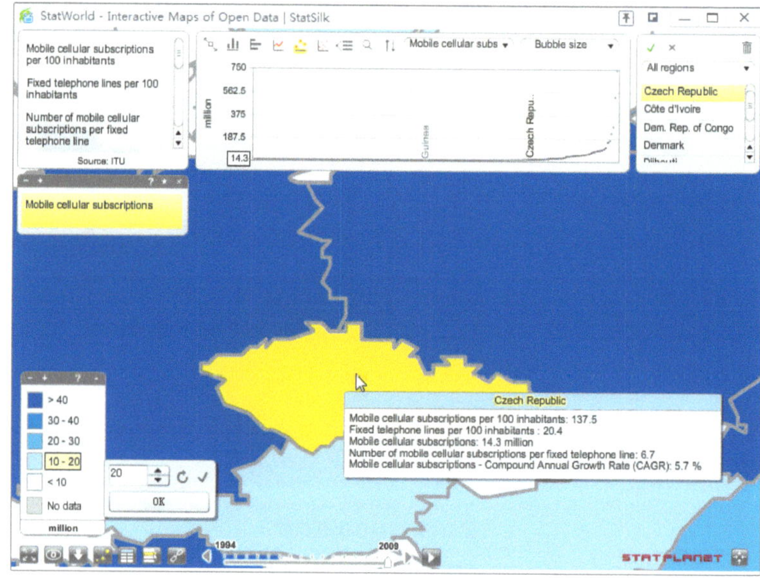

图 2-11 编辑界面

3. Infogr.Am

用 Infogr.Am 可以快速地创建静态的或者交互的信息图，读者只需要导入数据，然后就可以通过这个工具的各种功能来创建绚丽的图表。它允许读者将数据传到网站上并将其解读成图标，也允许读者自定义图形，并提供更多智能化的界面来展示信息，如图 2-12 所示。

图 2-12 Infogr.Am 主页

打开 Infogr.Am 所在的网站，单击“Join now，it`s freel”按钮，即可进入登录界面，在对话框中输入密码和账号即可进入，如图 2-13 所示。

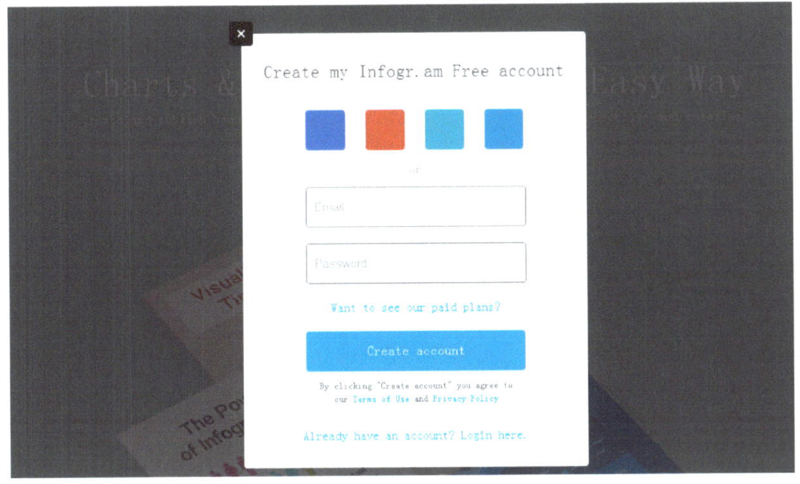

图 2-13 Infogr.Am 登录界面

登录后，往下拖动网页右侧的滚轮，就会出现简化图表的 3 个步骤，如图 2-14 所示。

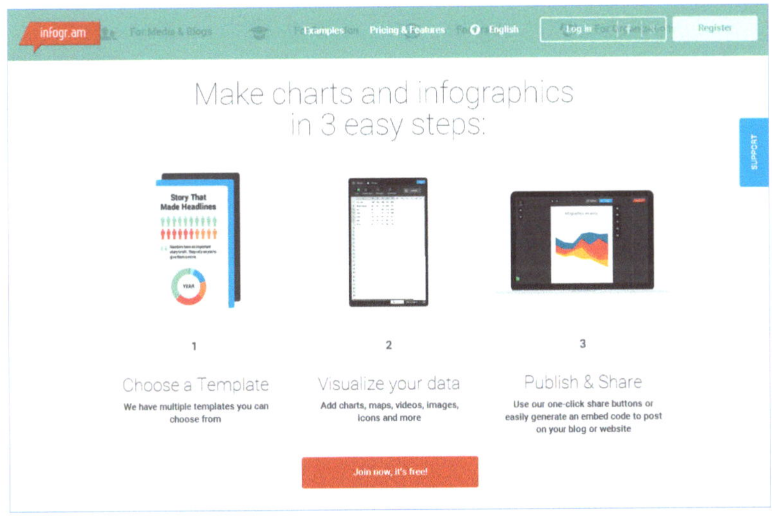

图 2-14 简化图表的 3 个步骤

再往下拖动滚轮，就会看到包含“互动与响应”“实时数据”和“下载和嵌入”的面板，如图 2-15 所示。单击左右两侧的按钮，即可切换界面，单击“Get started”按钮，即可进入登录界面。

（a）互动与响应

（b）实时数据

（c）下载和嵌入

图 2-15 Infogr.Am 网站面板

4. Vizualize.Me

Vizualize.Me 是一款用来创建超炫个人简历的工具，这样的简历有助于读者获得一份好工作，其制作效果如图 2-16 所示。

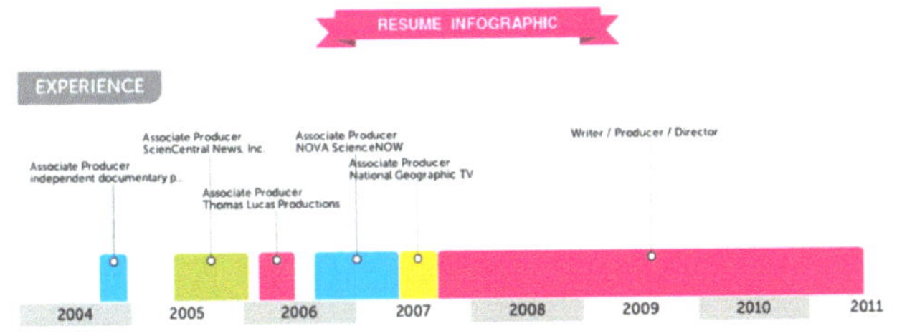

图 2-16 用 Vizualize.Me 制作的个人简历

登录 Vizualize.Me 网站后，如图 2-17 所示，读者就可以在“Features”下方的面板中选择相应的模板并单击，来制作简历。

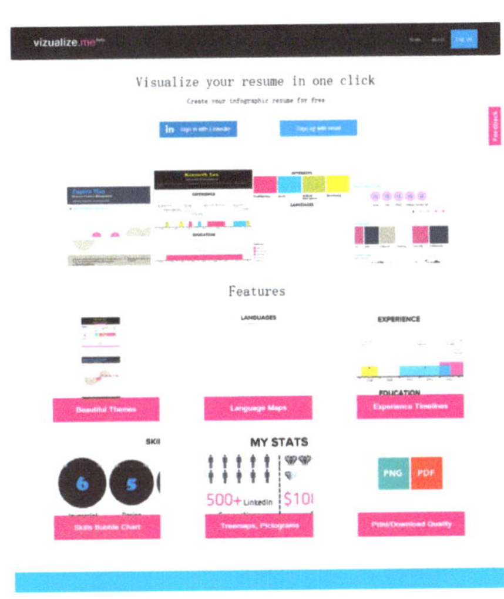

图 2-17 Vizualize.Me 网站

5. Gliffy

Gliffy 可以用来创建高质量的流程图、平面设计图和技术图表等，它可以支持拖曳操作，制作效果如图 2-18 所示。使用 Gliffy 在线制作的思维导图是公开的，高级版本有设置隐私权的功能，可以嵌入博客、办公室应用软件中，有很好的兼容性，其编辑的流程图图片可输出 SVG、JPEG 格式。

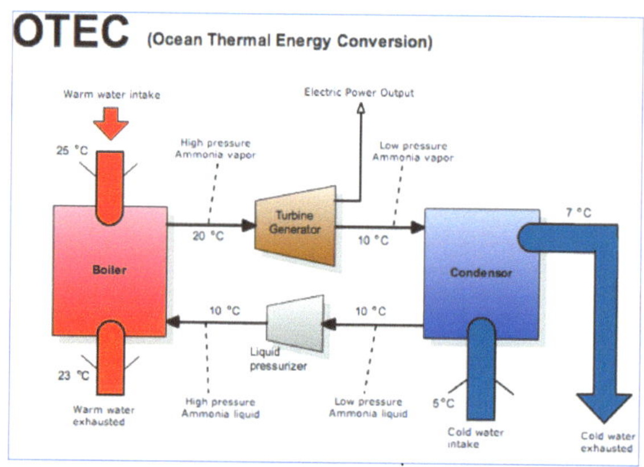

图 2-18 用 Gliffy 制作的信息图

打开并进入Gliffy网站，如图2-19所示。

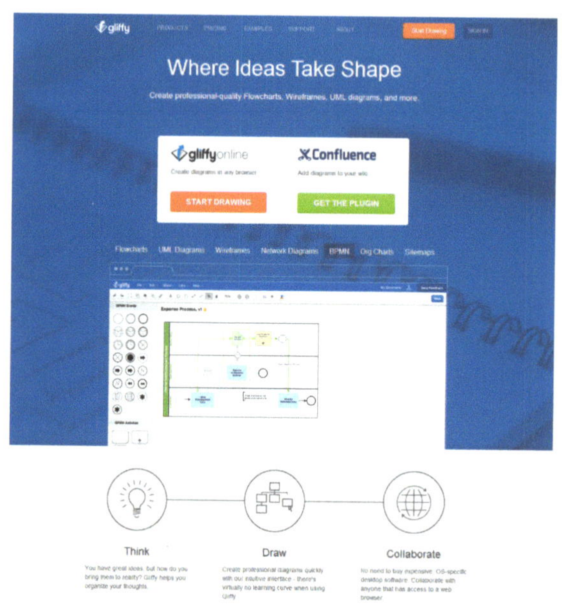

图 2-19 Gliffy 网站

在网页的中间，将鼠标移动至相应按钮上，即可切换至相应面板，如图 2-20 所示。网页有 7 个选项，分别为 Flowcharts（流程图）、UML Diagrams（UML 图）、Wireframes（线框）、Network Diagrams（网络图）、BPMN（业务流程建模与标注）、Org Chares（org 卡瑞斯）和 Sitemaps（站点地图），读者可以根据需要对其进行选择。

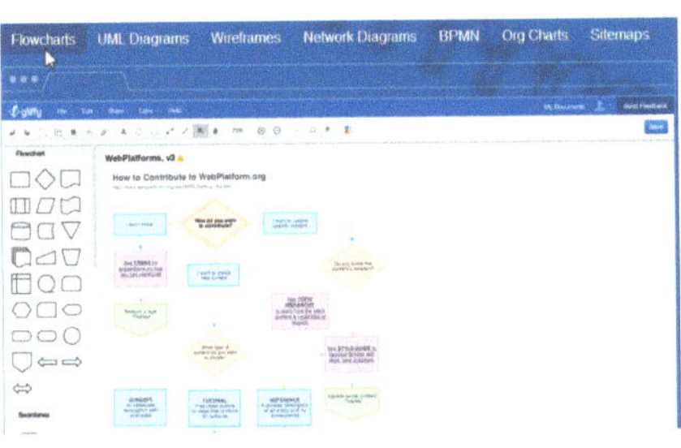

(a) Flowcharts（流程图）

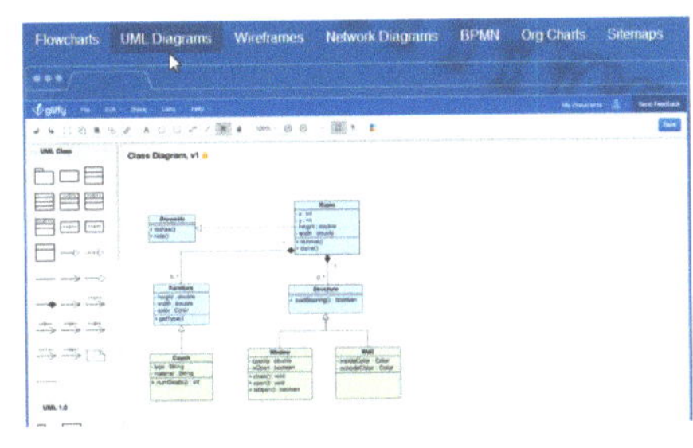

(b) UML Diagrams（UML 图）

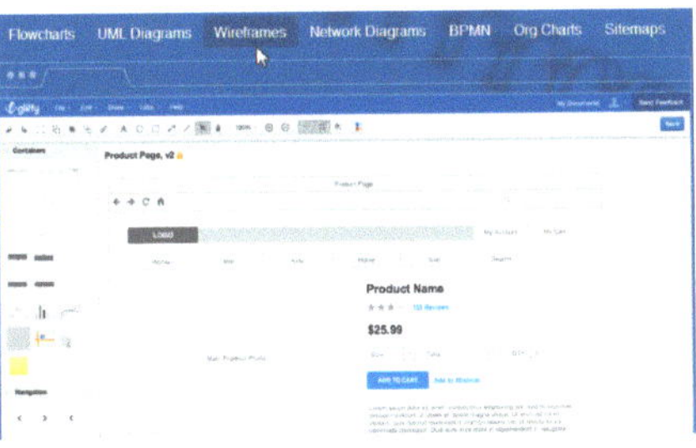

(c) Wireframes（线框）

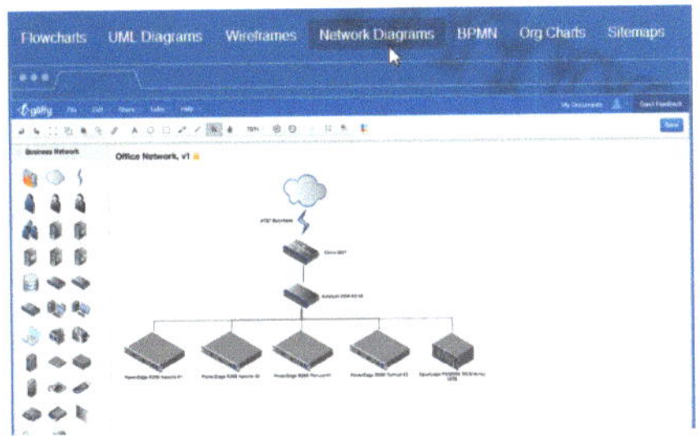

(d) Network Diagrams（网络图）

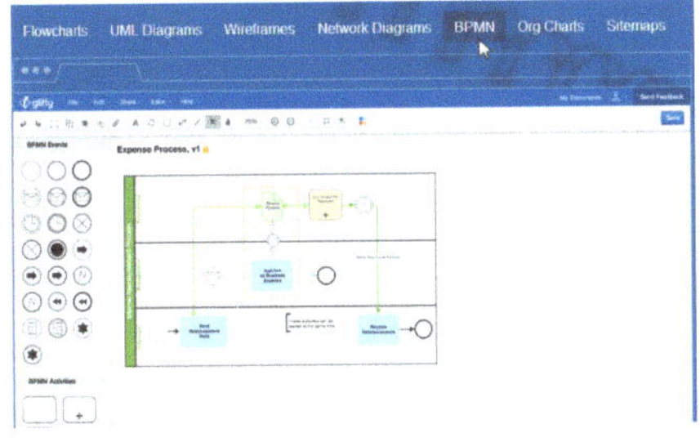

(e) BPMN（业务流程建模与标注）

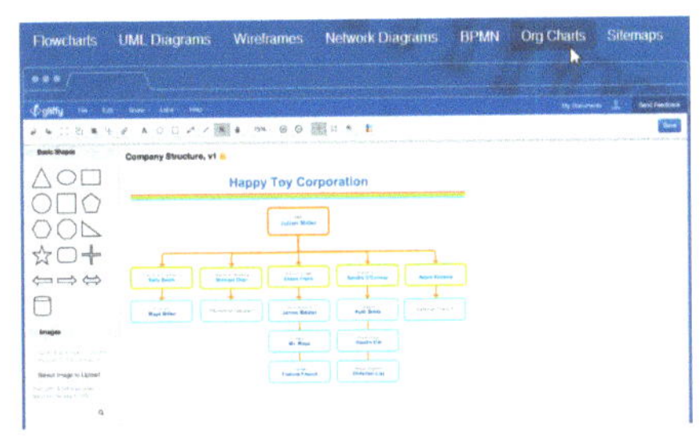

(f) Org Chares（org 卡瑞斯）

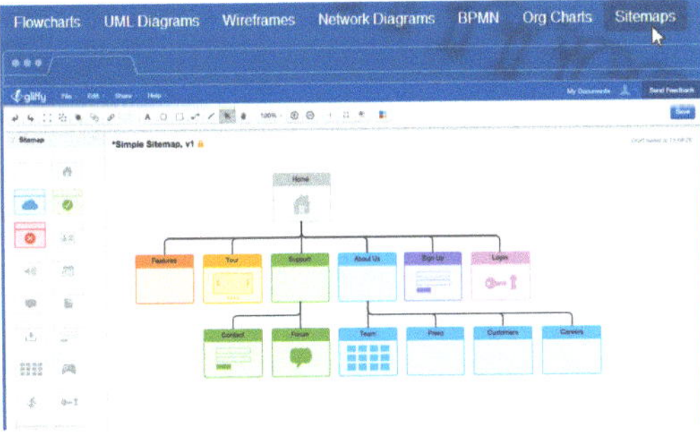

(g) Sitemaps（站点地图）

图 2-20 切换 Gliffy 面板

在面板中的任意位置单击，即可进入编辑界面，如图 2-21 所示。

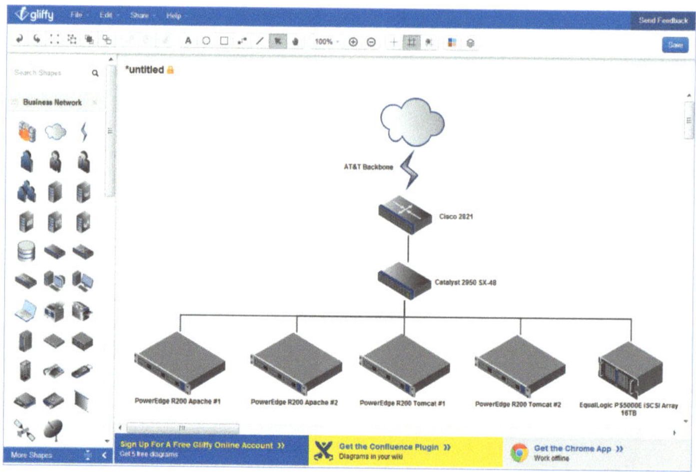

图 2-21 Gliffy 的编辑界面

6. ICharts

ICharts 是一款通用型的图标创建工具，制作效果如图 2-22 所示。

图 2-22 用 ICharts 制作的信息图

ICharts 目前不接受个人用户注册，不过读者可以直接引用其上面提供的 Flash 图表。ICharts 的商业服务版本提供了更加丰富的功能，如下所示。

读者可以在 ICharts 平台上利用其提供的信息图开发环境快速开发出各种各样的图表，然后可以在其他地方进行嵌入引用。

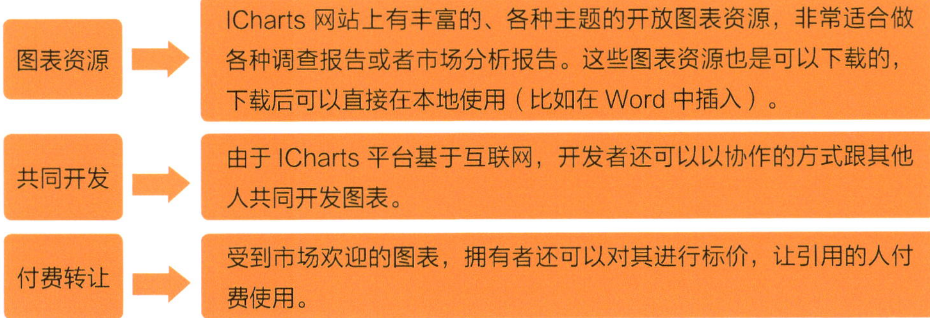

打开并进入 ICharts 网站，如图 2-23 所示。

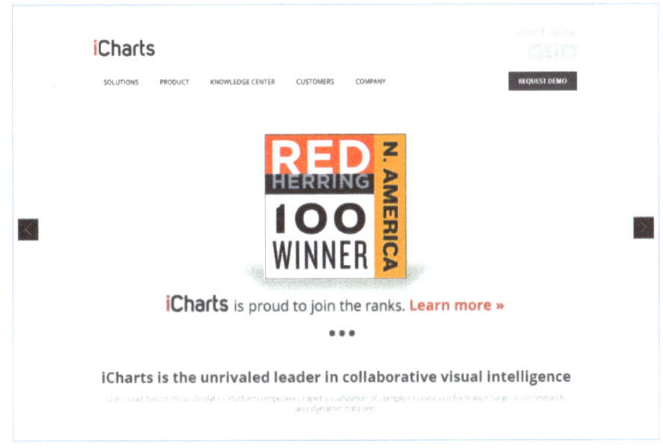

图 2-23 ICharts 网站

往下拖动滚轮，单击“VIEW ALL”（“查看所有”）图标，如图 2-24 所示。

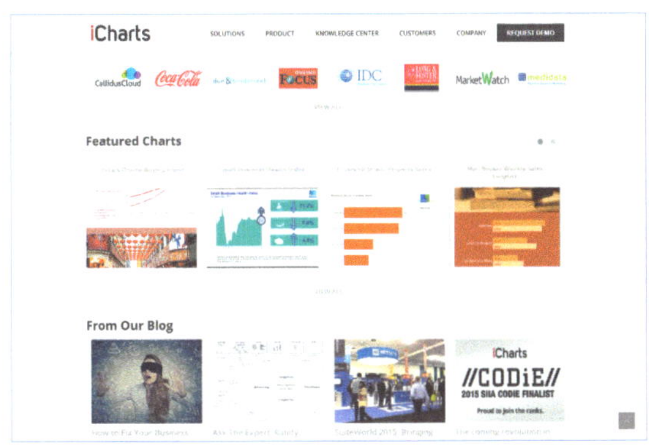

图 2-24 单击“VIEW ALL”图标

执行上述操作后即可进入 ICharts 的模板选项界面，如图 2-25 所示。

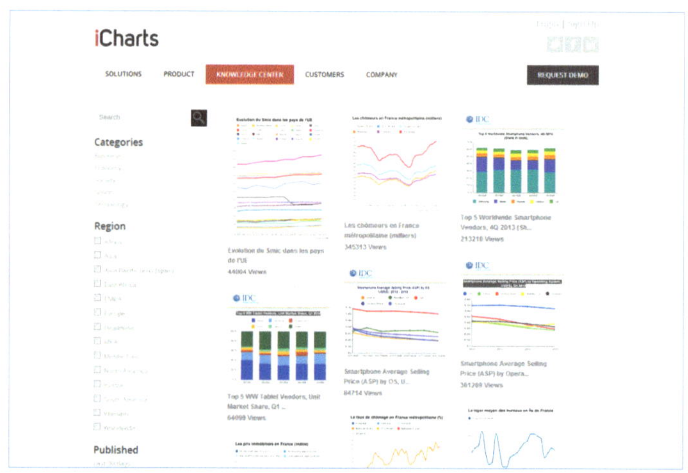

图 2-25 ICharts 的模板选项界面

7. Dipity

Dipity 是一款免费的数码时间轴网站，可以帮助用户按照时间来组织网络上的内容，制作效果如图 2-26 所示。Dipity 也是一款基于 Timeline 的 Web 应用软件，读者可以将自己在网络上的各种社会性行为聚合并全部导入到自己的 Dipity 时间轴上。

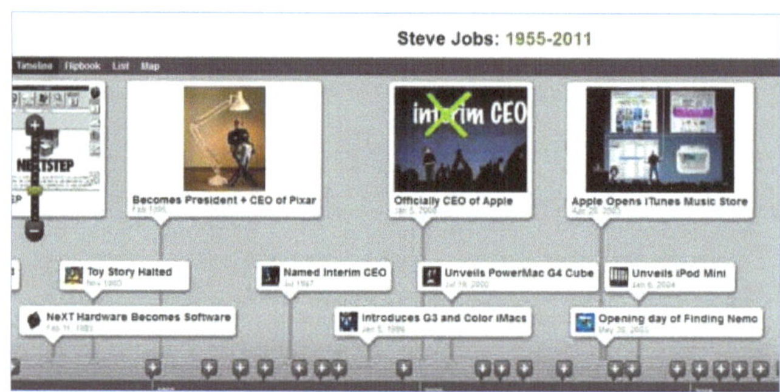

图 2-26 用 Dipity 制作的信息图

8. Easel.Ly

Easel.Ly 是制作信息图的强大网站，是款非常容易上手的应用，读者只要选择一个模板，添加需要的信息，拖曳相关元素上去点缀，一张精美的信息图就可以完成，如图 2-27 所示。

打开并进入 Easel.Ly 网站界面，如图 2-28 所示，拖动右侧的滑块，可对 Easel.Ly 网站界面进行浏览。界面下方有多个图标选项组成，单击相应图标选项即可进入相应模板的编辑窗口。

图 2-27 用 Easel.Ly 制作的信息图

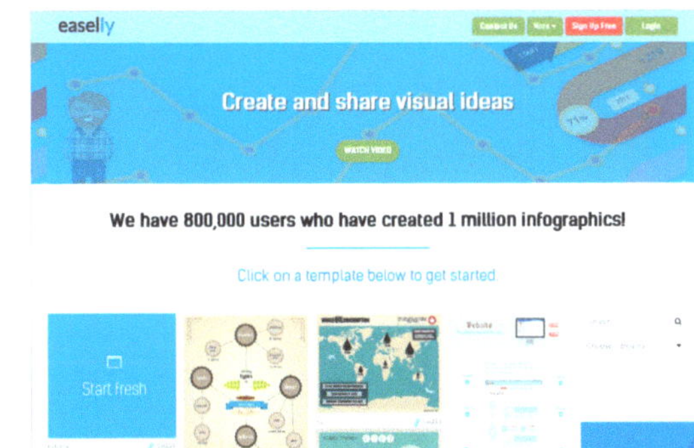

图 2-28 Easel.Ly 网站

Easel.Ly 网站的信息图模板有很多种，读者可根据需求选择，如图 2-29 所示。

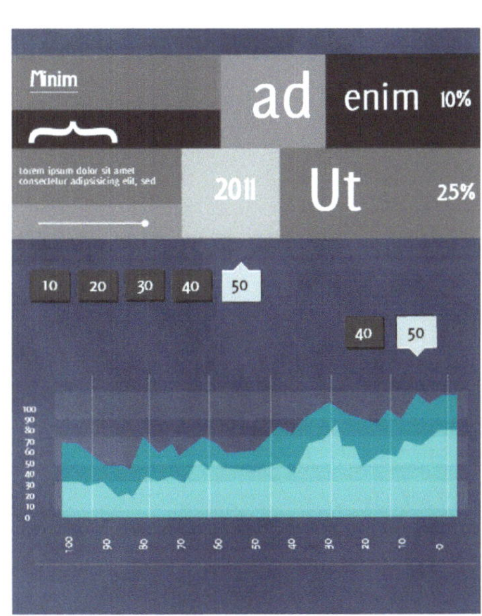

图 2-29 Easel.Ly 网站的信息图模板

9. Photo Stats

Photo Stats 是一个苹果手机 APP，可以分析用户手机中拍摄的所有图片，在分析过后它会生成一个漂亮的图表，展示用户在什么时间、什么地点拍摄的图片。你可以借此知道自己的拍照习惯，并分享给你的家人和朋友，其制作效果如图 2-30 所示。

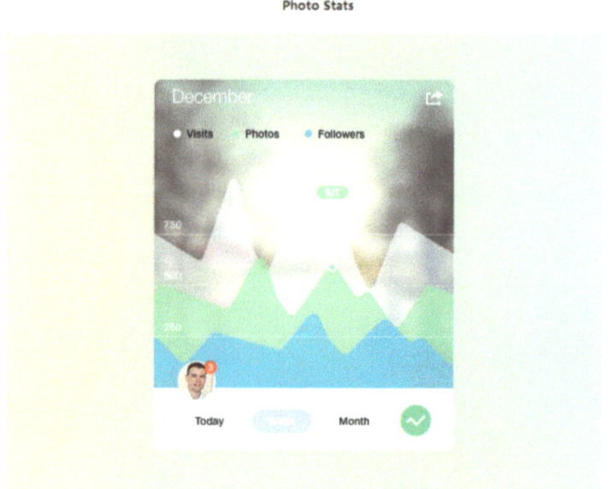

图 2-30 Photo Stats 信息图

2.3 信息图制作分析

信息可视化就是用图形正确地表现复杂的信息和逻辑关系，通过图片特有的美观性和趣味性吸引读者，通过最优表现形式，使内容更易懂，拉近读者与产品的距离，提升品牌认知度。

2.3.1 图谱类的信息图

图谱通过将应用数学、图形学、信息可视化技术、信息科学等学科的理论、方法与计量学引文分析、共现分析等方法结合，并利用可视化的图谱形象地展示相关知识的核心结构、发展历史、前沿领域以及整体知识架构，如图 2-31 所示。

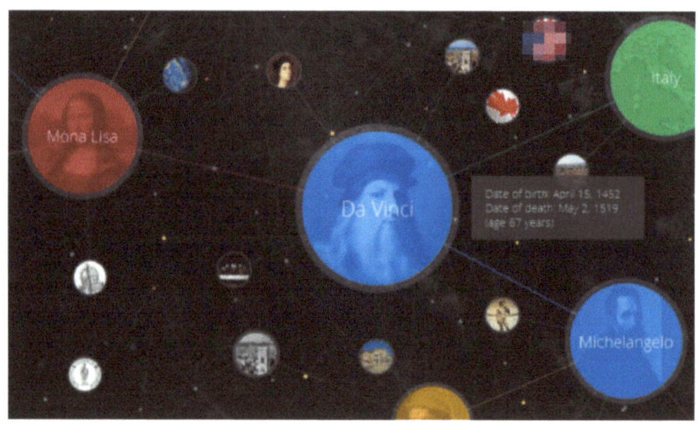

图 2-31 Google 知识图谱

图谱中蕴含的信息量非常大，需要从结构和设计上突出信息的思路和重点，这样才能够让观者“看图谱，知天下”。

2.3.2 制作信息图的注意事项

InforGraphics（信息图表）是近年来逐渐兴起的一种设计表达，又称 Data Viz（数据可视化），其最大的特点就是将一些冷冰冰的数据及信息以丰富的设计语言表达出来，在信息能够清晰传达的同时又给人赏心悦目的感觉。

如今，信息图正成为一种热门的内容营销形式。信息图具有视觉化传播优势，易于被分享，拥有能够激起用户参与的潜力，这些特点让信息图越来越值得一试。不过，在设计信息图时，设计者还应该避免一些误区，以免自己的努力白费。

1. 饼图的注意事项

饼图（Sector Graph，又名 Pie Graph），常用于统计学模块。饼图是一种非常简单的可视化工具，因此在制作时不可太复杂，通常采用直观排序的方法，而且不要超过 5 个细分。饼图的两种常用排序方法，如图 2-32 所示。

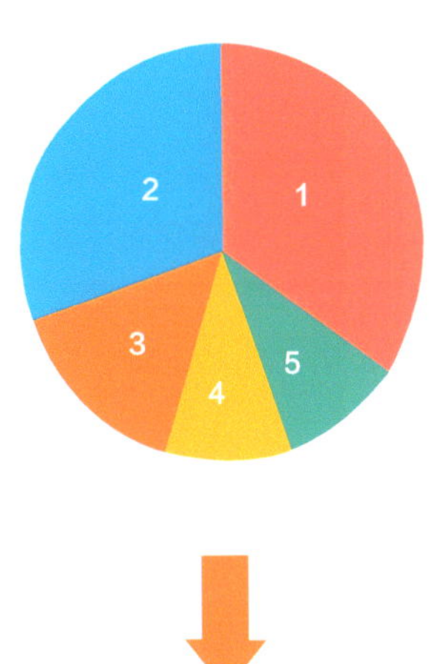

将份额最大的那部分放在 12 点方向，逆时针放置第二大份额的部分，以此类推。

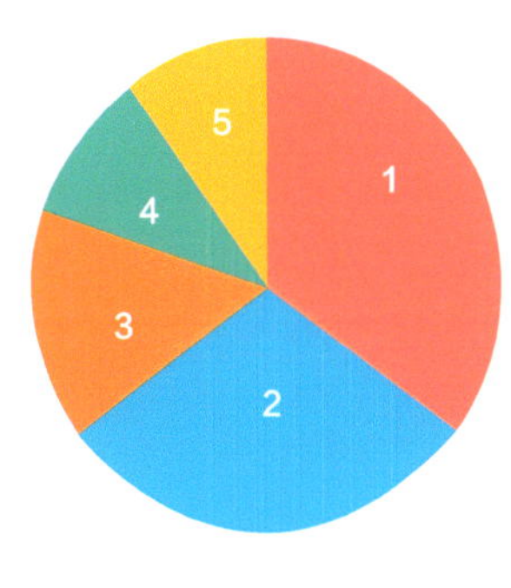

将份额最大的那部分放在 12 点方向，然后顺时针放置其他的份额。

图 2-32 饼图的排序方法

2. 线状图的注意事项

线状图也称曲线图，是最简单的图形，通常用于技术分析。线状图清楚地记录了数据随时间变动而变化，以点标示数据的变化，并连点成线。

在使用线状图制作信息图时，需要注意的是：少用虚线，因为虚线容易让读者分心；多采用实线，并搭配合适的颜色，这样更容易区分不同的数据线条，如图 2-33 所示。

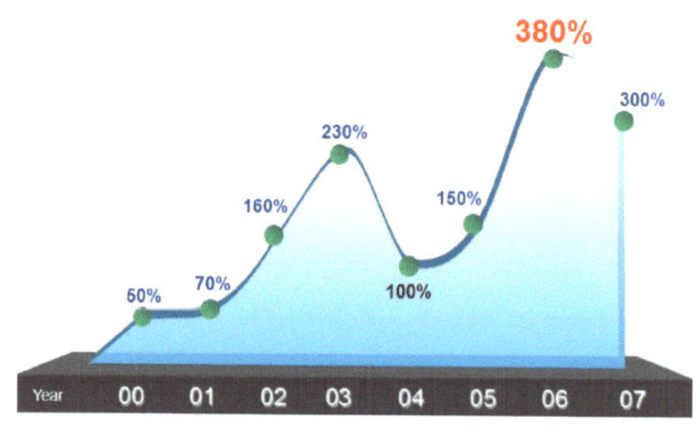

图 2-33 线状图

3. 热图的注意事项

热图是指以特殊高亮的形式显示访客热衷的页面区域和访客所在的地理区。在使用热图制作信息图时，需要注意的是颜色的色调尽量统一，采用不同饱和度的色调来区别不同的数据。

例如，图 2-34 所示为纽约时报制作的互动信息图“热火和雷霆在哪儿投篮？”，完美结合养眼和展示复杂数据信息的特点，传达出热火队和雷霆队的投篮模式。

图 2-34 热图

4. 柱状图的注意事项

柱状图（Histogram），也称条图（bar graph）、长条图（bar chart），是一种以长方形的长度为变量来表达图形的统计报告图，通常由一系列高度不等的纵向条纹表示数据分布的情况，用来比较两个或两个以上事物的价值（不同时间或者不同条件）。

柱状图也可以横向排列，或用多维方式表达。不过，柱状图的柱子与柱子之间的间隔最好调整为柱宽的 1/2，如图 2-35 所示。

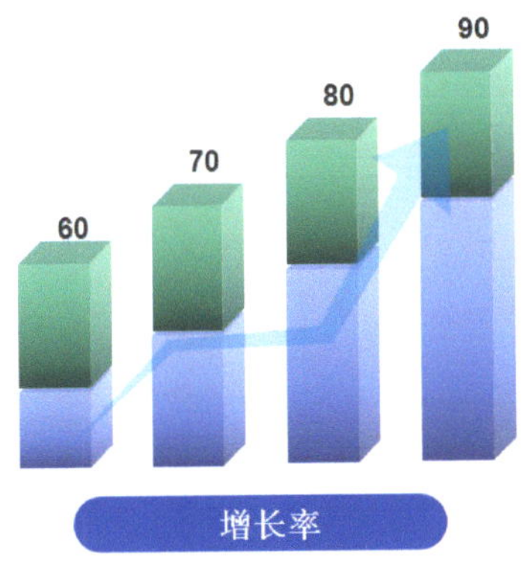

图 2-35 柱状图

5. 3D 图与 2D 图

3D 图也称三维立体图，通俗的讲就是利用人们两眼视觉差别和光学折射原理在一个平面内使人们可直接看到一幅三维立体画，画中事物可以凸出于画面之外。

尽管 3D 图可以给读者很强的视觉冲击力，但 3D 图也容易分散预期效果和扰乱数据展示，因此，在信息图中尽量多用 2D 图来表达，如图 2-36 所示。

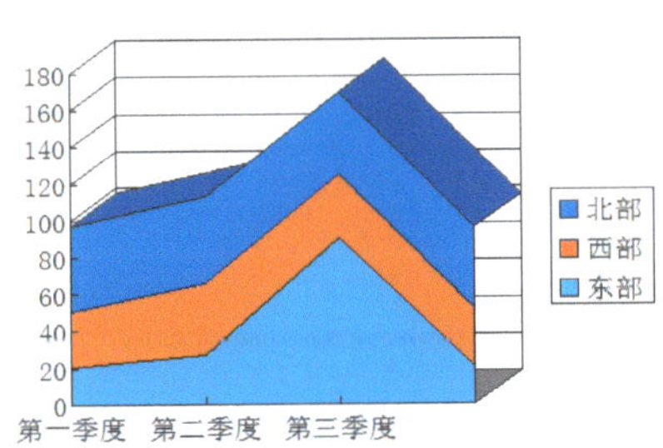

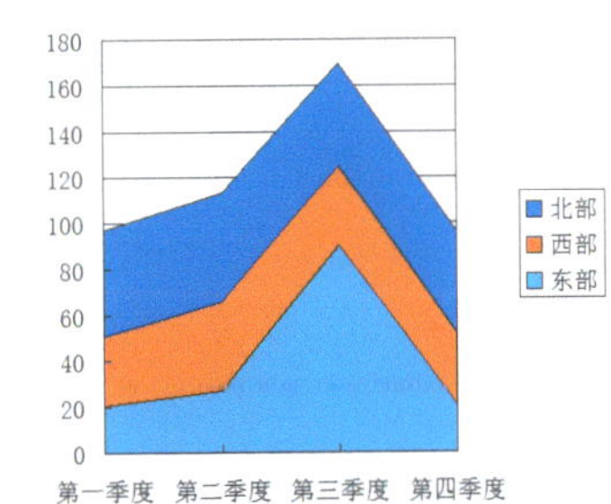

图 2-36 3D 图（左）与 2D 图（右）

6. 气泡图的注意事项

气泡图与散点图相似，不同之处在于，气泡图允许在图表中额外加入一个表示大小的变量。实际上，这就像以二维方式绘制包含 3 个变量的图表一样。

在绘制气泡图时，必须注意数据的呈现方式，气泡图的大小要跟数值一致，不要随便标注，如图 2-37 所示。

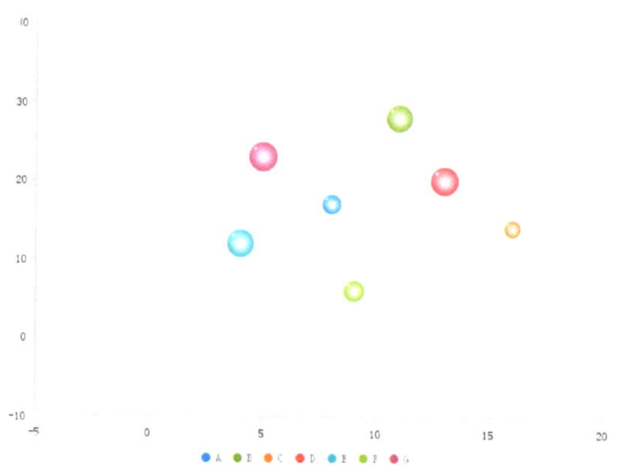

图 2-37 气泡图

7. 面积图的注意事项

面积图又称区域图，强调数量随时间变化而变化的程度，也可用于引起人们对总值趋势的注意。堆积面积图还可以显示部分与整体的关系。

在制作面积图时，必须确保数据不会因为设计而丢失或被覆盖，例如可以使用透明效果来确保用户可以看到全部数据，如图 2-38 所示。

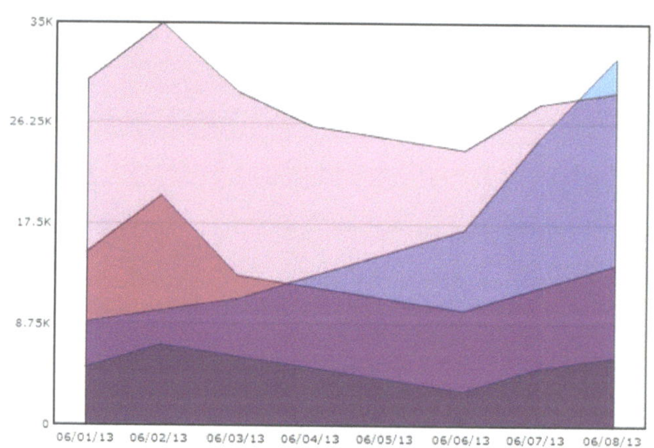

图 2-38 面积图

8. 散点图的注意事项

散点图（scatter diagram）是指数据点在直角坐标系平面上的分布图，表示因变量随自变量而变化的大致趋势。

在制作散点图时，要通过辅助的图形元素来使数据更易被读者理解，比如在散点图中增加趋势线，如图 2-39 所示。

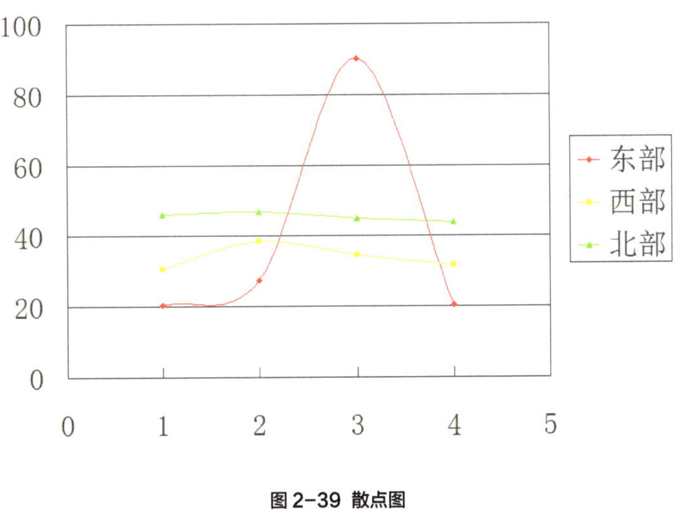

图 2-39 散点图

9. 条形图的注意事项

条形图显示各个项目之间的比较情况，排列在工作表的列或行中的数据可以绘制到条形图中。

在制作条形图时，需要注意的是其内容的摆放应该符合一定的逻辑关系，可以对条形图中的类目按字母、次数或数值大小进行排序，如图 2-40 所示。

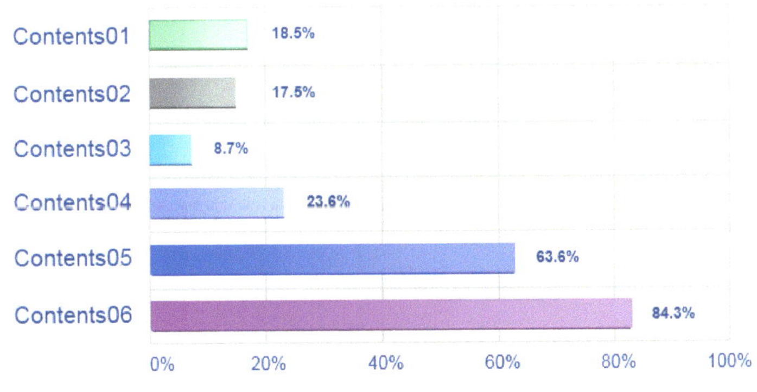

图 2-40 条形图

2.3.3 信息图的整体构思

在制作信息图之前，设计者首先要理解信息和构思框架的思维，当充分理解信息后，信息图的构思框架也就基本清晰了，如图 2-41 所示。

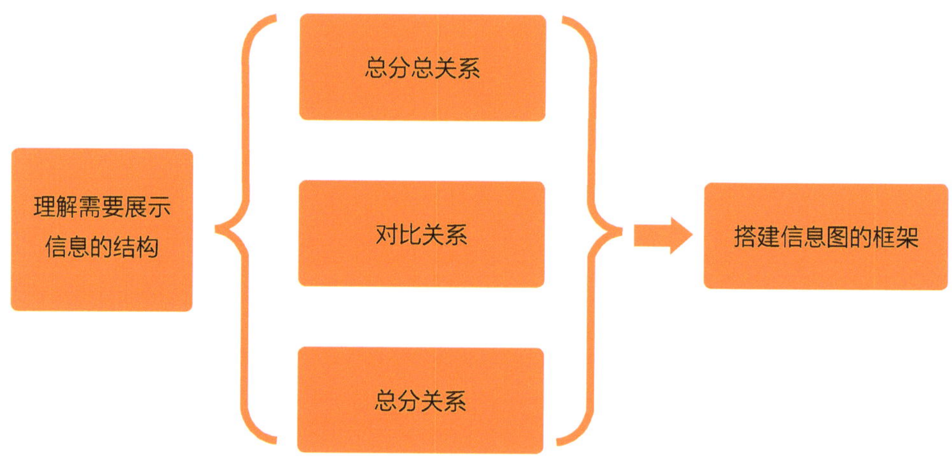

图 2-41 理解信息和构思框架的步骤

另外，信息图中每个信息的内部逻辑也是很重要的，设计者必须十分清楚其中的关系，如图 2-42 所示。例如，数理逻辑即可采用图表的表现方式，地理位置逻辑那则可以采用地图的表现方式。

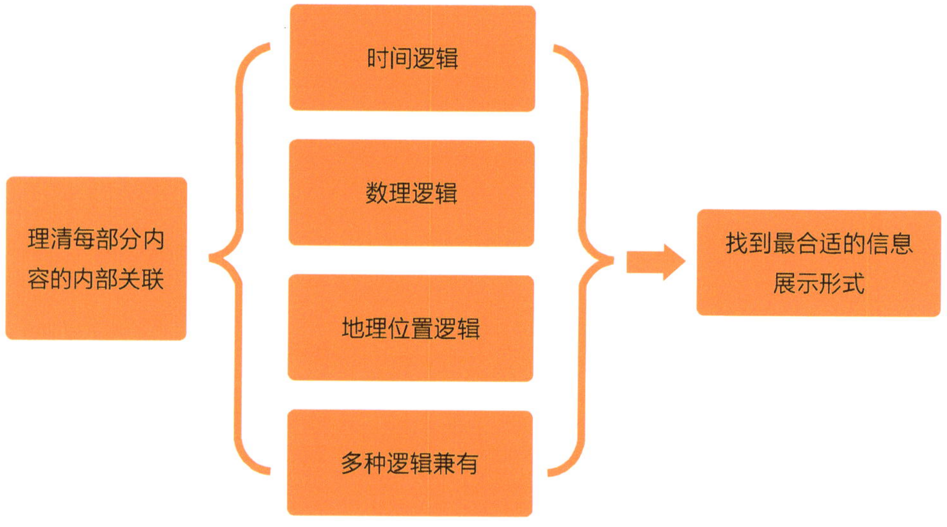

图 2-42 理解信息的内部逻辑

如果在信息图的逻辑关系中碰到多种逻辑交叉时，设计者首先要弄清楚主导逻辑是什么或者你想突出的重点逻辑是哪一种，然后再理清次要的逻辑关系。

2.3.4 信息图的生成方式

信息图通常有 2 种生成方式，如下所示。

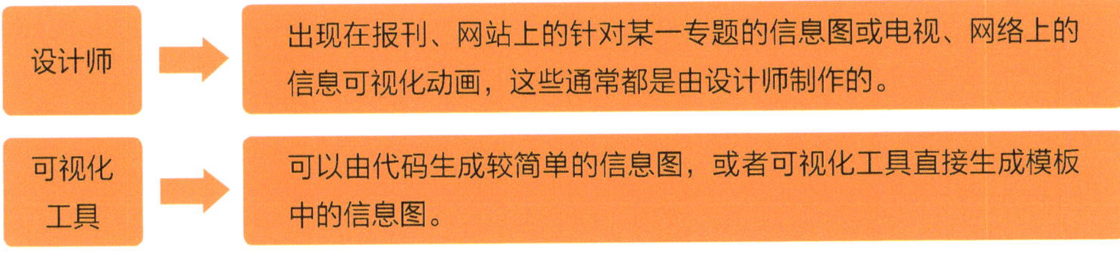

通常情况下，那些主题明确、特色鲜明或者非常漂亮的信息图，大都是设计师制作的。而各专业领域的图示、侧重数据分析的信息图，则大都是软件生成的。

2.4 制作信息图基本技能

前面介绍了 10 款制作信息图的工具，下面选择其中两款向读者详细介绍怎样使用工具制作信息图。

2.4.1 运用 Gliffy 制作信息图

步骤 01 打开并进入 Gliffy 网站，如图 2-43 所示。

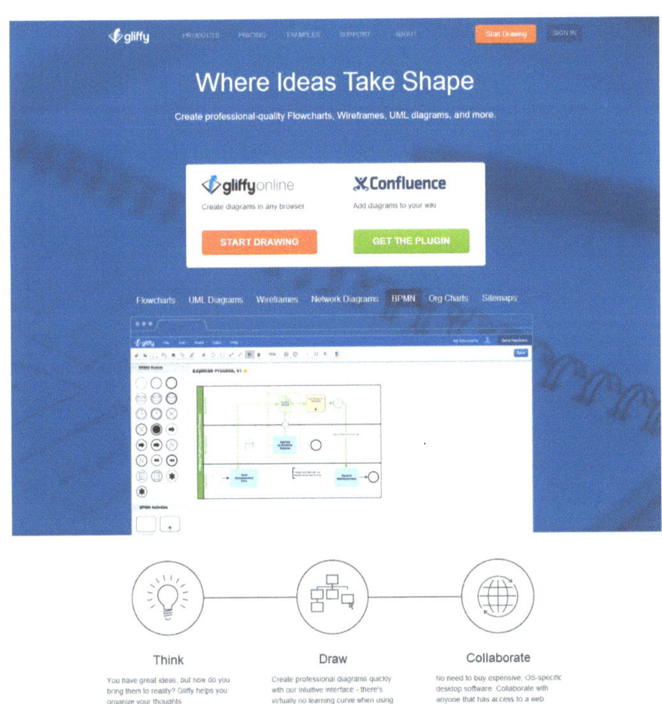

图 2-43 Gliffy 网站

步骤02 将鼠标移动至 Org Chares（中文版为“org 卡瑞斯”）选项按钮上，单击鼠标左键即可进入相应界面，如图 2-44 所示。

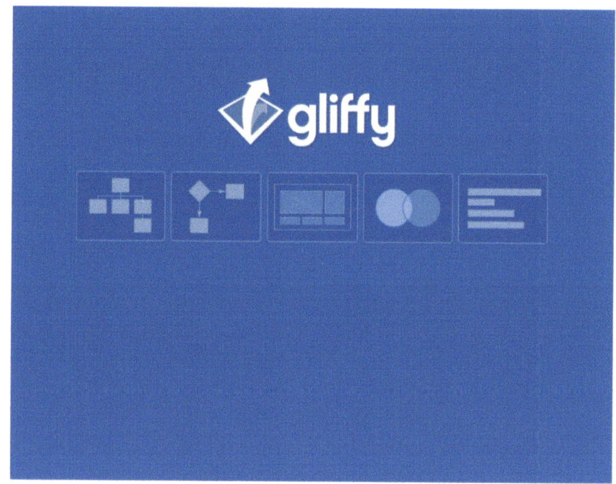

图 2-44 进入相应界面

步骤03 在界面中第一个流程图模板上单击鼠标左键，进入编辑窗口，如图 2-45 所示。读者可以直接使用默认的模板，也可以自己设计与制作流程图架构。

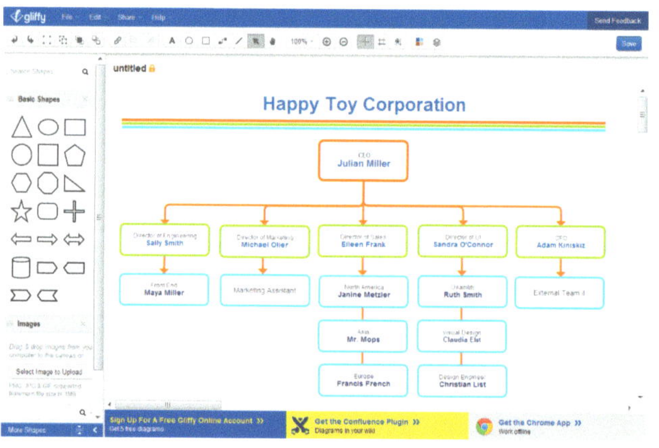

图 2-45 编辑窗口

步骤04 在文本框上单击鼠标左键，即可将文本框激活，如图 2-46 所示。

步骤05 将文本框激活后，文本框右方会出现蓝色的快捷按钮，在按钮上单击即可弹出快捷对话框，读者可以根据需要对对话框中的参数进行设置，如图 2-47 所示。

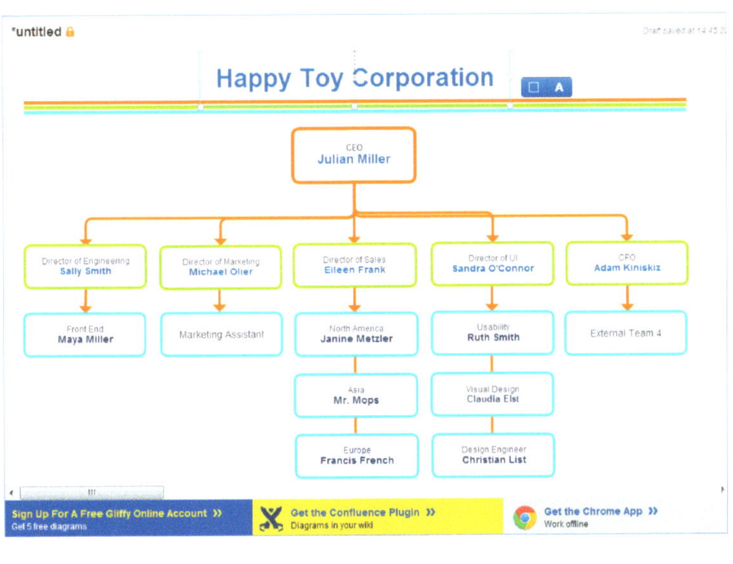

图 2-46 激活文本框

图 2-47 设置各参数

步骤06 在文本框中输入相应主题文字，在空白处单击即可，如图 2-48 所示。

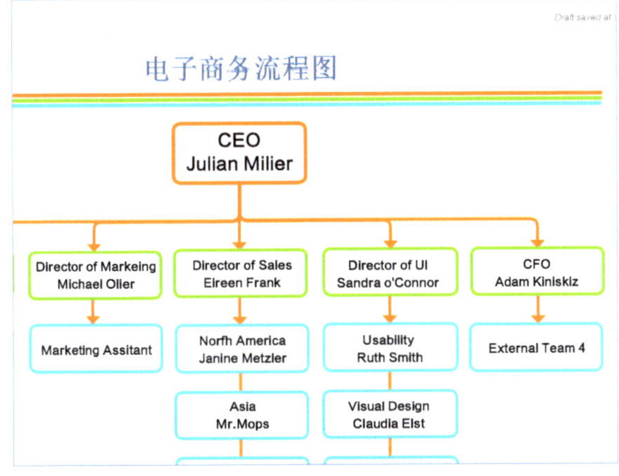

图 2-48 输入主题文字

步骤07 使用同样的方法，在文本框中输入文字内容，如图 2–49 所示。

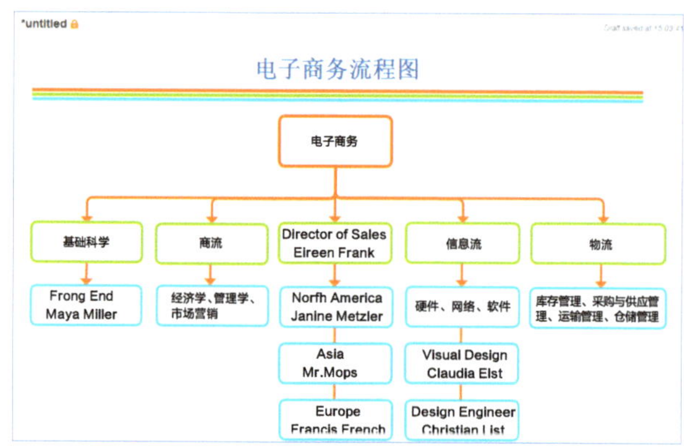

图 2–49 输入文字内容

步骤08 选中并删除不需要的文本框和箭头，调整文本框的大小和位置，完成效果如图 2–50 所示。

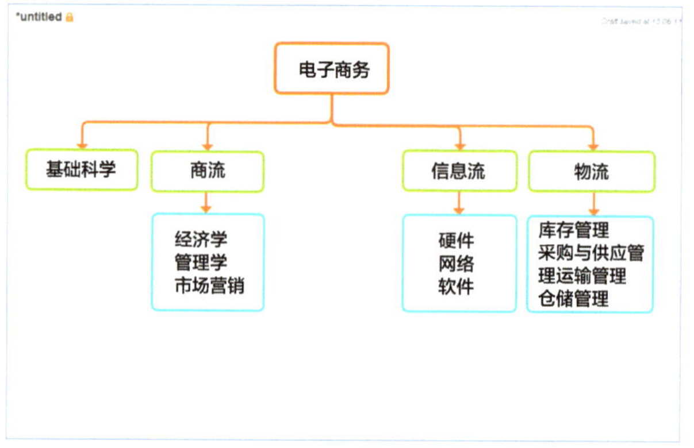

图 2–50 完成效果图

界面的上方是工具栏，如图 2–51 所示，读者可以根据需要自行选择，对流程图进行编辑。单击工具栏中的 Diagram Themes（图的主题）按钮和 Layer（图层）按钮即可弹出相应面板，如图 2–52 所示。在 Themes（主题）面板中，读者可以选择相应选项，设置流程图的颜色；在 Layer（图层）面板中，读者可以新建图层、新建图层组和删除图层。

图 2-51 工具栏

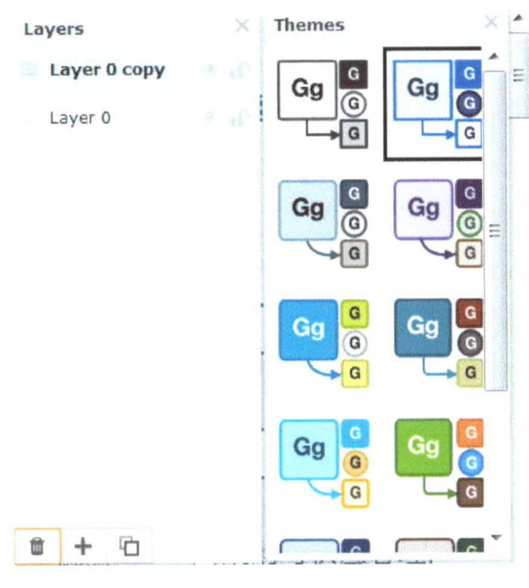

图 2-52 Themes（主题）面板和 Layer（图层）面板

在界面左边的Basic Shapes（基本形状）面板中包含有多种形状选项，如图2-53所示。读者选择相应选项后，在编辑区中单击并拖动鼠标左键即可创建多边形图形，效果如图2-54所示。

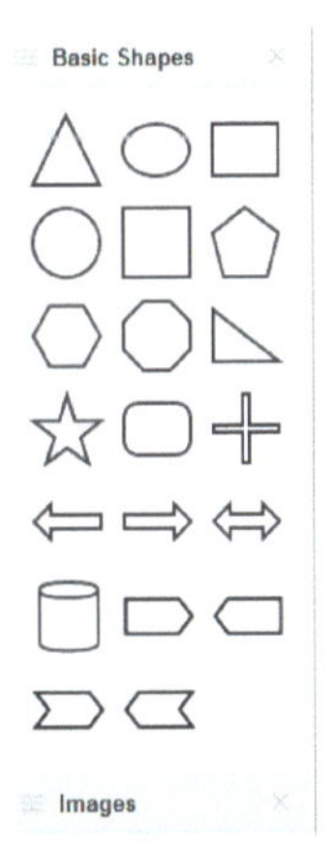

图 2-53 Basic Shapes（基本形状）面板

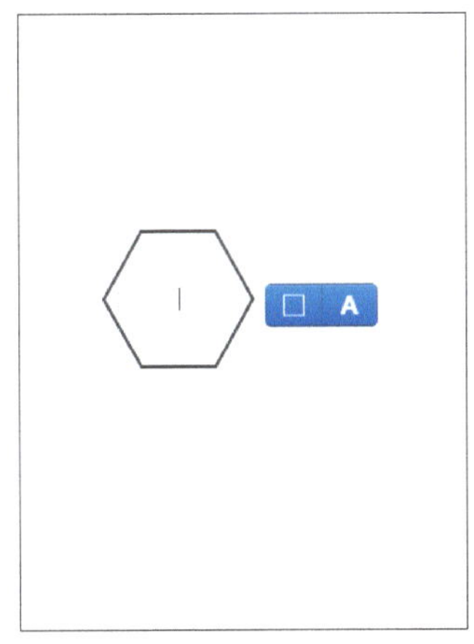

图 2-54 创建多边形图形

2.4.2 运用 Easel.Ly 制作信息图

步骤01 打开并进入 Easel.Ly 网站，如图 2-55 所示。

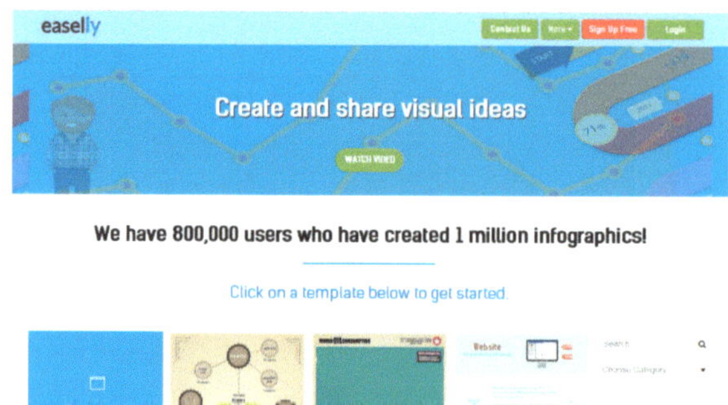

图 2-55 Easel.Ly 网站

步骤02 拖动右侧的滑块，在下方的图标列表中选择并单击图标，即可进入所选择图标的相应模板界面，如图 2-56 所示。

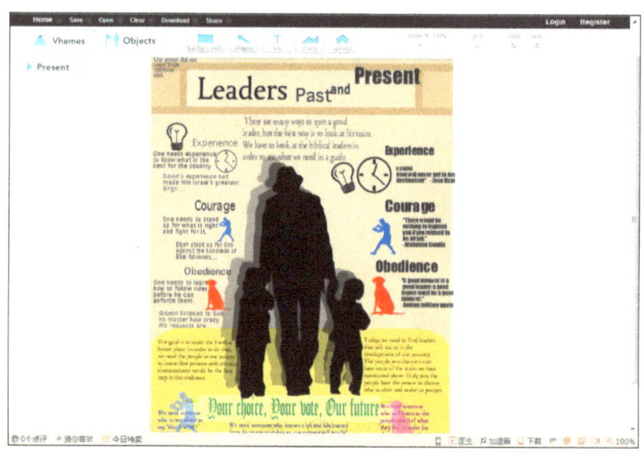

图 2-56 图标模板界面

步骤03 读者如果想要换个模板，单击 Vhemes（模板）按钮，弹出快捷菜单后，在菜单中选择相应图标即可，如图 2-57 所示。

步骤04 在文本框上双击鼠标左键，即可弹出文本框编辑器和文字工具栏，如图 2-58 所示。

图 2-57 弹出 Vhemes（模板）快捷菜单

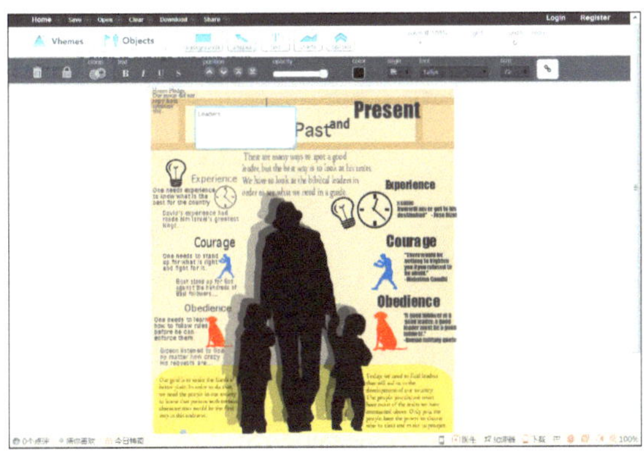

图 2-58 弹出文本框编辑器和文字工具栏

步骤 05 在文本框中输入主题文字，调整文字大小和位置，如图 2-59 所示。

图 2-59 调整主题文字大小和位置

步骤06 使用同样的方法输入其他文字，如图 2-60 所示。

图 2-60 输入其他文字

步骤07 选择并删除不需要的文本框，完成效果如图 2-61 所示。

图 2-61 完成效果

单击工具栏中的按钮，即可弹出相应的快捷菜单栏，如图 2-62 所示。

单击 Bachgrounds 按钮

单击 shapes 按钮

单击 text 按钮

单击 charts 按钮

单击 upload 按钮

图 2-62 快捷菜单栏

第 3 章 表格信息图的制作

3.1 表格信息图的特点

表格是指按照一定标准、规则设置纵轴与横轴，将数据进行罗列的信息工具。

3.1.1 什么是表格信息图

表格是一种可视化交流模式，也是一种组织整理数据的手段。

在通信交流、科学研究以及数据分析活动中广泛采用着形形色色的表格，表格会出现在印刷介质、手写记录、计算机软件、建筑装饰、交通标志等地方。随着上下文的不同，用来确切描述表格的惯例和术语也会有所变化。

此外，在种类、结构、灵活性、标注法、表达方法以及使用等方面，不同的表格之间也迥然各异。在各种书籍和技术文章当中，表格通常放在带有编号和标题的浮动区域内，以此区别于文章的正文部分。

3.1.2 表格信息图的优势

表格信息图的优势：条理清晰，简洁明了，便于获取信息，支持多种格式，表格文件小，不占太多内存，更新方便，适用于面向社会提供公共服务的表格填报业务，如政府公共事业的网上审批，金融、通信服务业等营业厅表格以及行业问卷调查、数据采集等业务。典型的表格信息图如图 3-1 所示。

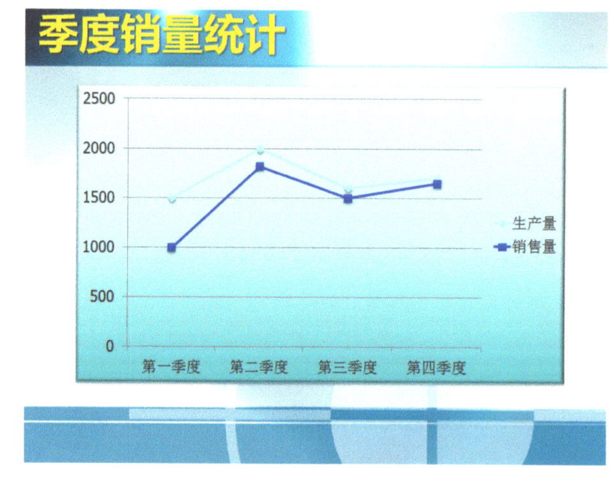

图 3-1 表格信息图

表格信息图主要是使用 PPT 和 Excel 制作。PPT 拥有强大的表格功能，并可以对其进行编辑、转换，也可以添加文本框、背景、图片、形状等元素对表格进行装饰。

下面介绍表格应用的 6 大特性与优点。

版式美观、严肃，与纸质表格的视觉感受形似，在任何应用环境下均能保持表格的一致性。

- PDF 电子表格的填写支持交互界面。
- 表格内容可以很方便地导入导出，特别适用于数据采集与统计分析等。
- 支持在线填写和离线填写。
- 支持表格的动态扩展（动态表单）。
- 拓展应用方面支持电子签章，可以加密，并可添加安全权限。

3.1.3 PPT 软件的介绍

PPT 是 Power Point 的简称，是微软公司出品的常用办公软件 Office 的组件之一，是一款功能强大的演示文稿制作、设计程序。PPT 增强了多媒体支持功能，利用 PPT 制作的演示文稿可以通过不同的方式播放，也可以打印成纸质材料，在幻灯片放映过程中还可以播放音频或者视频。

1. 认识 PPT

根据工作界面中的各个区域的不同功能可将其分为以下几个区域：控制区、功能区、编辑区以及状态栏，如图 3-2 所示。

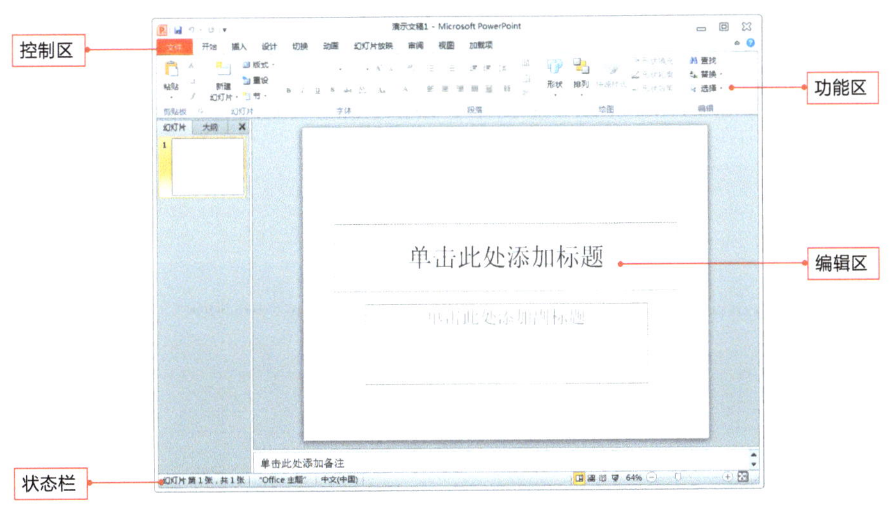

图 3-2 PPT 界面

PPT 的各个工作区域的含义如下所示

- 控制区：在控制区中可以对窗口的大小、位置进行控制，查看演示文稿的标题，对账户进行设置等。

• 功能区：显示选项卡、组合命令按钮，可以通过选择适合的命令，对内容进行相应的操作。

• 编辑区：普通视图下，左侧显示缩略图，在该区域中可对其进行查看、编辑。

• 状态栏：显示当前的状态，如文件的编号、使用的语言、当前的视图和缩放大小等。

2. PPT 的选项卡

运行 PPT，在默认状态下，PPT 界面包含有 10 个选项卡——文件、开始、插入、设计、切换、动画、幻灯片放映、审阅、视图以及加载项，如图 3-3 所示。

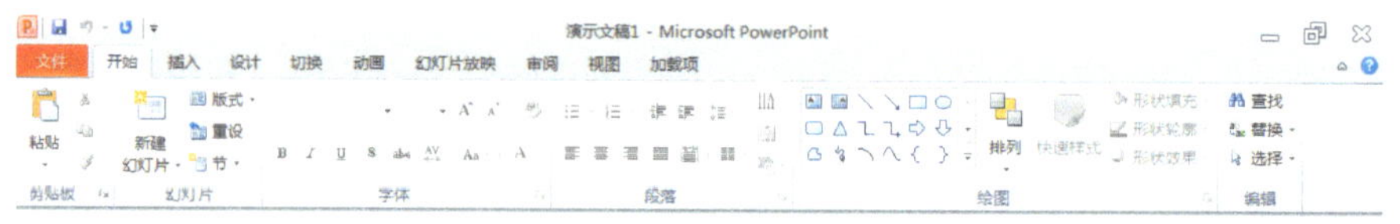

图 3-3 PPT 界面选项卡

单击“文件”选项卡，弹出“文件”面板，面板中包含有保存、另存为、打开、关闭、信息、最近所用文件、新建、打印、保存并发送、帮助、选项和退出选项，读者可以根据需要进行选择，如图 3-4 所示。

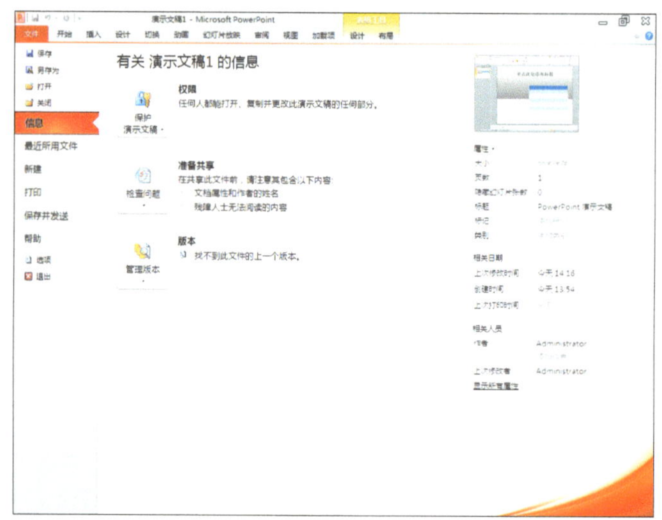

图 3-4 “文件”面板

3. PPT 制作的一般流程

PPT 制作的流程为：明确主题、了解受众、构思整体、收集素材、一般制作、调整修饰以及输出共享。

- 明确主题：创建 PPT 的目的在于协助演讲者完成与听众或阅读者之间的完美沟通，因此创建 PPT 要从沟通的目的出发。
- 了解受众：在分析受众时，要将 PPT 演示的目标与受众的兴趣相结合，首先要搜集有关受众的重要消息，以确定大部分受众的类似点，预测受众对话题的兴趣度、了解程度和态度，以决定其内容。
- 构思整体：明确中心思想，使其具有系统性，有中心、有层次且整体性强。
- 收集素材：收集素材的意义不仅在于找到制作者所需要的内容，还在于提炼已有材料中的观点。
- 一般制作：收集素材后，就可以根据构思的整体和主题开始 PPT 制作了，一般的制作程序为创建和保存。
- 调整修饰：PPT 制作完成后，要根据主题和整体构思，对其风格、文字、配色和图形等内容进行统一。

3.2 实战制作——表格信息图制作

本节以制作《工作安排计划》为例，主要介绍表格信息图的制作过程。

3.2.1 设计理念

下面介绍表格信息图制作的流程。

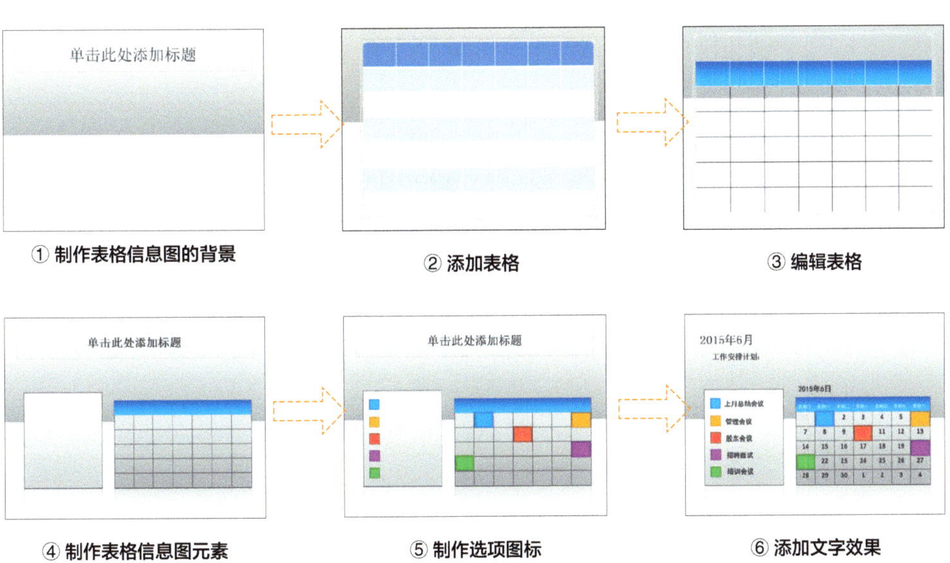

① 制作表格信息图的背景　② 添加表格　③ 编辑表格

④ 制作表格信息图元素　⑤ 制作选项图标　⑥ 添加文字效果

3.2.2 背景的制作

表格信息图中的背景制作过程如下。

步骤01 运行PPT软件，单击“开始”|“新建幻灯片”按钮，在弹出的菜单栏中，选择“仅标题”选项，如图3-5所示。

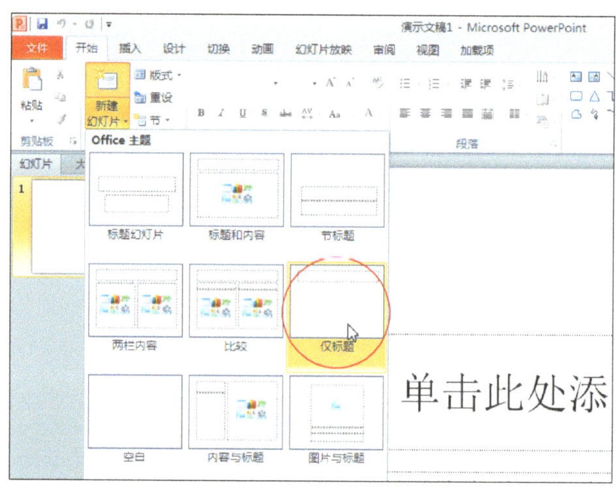

图3-5 选择“仅标题”选项

步骤02 执行上述操作后，即可新建页面，在菜单栏中单击“插入”|“图片”按钮，如图3-6所示。

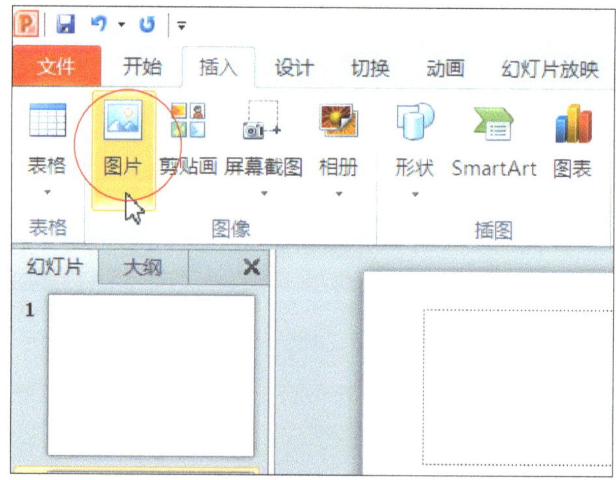

图3-6 单击插入“图片”按钮

步骤03 执行上述操作后，即可弹出“插入图片”对话框，从计算机存储的图像资料中选择“背景”素材图像，如图 3-7 所示。

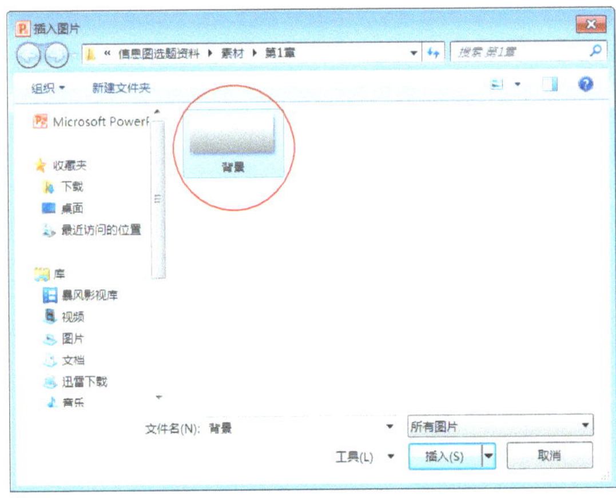

图 3-7 选择“背景”素材图像

知识扩展

“插入”选项卡的作用是向编辑窗口插入某些对象，如表格、图像、插图、链接、文本、符号和媒体，在“插入”选项卡中包含了表格、图像、插图、链接、文本、符号和媒体功能组，如图 3-8 所示，可在各个组中选择相应的命令按钮插入相应的内容。

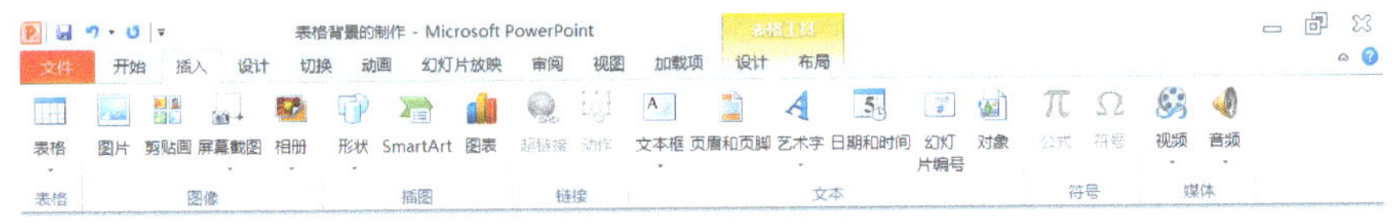

图 3-8 “插入”选项卡

- 表格：表格是组织文档信息的好方法，通过“表格”组中的“表格”下拉列表可直接创建表格、插入表格、绘制表格和插入 Excel 电子表格。
- 图像：通过“图像”组可以向文稿中插入图像，包括计算机中的图片、网络上的图片、桌面上窗口的快照以及图片集。
- 插图：通过 PPT 提供的内置形状可快速获取相应的图形，SmartArt 图形可直观地展示数据之间的关系，图表可展示数据的变化趋势、对比情况。通过“插图”组可以在文稿中插入指定的形状、SmartArt 图形和图表。
- 链接：在“链接”组中可通过超链接和动作功能，设置链接到网络、其他演示文稿、其他幻灯片等内容，以及鼠标单击或者悬停到指定内容上要执行的操作。

- 文本：文本是幻灯片中的主要数据之一，在幻灯片中没有占位符的情况下不能直接在其中输入文字，需要使用文本框、艺术字等手段，在“文本”组中可以完成输入文本、插入页眉页脚、为幻灯片编号和插入对象等操作。
- 符号：PPT 为读者提供了插入公式和符号的功能，可快速地插入需要的公式和符号。
- 媒体：在 PPT 中还可以添加视频和音频，使受众具有视觉和听觉的双重感受。

步骤04 单击“插入”按钮，即可插入素材，调整素材图像的大小和位置，在图像上方单击鼠标左键，在弹出的悬浮窗口中选择“置于底层”|“置于底层”选项，如图 3-9 所示。

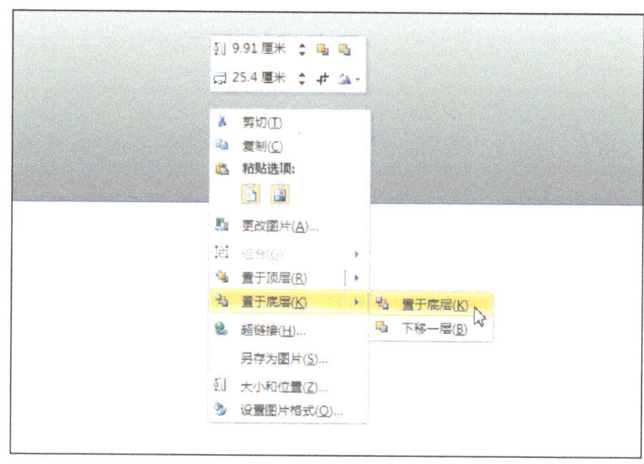

图 3-9 选择“置于底层”|“置于底层”选项

双击窗口中的图片、形状或者表格，可以弹出相应可编辑的选项卡，设置选择各功能组即可对其进行编辑，可以直接单击窗口上方的选项卡按钮，也可以在其上方单击鼠标右键，弹出快捷菜单，从快捷菜单中选择并对其进行编辑。读者可以根据自己的习惯，自由选择编辑的方式。

3.2.3 表格的添加

表格信息图中的表格添加过程如下。

步骤01 选中第一张幻灯片，敲击【Delete】键删除，然后单击“插入”|“表格”按钮，如图 3-10 所示，也可以单击“表格”下方的三角形下拉按钮。

步骤02 弹出相应列表框后，拖动鼠标至合适位置，设置表格参数为 7×7，然后单击鼠标左键，如图 3-11 所示。

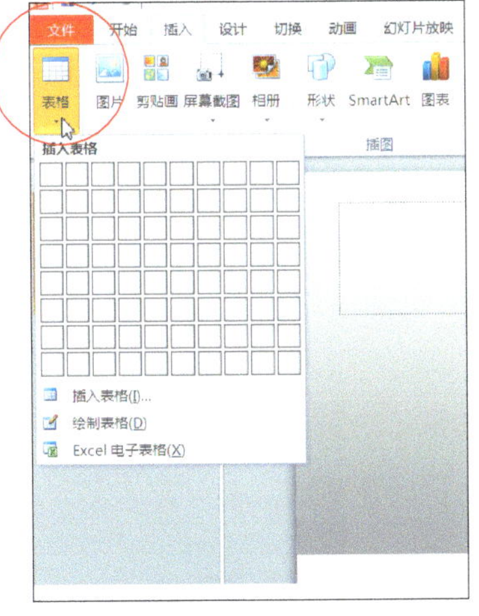

图 3-10 单击“表格”下方的三角形下拉按钮

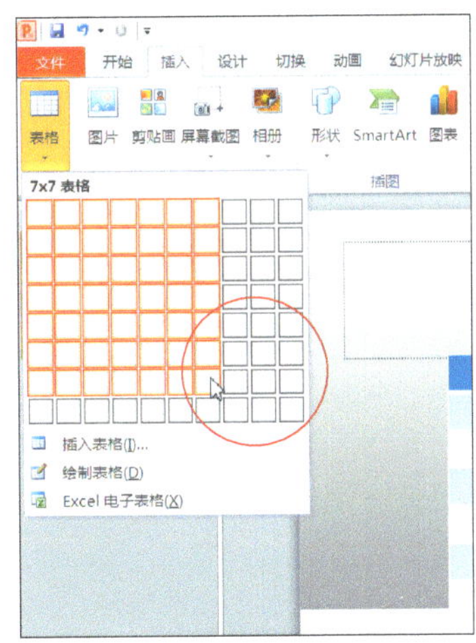

图 3-11 设置表格参数

步骤03 在相应位置单击鼠标左键，即可插入表格，调整表格的大小，并移动至合适位置，如图 3-12 所示。

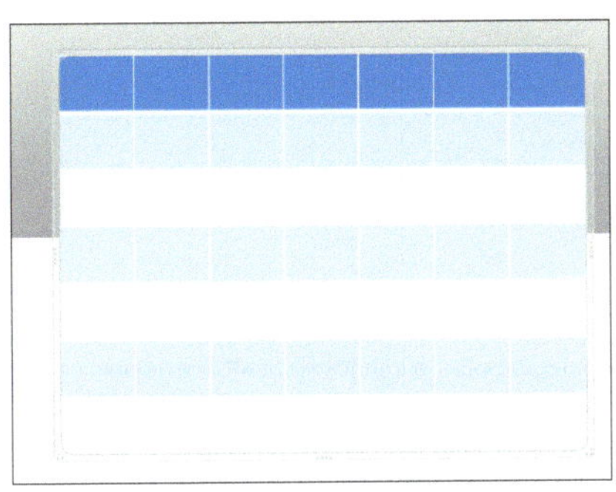

图 3-12 调整表格

“表格”下拉列表框中可直接创建表格、插入表格、绘制表格和插入 Excel 电子表格。

- 直接创建表格：拖曳鼠标指针，选择需要的行数和列数后，单击即可插入表格。

● 插入表格：输入表格行数和列数，单击“确定”按钮，即可插入表格。

● 绘制表格：拖曳鼠标即可在编辑窗口中绘制表格（但此时绘制出的表格是单格的表格）。

● 插入 Excel 电子表格：插入 Excel 工作表后，可在 PPT 中进行编辑。

3.2.4 表格的编辑

读者可以对绘制的表格进行编辑，例如合并单元格、设置填充颜色、设置边框等，下面介绍表格信息图中的表格编辑过程。

步骤01 将鼠标移动至表格第一行的左边，单击鼠标左键选取表格的第一行，在原处单击鼠标右键，在弹出的快捷菜单栏中选择“合并单元格”选项，如图 3-13 所示。

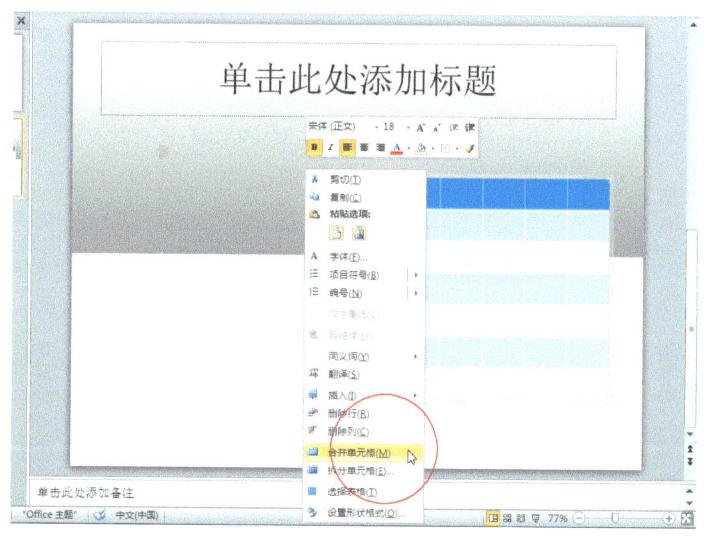

图 3-13 选择“合并单元格”选项

提示

读者可以单击鼠标右键，在弹出的快捷菜单中选择相应单元格选项；也可以单击“布局”选项卡，在“布局”面板中对表格进行编辑，单击“合并单元格”或“拆分单元格”按钮，对表格中选择的单元格进行合并或拆分。

步骤 02 选取合并的单元格，单击鼠标左键，会出现半透明的悬浮窗口。将鼠标移至菜单栏，单击“形状填充”右侧的下拉按钮，在弹出的快捷菜单栏中选择“无填充颜色”选项，如图 3-14 所示。

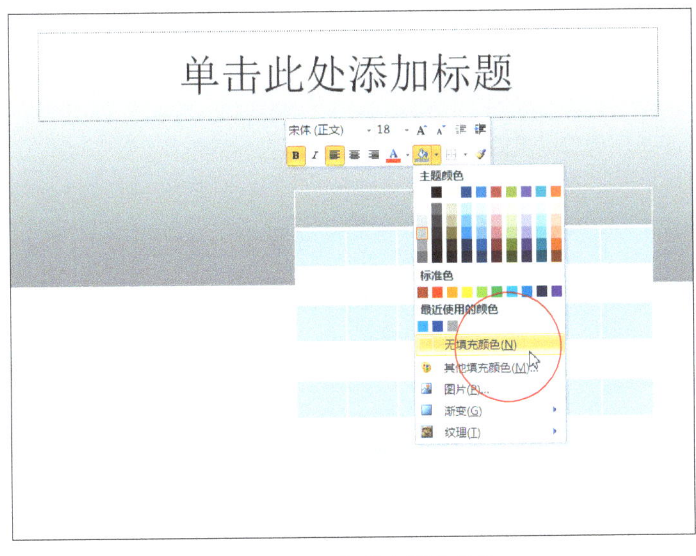

图 3-14 选择“无填充颜色”选项

步骤 03 执行上述操作后，即可对表格的首行进行设置。移动鼠标，在表格的左侧单击鼠标右键并拖动，选取表格的第 2 行到第 7 行，如图 3-15 所示。

步骤 04 单击“设计”按钮，弹出“设计”选项卡，单击“边框”右侧的下拉按钮，在弹出的下拉列表框中选择“内部框线”选项，如图 3-16 所示。

图 3-15 选取表格的行

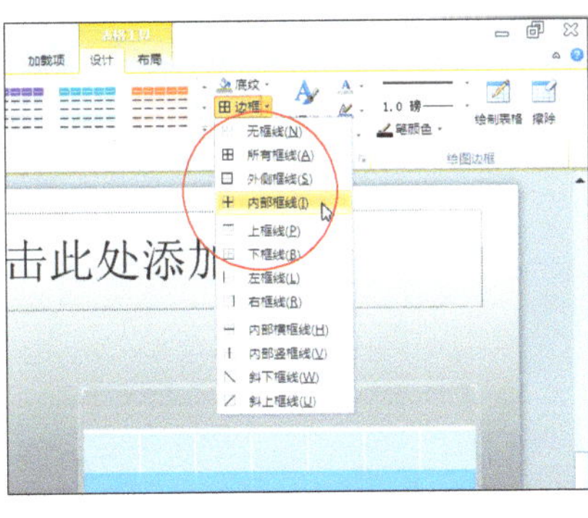

图 3-16 选择“内部框线”选项

步骤05 选取表格的第 2 行，在表格上方单击鼠标右键，弹出悬浮窗口，在窗口中单击“形状填充”右侧的下拉按钮，在弹出的快捷菜单栏中选择“渐变”|“其他渐变”选项，如图 3-17 所示。

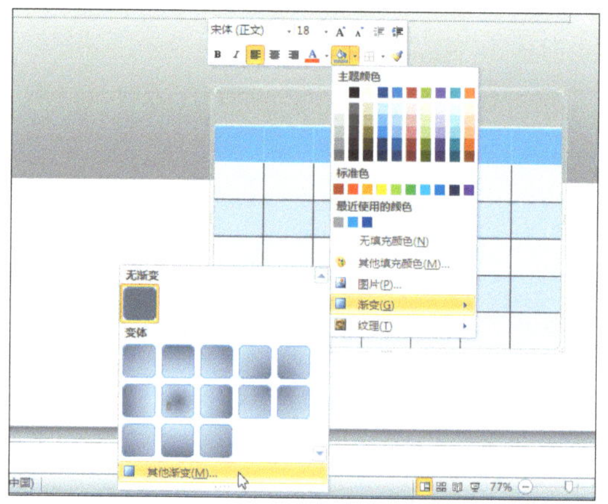

图 3-17 选择 " 渐变” | “其他渐变” 选项

步骤06 执行上述操作后，即可弹出“设置形状格式”对话框，在“填充”选项卡中选中“渐变填充”复选框，设置“类型”为线性、“方向”为线性向下、“渐变光圈”为深蓝色到蓝色，选中“与形状一起旋转”复选框，如图 3-18 所示。

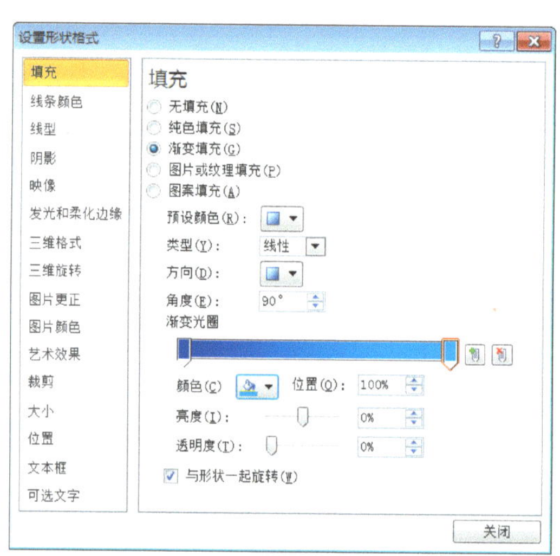

图 3-18 设置各参数

步骤07 单击“关闭”按钮，即可为表格添加渐变效果，选择并双击表格，弹出“设计”

选项卡，单击“边框”右侧的下拉按钮，在弹出的下拉列表中选择“无框线”选项，如图 3-19 所示。

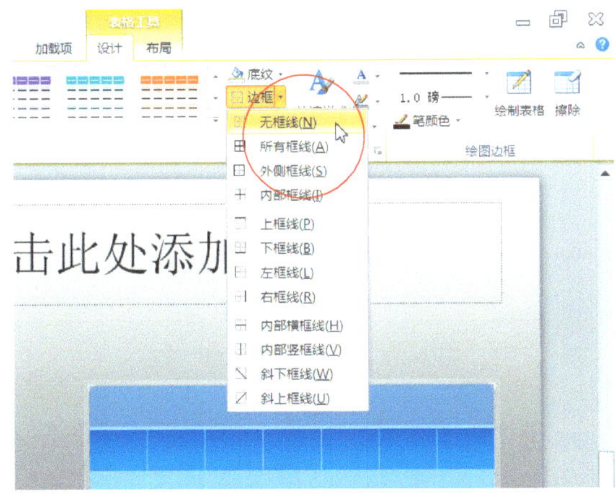

图 3-19 选择“无框线”选项

步骤 08 选取表格的第 2 行到第 3 行，在“设计”选项卡中，单击“边框”右侧的下拉按钮，在弹出的下拉列表中选择“内部框线”选项，如图 3-20 所示。

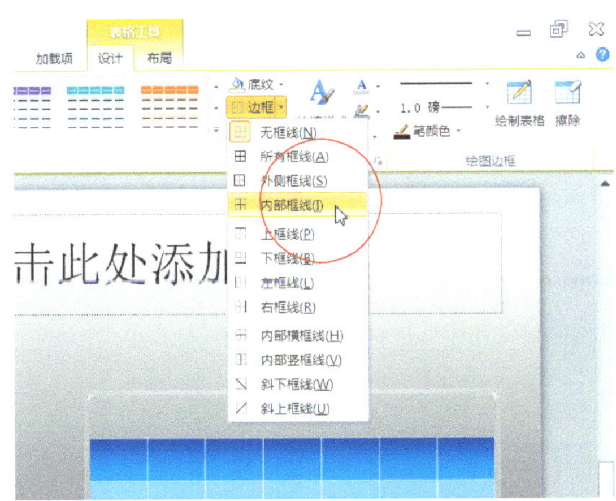

图 3-20 选择“内部框线”选项

步骤 09 单击“底纹”右侧的下拉按钮，在弹出的下拉列表中选择“无填充颜色”选项，如图 3-21 所示。

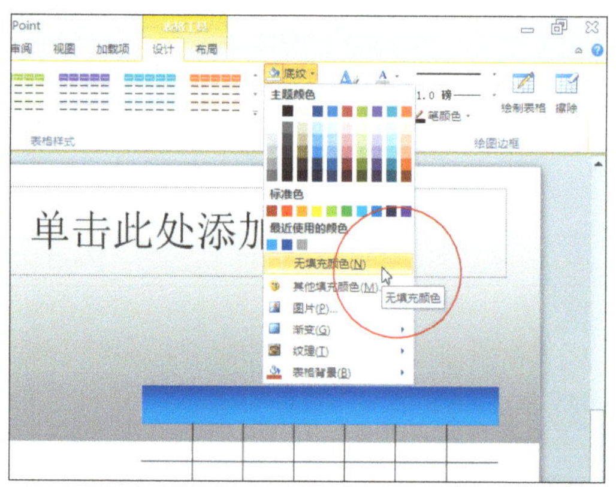

图 3-21 选择“无填充颜色”选项

知识扩展

在编辑窗口中添加表格并双击，会出现“表格工具——设计”和“表格工具——布局”选项卡，如图 3-22 所示，可对表格进行编辑和优化。“表格工具——设计”选项卡中包含了“表格样式选项”“表格样式”“艺术字样式”以及“绘图边框”。

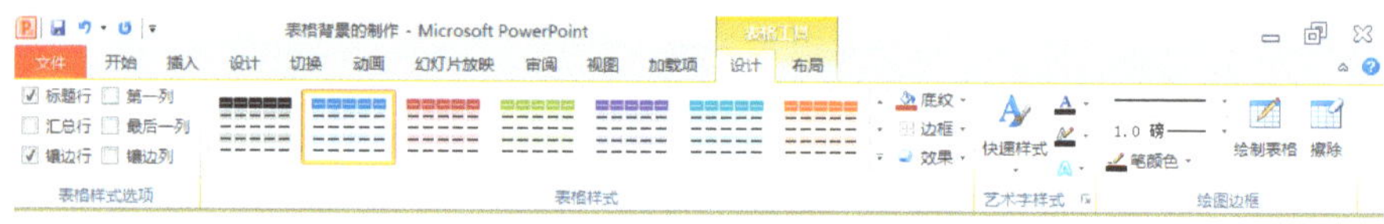

图 3-22 “设计”选项卡

- 表格样式选项：在“表格样式选项”组中，勾选相应复选框即可为表格添加相应表格样式。
- 表格样式：单击“表格样式”组中的快翻按钮，在展开的库中有 PPT 预设的 74 种表格样式，读者可以根据需要选择相应表格样式。
- 艺术字样式：在“艺术字样式”选项组中，可以对文字的字体、颜色以及字号进行设置。
- 绘图边框：表格的外、内围框线，通过为表格添加边框，可以让表格显得更加规范、工整，PPT 为读者设置了多种边框样式。

3.2.5 表格背景的制作

表格信息图中表格背景的制作过程如下所示。

步骤01 单击“插入”按钮，在弹出的“插入”选项卡中，单击“形状”下方的下拉按钮，在弹出的列表框中选择“矩形”选项，如图 3-23 所示。

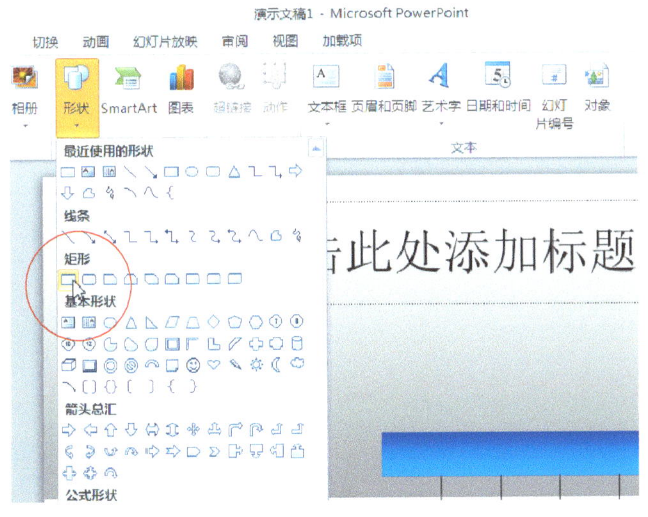

图 3-23 选择“矩形”选项

步骤02 在表格上方绘制一个矩形，调整矩形的大小和位置，如图 3-24 所示。

步骤03 在矩形的上方单击鼠标右键，弹出悬浮窗口，在窗口中单击“形状填充”右侧的下拉按钮，在弹出的快捷菜单栏中选择“渐变”|“其他渐变”选项，如图 3-25 所示。

图 3-24 调整矩形

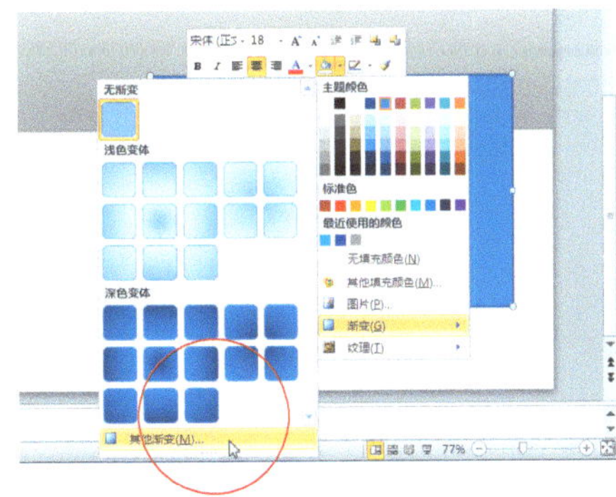

图 3-25 选择“渐变”|“其他渐变”选项

步骤04 执行上述操作后，即可弹出“设置形状格式”对话框，在“填充”选项卡中选中“渐变填充”复选框，设置“类型”为线性、“方向”为线性向下、“渐变光圈”为浅灰色到灰色，选中“与形状一起旋转”复选框，如图 3–26 所示。

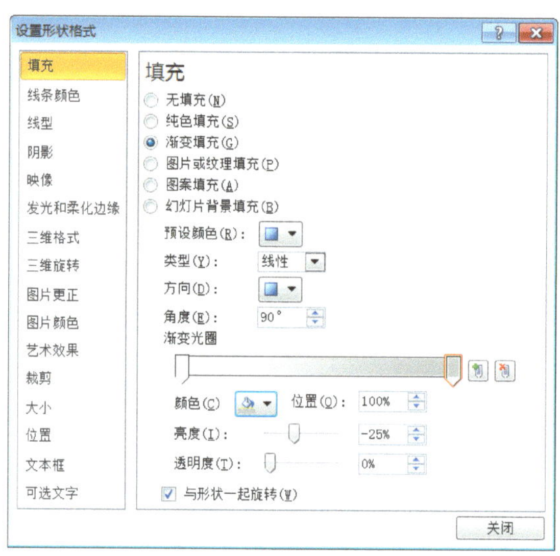

图 3–26 设置各参数

步骤05 在矩形上双击鼠标左键，弹出“格式”选项卡，单击“形状轮廓”右侧的下拉按钮，在弹出的“主题颜色”对话框中单击“黑色”按钮，选择“粗细”|“0.25 磅”选项，如图 3–27 所示。

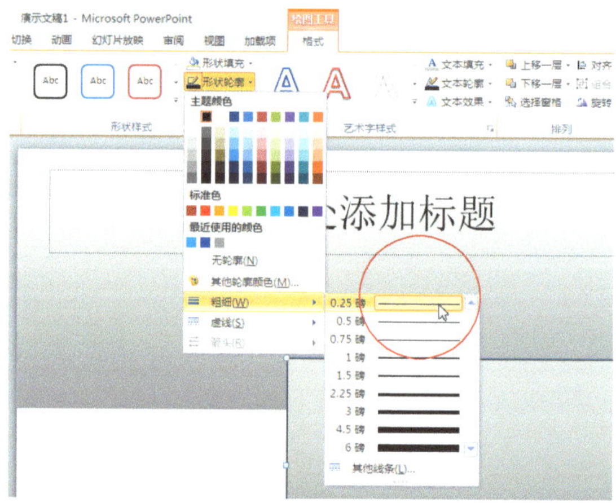

图 3–27 选择“粗细”|“0.25 磅”

步骤06 执行上述操作后即可改变矩形边框颜色和粗细，在矩形上单击鼠标右键，在弹出的快捷菜单中选择“置于底层”|“下移一层”选项，如图 3–28 所示。

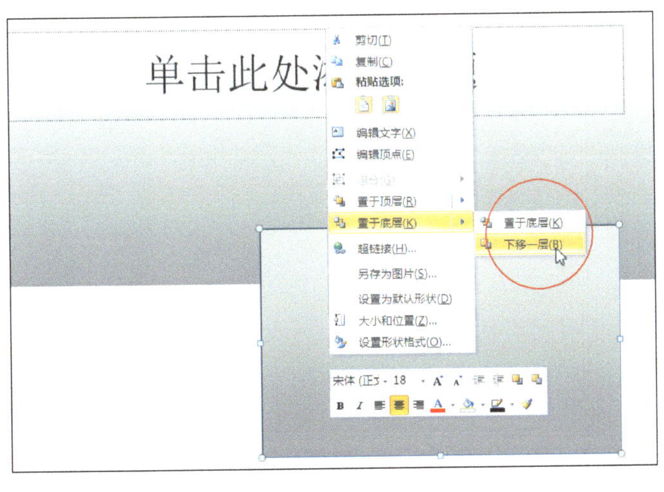

图 3-28 选择“置于底层”|“下移一层”选项

3.2.6 元素的制作

表格信息图中的元素制作过程如下所示。

步骤01 单击“插入”按钮，在弹出的“插入”选项卡中，单击“形状”下方的下拉按钮，在弹出的列表框中选择“矩形”选项，在表格的左边绘制矩形，调整矩形的大小和位置，如图 3-29 所示。

步骤02 在矩形的上方单击鼠标右键，弹出悬浮窗口，在窗口中单击“形状填充”右侧的下拉按钮，在弹出的快捷菜单栏中选择“渐变”|“其他渐变”选项，如图 3-30 所示。

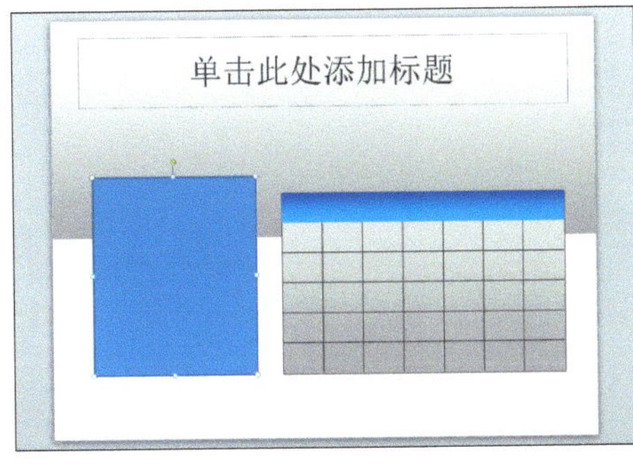

图 3-29 调整矩形

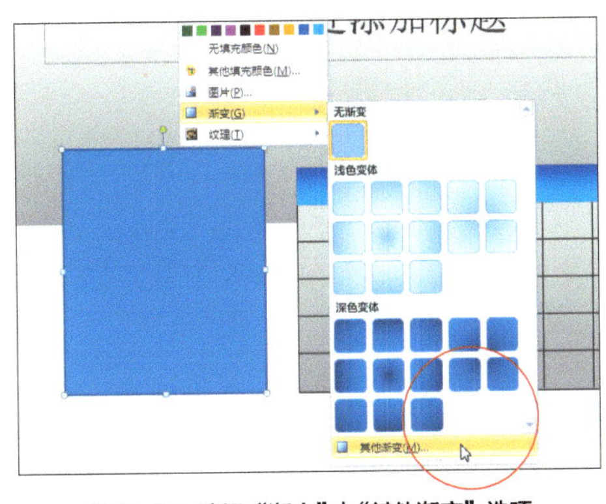

图 3-30 选择“渐变”|“其他渐变”选项

步骤03 执行上述操作后，即可弹出“设置形状格式”对话框，在“填充”选项卡中选中“渐变填充”复选框，设置“类型”为线性、“方向”为线性向下、“渐变光圈”为浅灰色到灰色，选中“与形状一起旋转”复选框，如图3-31所示，单击“关闭”按钮。

步骤04 在矩形上双击鼠标左键，弹出“格式”选项卡，单击“形状轮廓”右侧的下拉按钮，在弹出的“主题颜色”对话框中单击“黑色”按钮，选择“粗细”|“0.25磅”选项，如图3-32所示，松开鼠标即可改变轮廓粗细。

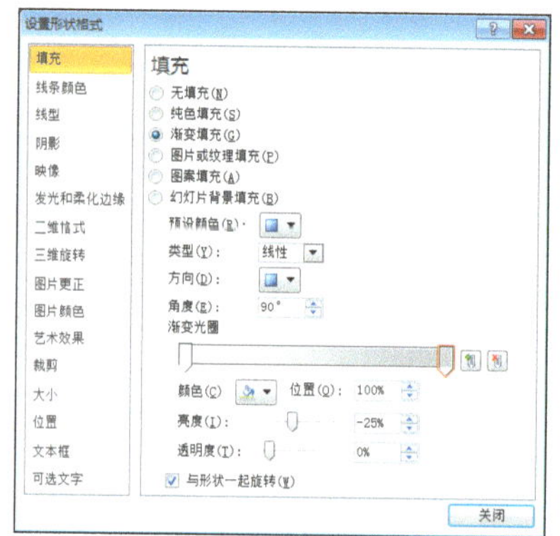

图3-31 设置各参数

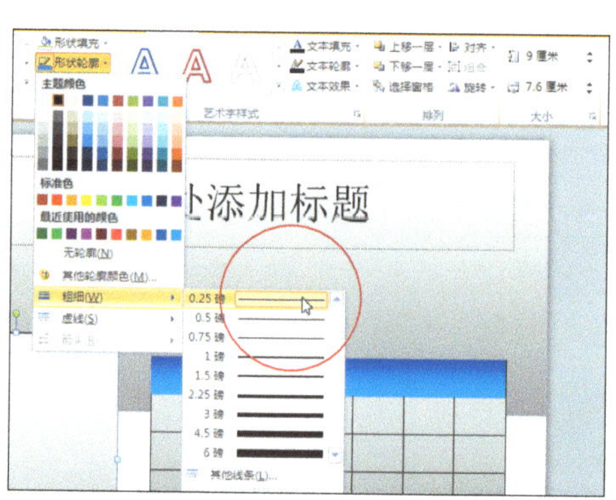

图3-32 选择“粗细”|“0.25磅”选项

步骤05 执行上述操作后，即可更改矩形边框，单击“形状效果”|“映像”|“紧密映像，接触”命令，如图3-33所示。

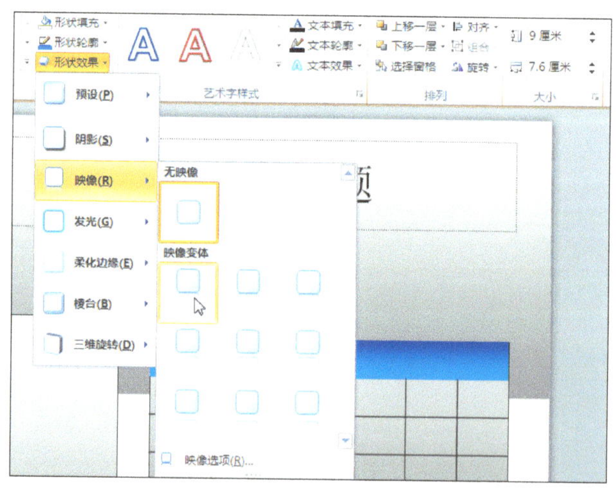

图3-33 单击“形状效果”|“映象”|“紧密映像，接触”命令

步骤06 单击“关闭”按钮，即可为矩形添加映像效果。选择表格并单击鼠标右键，让表格下移一层，选择表格下方的矩形，用与上同样的方法为矩形添加映像效果，再将矩形下移至表格下方，如图 3-34 所示。

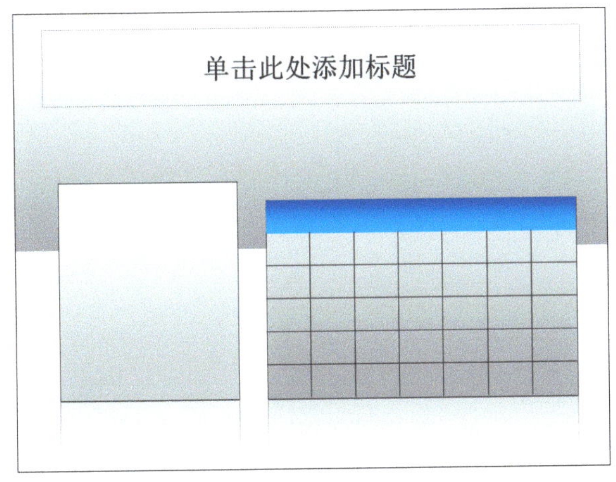

图 3-34 为表格下方的矩形添加映像效果

3.2.7 选项图标的制作

表格信息图中的选项图标制作过程如下所示。

步骤01 单击“插入”按钮，在弹出的“插入”选项卡中，单击“形状”下方的下拉按钮，在弹出的列表框中选择“矩形”选项，如图 3-35 所示。

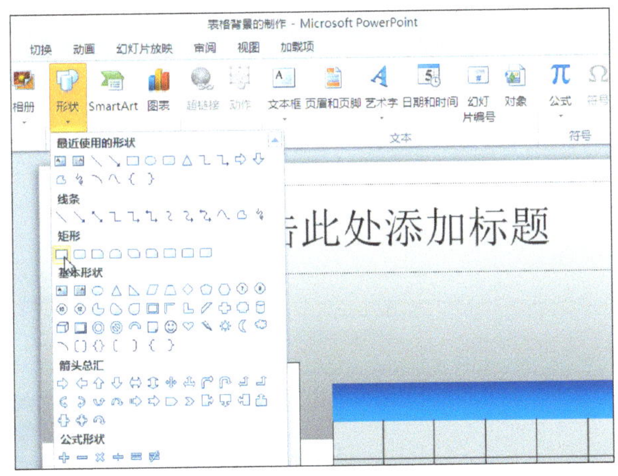

图 3-35 选择“矩形”选项

信息图快速了解
信息图制作准备
表格信息图的制作
图表信息图的制作
图形信息图的制作
统计信息图的制作
图解信息图的制作
地图信息图的制作

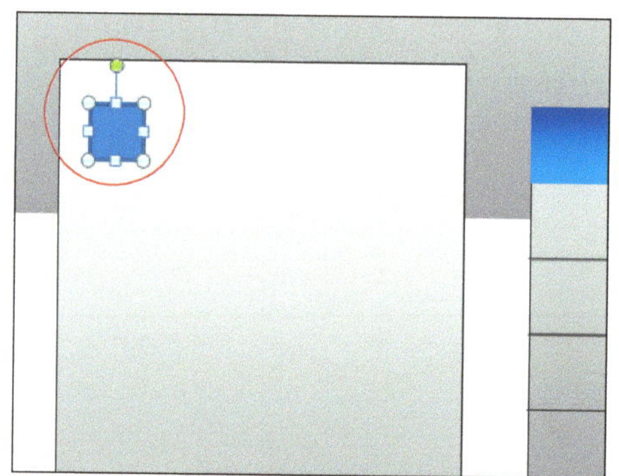

图 3-36 调整矩形

步骤02 在表格的上方绘制矩形，调整矩形的大小和位置，如图 3-36 所示。

步骤03 在矩形上双击鼠标左键，弹出“格式”选项卡，在选项卡中单击“形状填充”右侧的下拉按钮，在弹出的快捷菜单栏中选择“渐变”|“其他渐变”选项，如图 3-37 所示。

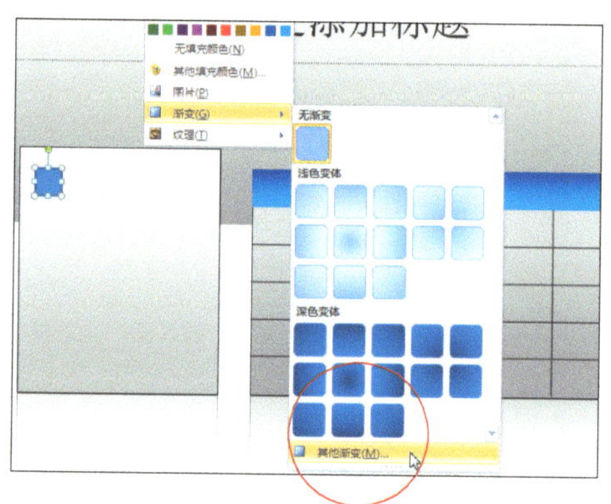

图 3-37 选择“渐变”|“其他渐变”选项

步骤04 执行上述操作后，即可弹出“设置形状格式”对话框，在“填充”选项卡中选中“渐变填充”复选框，设置“类型”为路径、“渐变光圈”为蓝色到深蓝色，选中“与形状一起旋转”复选框，如图 3-38 所示。

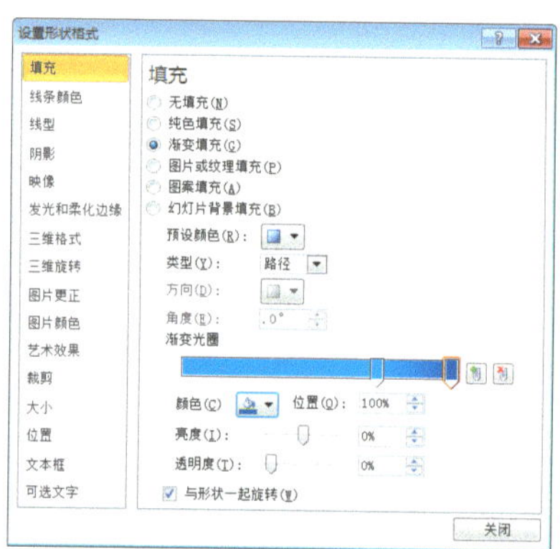

图 3-38 设置各参数

步骤05 在矩形上双击鼠标左键，弹出“格式”选项卡，在选项卡中单击“形状轮廓”右侧的下拉按钮，在弹出的下拉列表框中选择“无轮廓”选项，如图 3-39 所示。

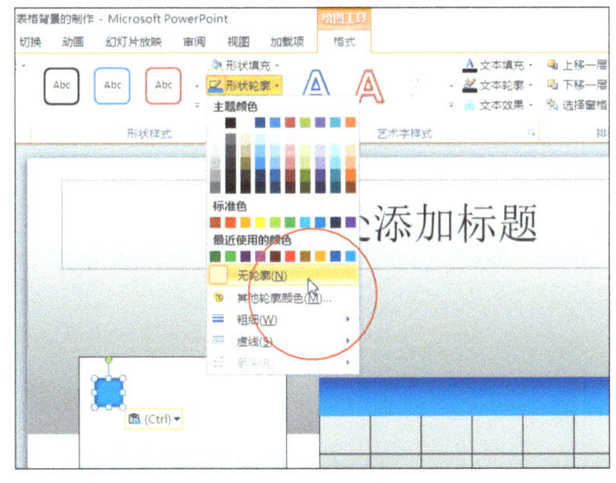

图 3-39 选择“无轮廓”选项

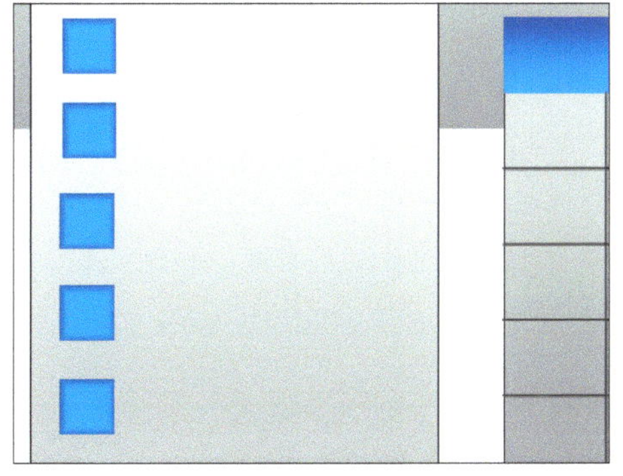

图 3-40 复制矩形并移动至合适位置

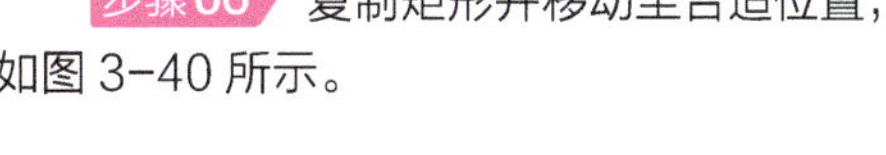

步骤06 复制矩形并移动至合适位置，如图 3-40 所示。

步骤07 在矩形上双击鼠标左键，弹出“格式”选项卡，在选项卡中单击“形状填充”右侧的下拉按钮，在弹出的快捷菜单栏中选择“渐变”|“其他渐变”选项，弹出“设置形状格式”对话框，在“填充”选项卡中设置“渐变光圈”为黄色到深黄色，如图 3-41 所示。

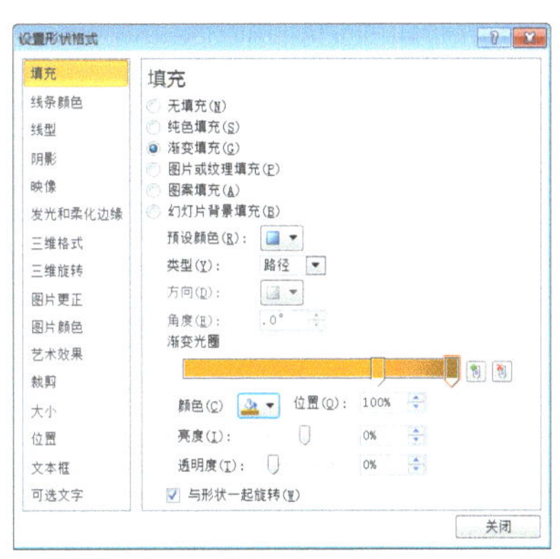

图 3-41 设置各参数

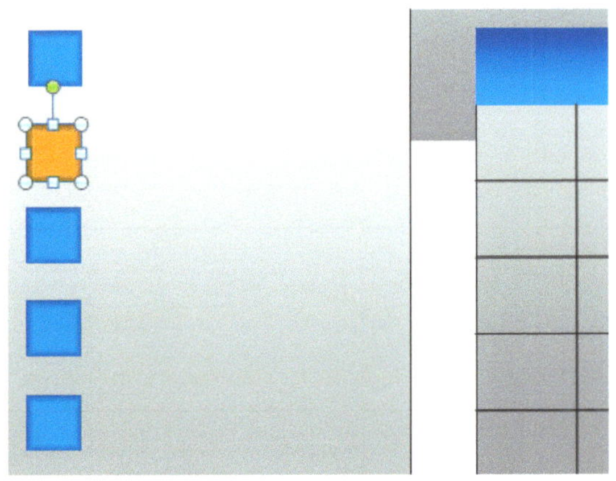

步骤08 单击“关闭”按钮，即可改变矩形的渐变颜色，如图 3-42 所示。

图 3-42 改变矩形的渐变颜色

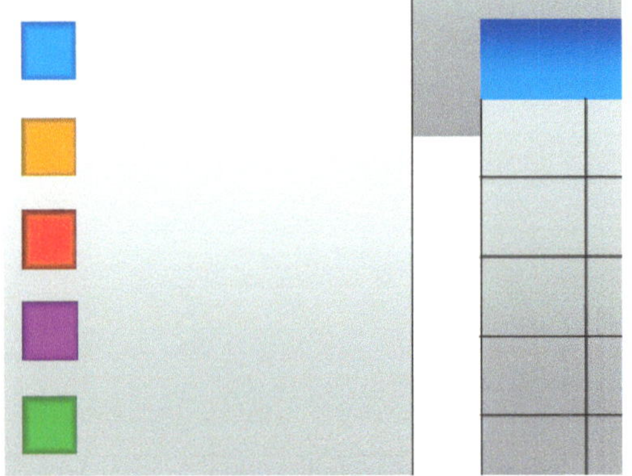

图 3-43 改变复制矩形的渐变颜色

步骤09 用与上同样的方法，改变其他复制矩形的渐变颜色，如图 3-43 所示。

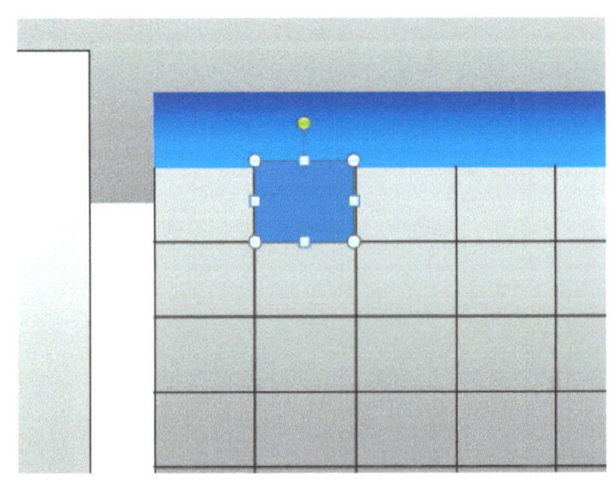

步骤10 在表格的上方绘制一个矩形，设置矩形的边框为“无轮廓”，如图 3-44 所示。

图 3-44 设置矩形边框

步骤11 为矩形添加蓝色到深蓝色的路径渐变效果，复制矩形并移动至合适位置，如图 3-45 所示。

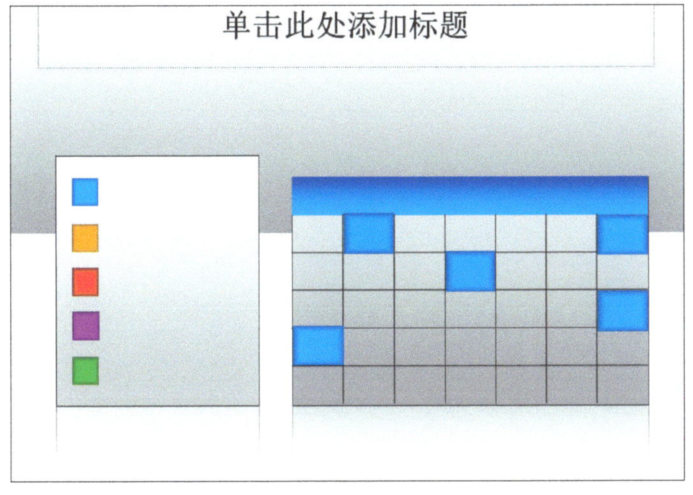

图 3-45 复制并移动矩形

步骤12 用与上同样的方法，改变复制矩形的渐变颜色，如图 3-46 所示。

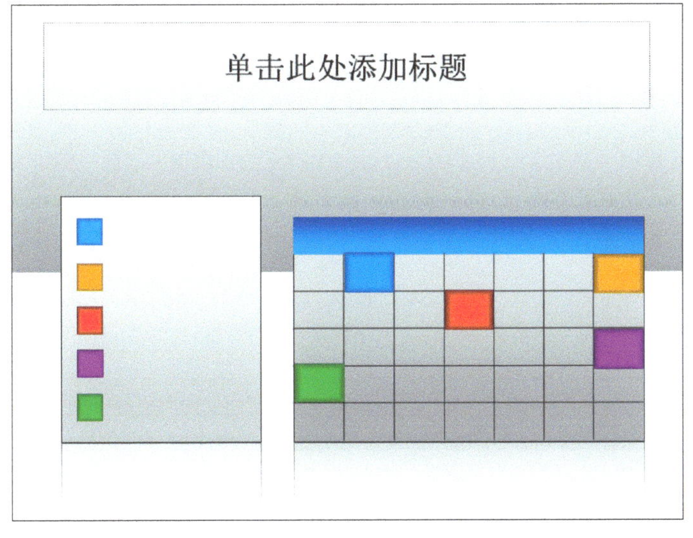

图 3-46 改变复制矩形的渐变颜色

3.2.8 文字的制作

表格信息图中的文字制作过程如下。

步骤01 在“单击此处添加标题”处单击，设置字体为宋体（标题）、字号大小为32，单击“加粗”按钮，单击“文本左对齐”按钮，设置文字颜色为黑色，输入文字，如图3-47 所示。

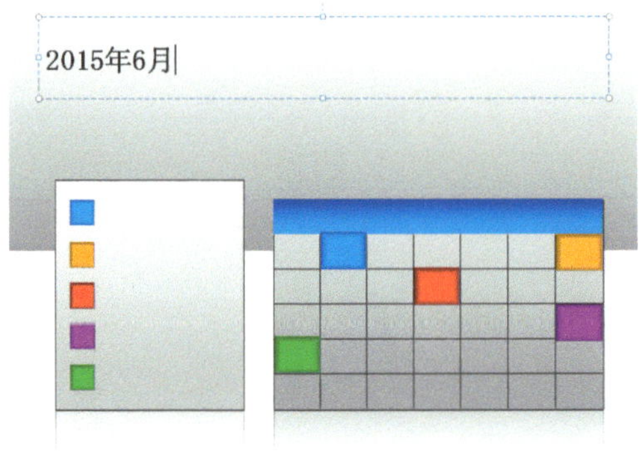

图 3-47 输入文字

知识扩展

单击已有文本框或者创建文本框后，激活“开始”选项卡，选项面板中包括剪贴板、幻灯片、字体、段落、绘图、编辑等功能组，读者可以在字体和段落功能组中对文字进行设置。

步骤02 单击“格式”|“文本框”，在弹出的下拉列表框中选择“横排文本框”选项，在合适位置单击，新建文本框，设置字体为宋体（正文）、字号大小为20，输入文字，如图3-48 所示。

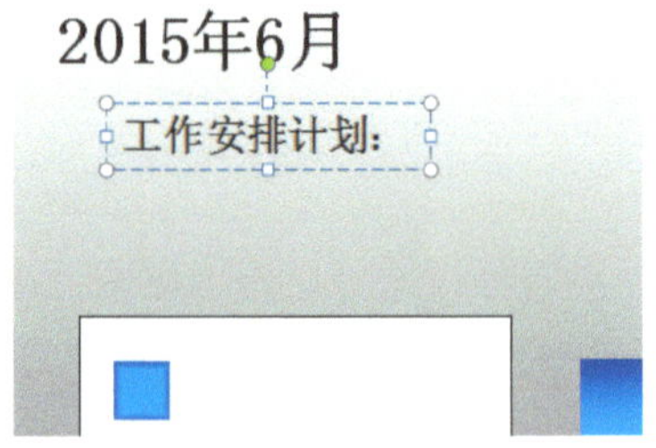

图 3-48 输入文字

步骤03 在表格的第一行单击，设置字体为黑体、字号大小为20，输入文字，如图3-49所示。

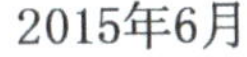

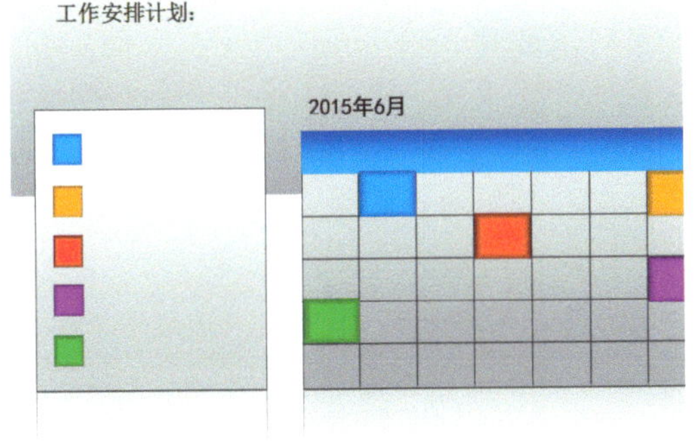

图 3-49 输入文字

步骤04 在表格的第二行单击，设置字体为宋体（标题）、字号大小为 12、文字颜色为白色，输入文字，如图 3-50 所示。

图 3-50 输入文字

星期日	星期一	星期二	星期三	星期四	星期五	星期六
31		2	3	4	5	
7	8	9		11	12	13
14	15	16	17	18	19	
	22	23	24	25	26	27
28	29	30	1	2	3	4

图 3-51 输入文字

步骤05 设置字体为宋体（标题），字号大小为 18。文字颜色为黑色，在表格中输入其他文字，如图 3-51 所示。

步骤06 在表格中选择相应文字，设置文字颜色为灰色，效果如图 3-52 所示。

2015年6日

星期日	星期一	星期二	星期三	星期四	星期五	星期六
31		2	3	4	5	
7	8	9		11	12	13
14	15	16	17	18	19	
	22	23	24	25	26	27
28	29	30	1	2	3	4

图 3-52 设置文字颜色为灰色的效果

步骤07 设置字体为黑体、字号大小为 18、文字颜色为黑色，输入其他文字，完成表格信息图的制作，如图 3-53 所示。

图 3-53 表格信息图完成效果

● 文本框：在编辑窗口中的任意位置可添加文本框并输入文字，文本框有横排文本框和垂直文本框两种选项。

● 页眉和页脚：可用于展示日期、幻灯片编号和幻灯片张数等信息，设置的内容会在每张打印页上显示。

- 艺术字：使用艺术字能为文本增加艺术性，在“艺术字”下拉列表中选择合适的样式即可添加艺术字效果。
- 日期和时间：为幻灯片快速添加当前日期和时间。
- 幻灯片编号：在演示文稿中显示幻灯片编号。
- 对象：在演示文稿中插入其他文档或文件，以应用其中的内容。

3.3 巧借活用——表格信息图模板套用

上一节主要介绍了表格信息图的制作过程，下面介绍模板的套用方法。

3.3.1 节日版——表格信息图

读者可以根据个人喜好和习惯，更改表格内容，如添加本月的节日和重要事件等内容，完成效果如图 3-54 所示。

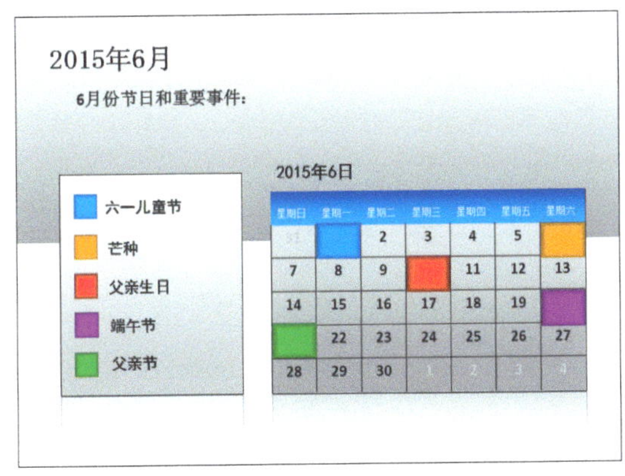

图 3-54 节日版——表格信息图

其制作流程如下。

① 选择并激活文本框，以便于修改

② 根据需要输入文字

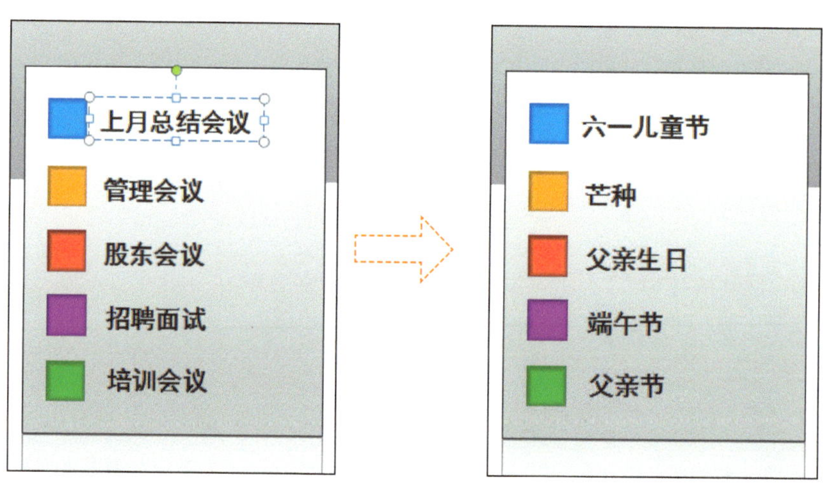

③ 选择选项图标右侧的文本框，并将其激活

④ 输入与主题“节日”相关的内容，对其进行更改

3.3.2 高考版——表格信息图

读者可以根据自身角色的不同，利用表格信息图的模板制作出不同的版本，如添加高考前后事宜安排，完成效果如图 3-55 所示。

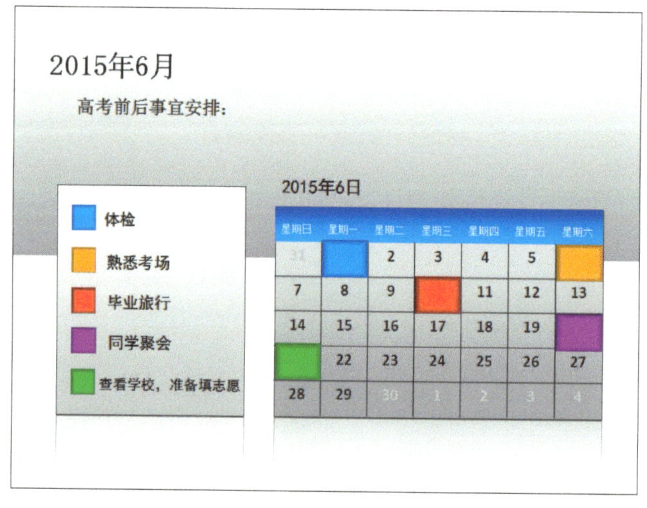

图 3-55 高考版——表格信息图

其制作流程如下所示。

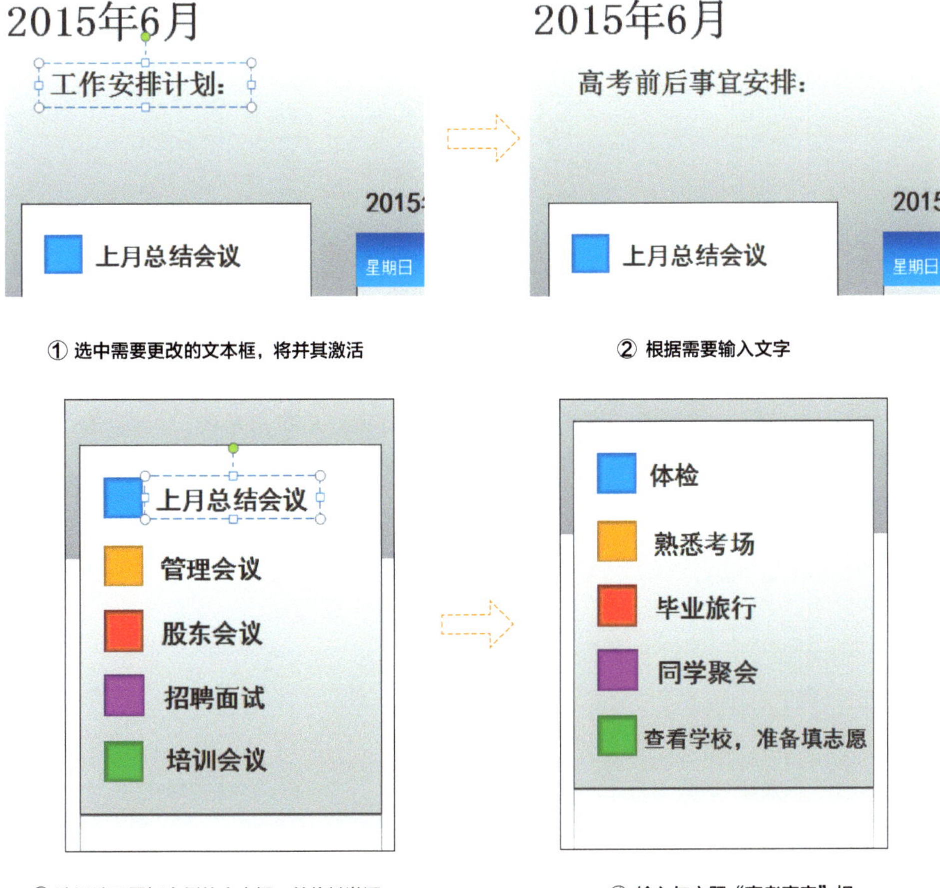

① 选中需要更改的文本框，将并其激活

② 根据需要输入文字

③ 选择选项图标右侧的文本框，并将其激活

④ 输入与主题“高考事宜”相关的内容，对其进行更改

3.4 技巧放送——3 个制作表格信息图的小技巧

上两节介绍了表格信息图的制作以及模板的套用，下面介绍制作表格信息图的3个小技巧。

3.4.1 映像效果的制作

运行 PPT，在计算机中的合适位置打开“矩形”素材，如图 3-56 所示。在矩形上方双击鼠标左键，弹出“格式”选项卡，单击图形效果右侧的三角形按钮，弹出列表框，读者可以在列表框中选择所需要的效果选项，如预设、阴影、映像、发光、柔化边缘、棱台、三维旋转等。单击映像左侧的三角形按钮，即可弹出映像效果列表框，如图 3-57 所示。

图 3-56 打开“矩形”素材

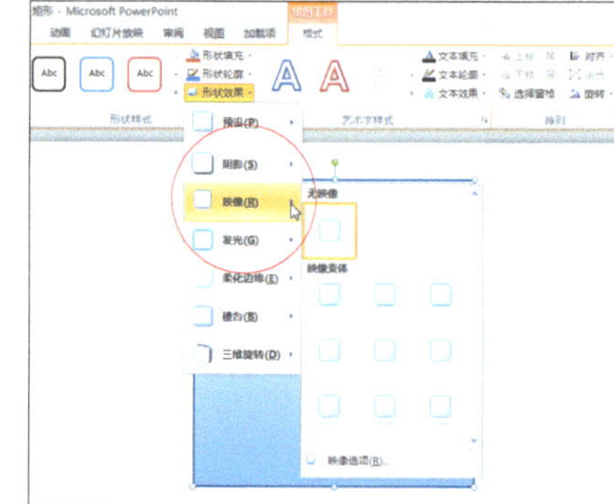

图 3-57 映像效果列表框

执行上述操作后，在列表框中有“无映像”和“映像变体”两个表格，在映像变体表格中有“紧密映像，接触”“半映像，接触”“全映像，接触”“紧密映像，4PT 偏移量”“半映像，4PT 偏移量”“全映像，4PT 偏移量”“紧密映像，8PT 偏移量”“半映像，8PT 偏移量”“全映像，8PT 偏移量”等选项，如图 3-58 所示。

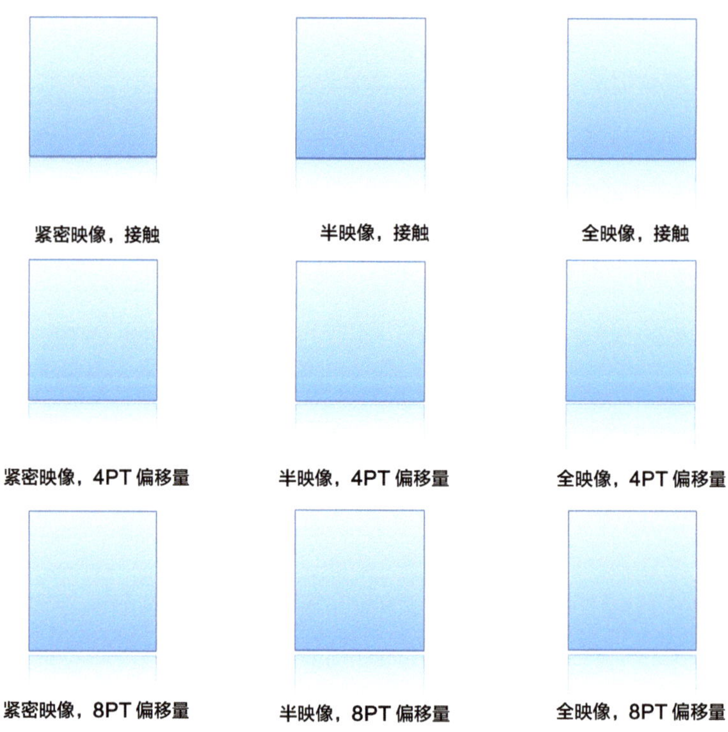

图 3-58 映像效果

3.4.2 渐变按钮的制作

运行 PPT，单击“插入”|“形状”命令，在弹出的列表框中选择“圆角矩形”选项，在编辑窗口中的合适位置绘制一个圆角矩形，单击“格式”|“形状填充”|“渐变”命令，弹出相应列表框，如图 3-59 所示。

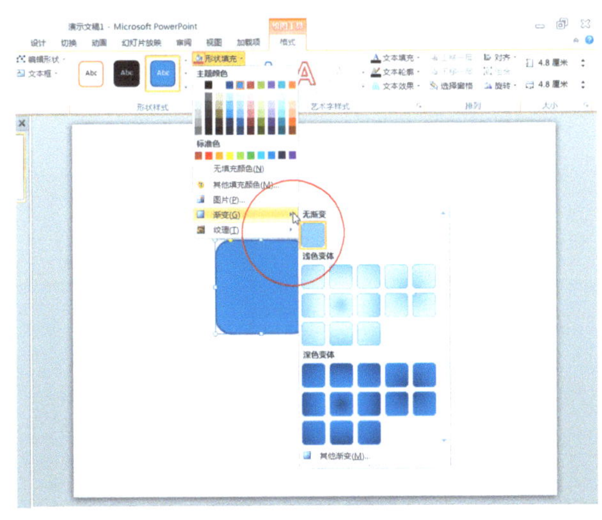

图 3-59 单击“格式”|“形状填充”|“渐变”命令

执行上述操作后即可弹出列表框，读者可以根据自身需要选择相应的渐变填充方式，如“无渐变”“线性对角，左上到右下”“线性向下”“线性对角，右上到左下”“从右下角”“从左下角”“线性向右”“中心辐射”“线性向左”“从右上角”“从左上角”“线性对角，左下到右上”“线性向上”“线性对角，右下到左上”等选项，如图 3-60 所示。

也可以单击列表框下方的“其他渐变”按钮，在弹出的对话框中的“填充”面板中选择相应复选框，并对其进行设置。

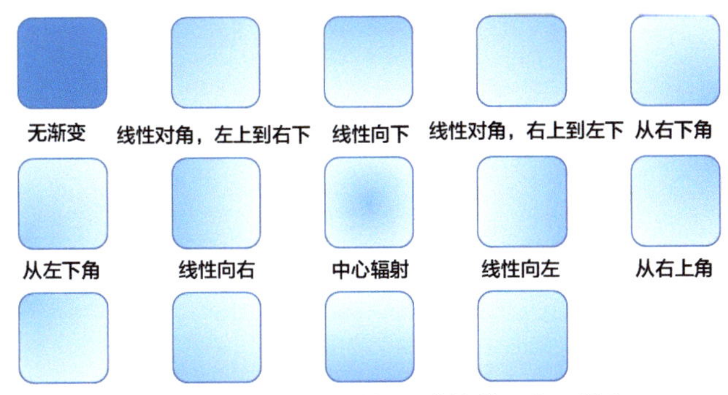

图 3-60 渐变填充方式

3.4.3 透明表格的制作

透明表格的制作步骤如下。

步骤01 在 PPT 软件中打开“数据”素材，如图 3-61 所示。

	星期一	星期二	星期三	星期四	星期五	星期六
工作室	1组	2组	3组	1组	2组	3组
休息室	2组	3组	1组	2组	3组	1组
茶水室	3组	1组	2组	3组	1组	2组

图 3-61 打开“数据”素材

步骤02 单击“插入”|“形状”命令，在弹出的列表框中选择“矩形”选项，在合适位置绘制矩形，并调整矩形的大小和位置，如图 3-62 所示。

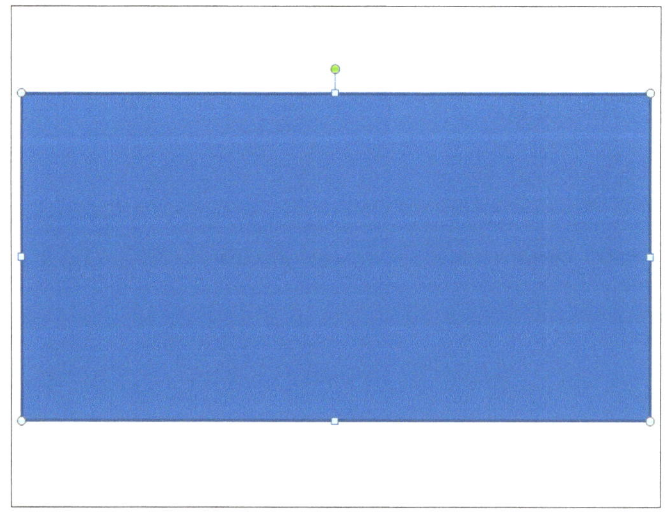

图 3-62 调整矩形的大小和位置

步骤03 单击“格式”|“形状填充”|“渐变”|“其他渐变”命令，弹出“设置形状格式”对话框，选中“渐变填充”复选框，设置“类型”为线性、“方向”为线性向下、“角度”为90°、“渐变光圈”为淡蓝色到紫蓝色，如图3-63所示。

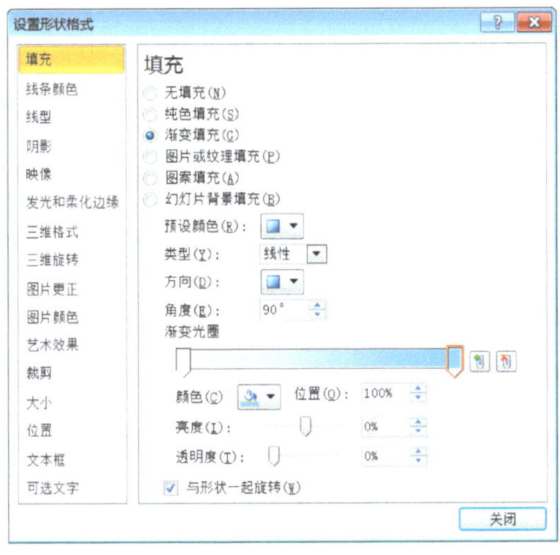

图3-63 设置各参数

步骤04 在矩形上单击鼠标右键，在弹出的快捷菜单中选择“置于底层”|“下移一层”选项，如图3-64所示。

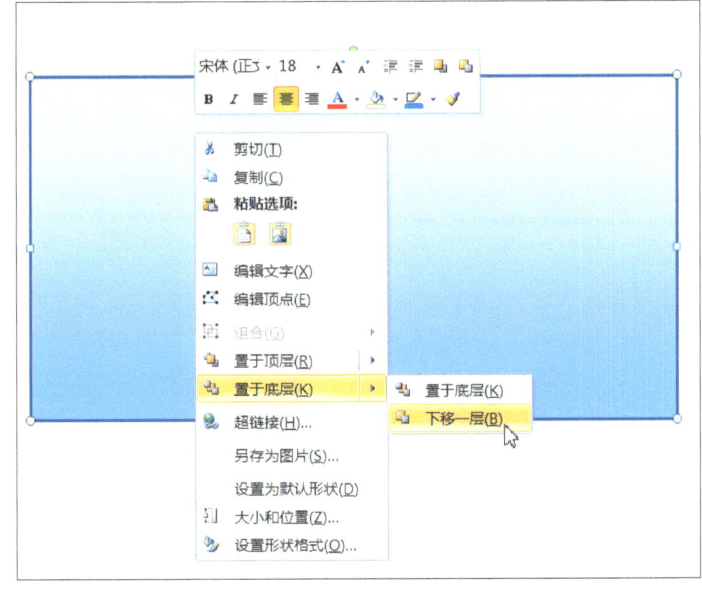

图3-64 选择“置于底层”|“下移一层”选项

步骤05 选中表格，单击“设计”|“底纹”命令，在弹出的类表框中选择“无填充颜色”选项，如图 3-65 所示。

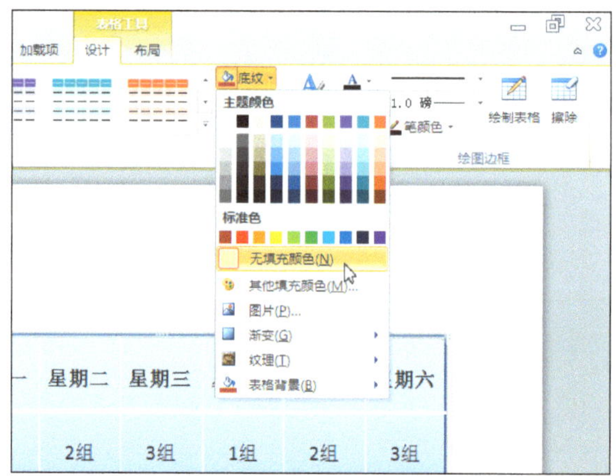

图 3-65 选择“无填充颜色”选项

步骤06 执行上述操作后，即可为表格添加透明效果，如图 3-66 所示。

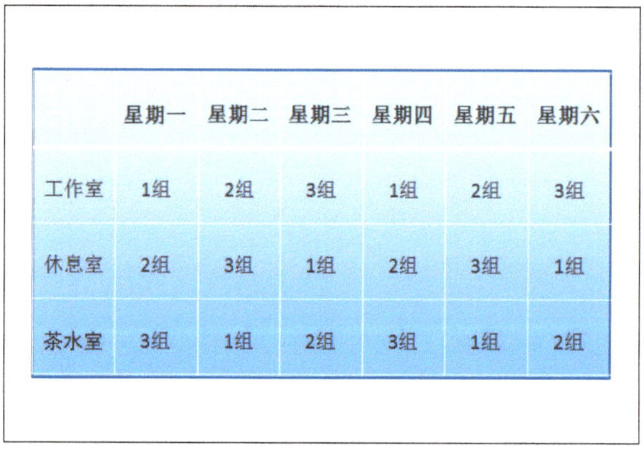

	星期一	星期二	星期三	星期四	星期五	星期六
工作室	1组	2组	3组	1组	2组	3组
休息室	2组	3组	1组	2组	3组	1组
茶水室	3组	1组	2组	3组	1组	2组

图 3-66 添加透明效果

3.5 举一反三——其他表格信息图效果展示

前面既介绍了表格信息图的具体制作过程，也讲解了信息图模板的套用和修改，本节再展示一下其他表格信息图的效果，帮助用户举一反三，根据自身需要制作出不同的表格信息图，如图 3-67 所示为类目相关系数统计表格信息图。

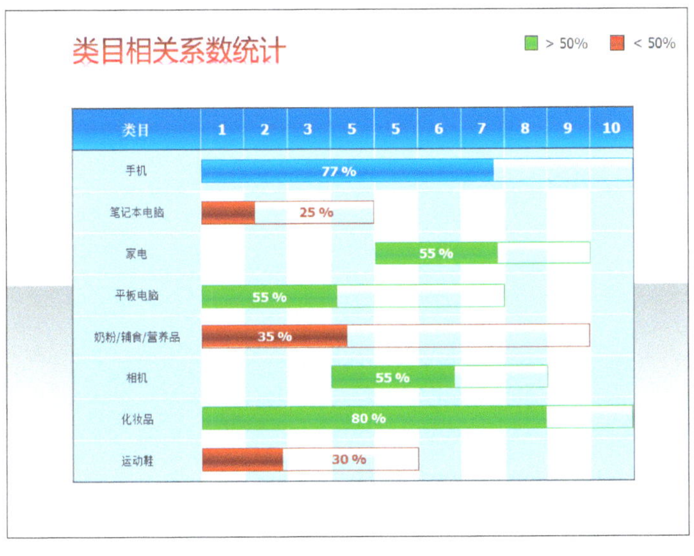

图 3-67 系数统计表格信息图

读者也可以使用PPT制作各种图表，如柱形图、折线图、饼图、条形图、面积图等，图3-68所示为某产品销售分析柱形图。

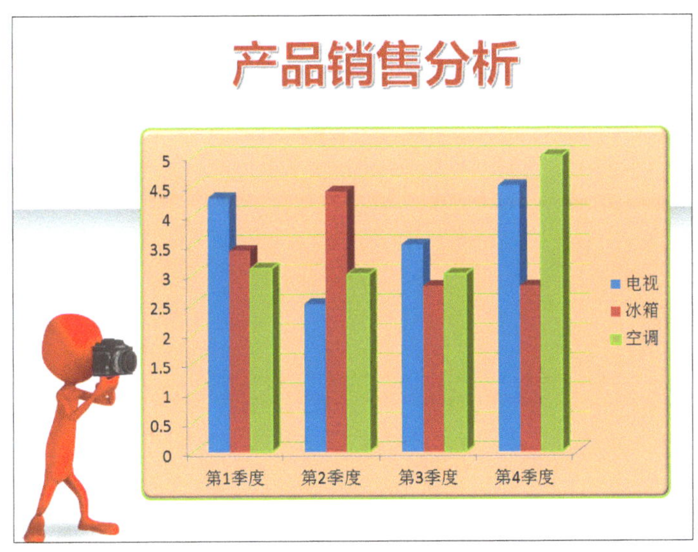

图 3-68 柱形表格信息图

第 4 章 图表信息图的制作

4.1 图表表达的特性

图表设计有着自身的表达特性，尤其对时间、空间等概念的表达和一些抽象思维的表达具有文字和言辞无法取代的传达效果。

4.1.1 图表表达的特性

图表表达的特性归纳起来有如下几点。

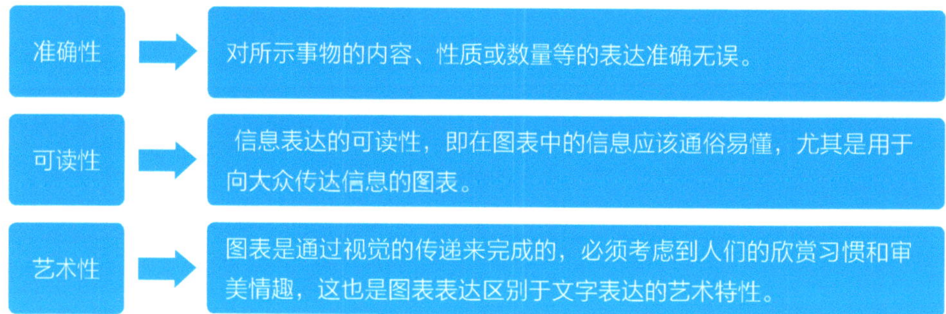

4.1.2 什么是图表信息图

图表是将复杂的信息进行整理，使之一目了然的信息工具，它运用线条连接或区分事物，利用箭头让事物呈现出方向性，并配以图形和插图，将事物之间的关系表现得一目了然，如图 4-1 所示。

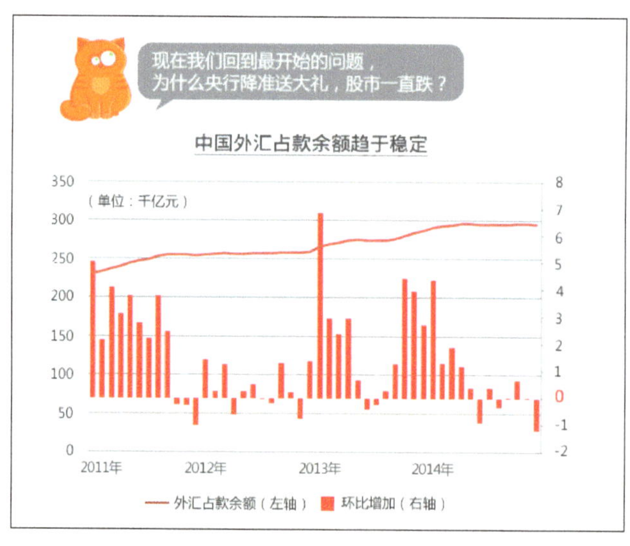

图 4-1 图表信息图对信息的表达

在图表中伴有时间性要素的有流程图、系统图和链表。以流程图为例，它将事物从开始到结束之间的一系列程序、循环过程加以整理，进行视觉化呈现。换句话说，它是对时间顺序加以设计而形成的。相反，组织结构图和关系图主要用来表现各要素之间的相互关系，时间并不是必备要素。

4.1.3 图表信息图的优势

图表是一种很好的将对象属性数据直观、形象地“可视化”的手段。

图表泛指在屏幕中显示的，可直观展示统计信息属性（时间性、数量性等），对知识挖掘和信息直观、生动呈现起关键作用的图形结构。

条形图、柱形图、折线图和饼图是图表中 4 种最常用的基本类型，图 4-2 所示为柱形图。按照 Microsoft Excel 对图表类型的分类，图表类型还包括散点图、面积图、圆环图、雷达图等。此外，可以通过图表间的相互叠加来形成复合图表类型。

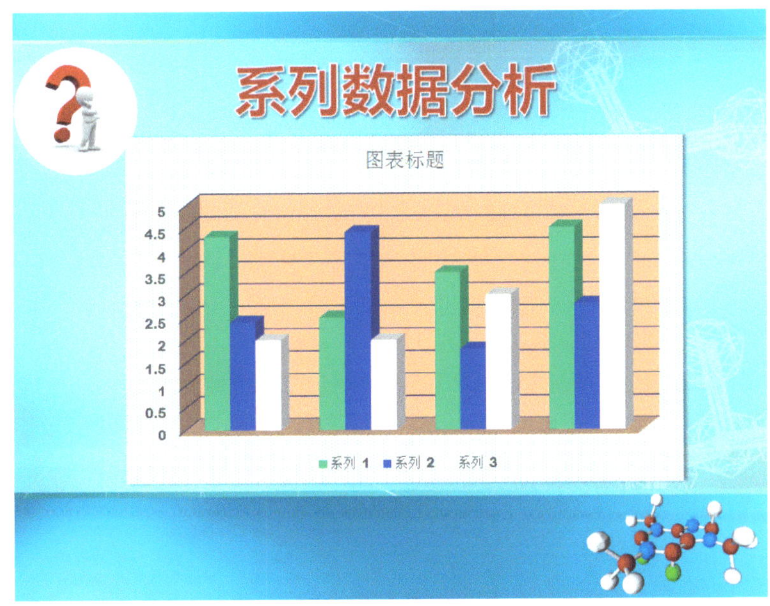

图 4-2 柱形图

不同类型的图表可能具有不同的构成要素，如折线图一般要有坐标轴，而饼图一般没有。归纳起来，图表的基本构成要素有标题、刻度、图例和主体等。图表设计隶属于视觉传达设计范畴。图表设计是通过图形、表格来表示某种事物的现象或某种思维的抽象观念。

今天，大众传播进入了更为激烈的竞争时代，对信息的梳理和传达更加重视。图表设计的独特表现形式被广泛地应用在自然科学、社会学、经济学、大众传播学等许多方面，图 4-3 所示为图表在经济学中的应用。

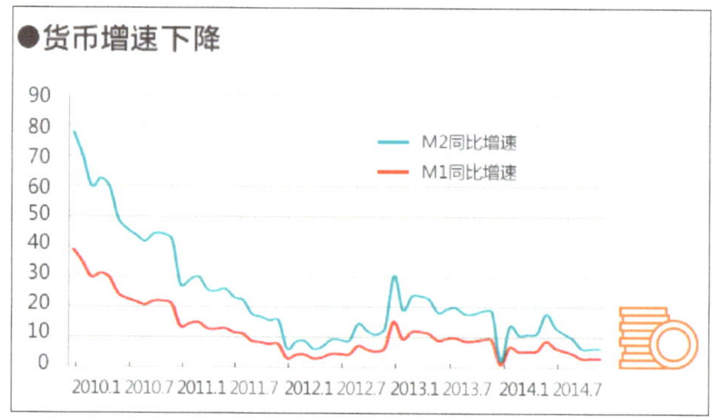

图 4-3 图表在经济学中的应用

4.1.4 图表的类型

以前的图表着重于数据的可读性，而如今，在保证数据可读性的前提下，信息图更着重于数据的可观性，使视觉语言最大化地融入信息之中，使信息的传达直观化、图像化、艺术化。

按照信息图的形式特点，通常把图表分为关系流程图、树型结构图、插图类图表、时间轴图表及空间类图表 5 种类型。

1. 关系流程图

在信息图中，使用图形表示关系的思路是一种极好的方法，因为“千言万语不如一张图”。

用语言难以表述清楚的东西，如果借助于图形来说明，效果就会好得多。图形可以使读者迅速地找到表述亮点，这样能让你的主题和思路清晰动人。

例如，一张关系流程图能够成功解释某个零件的制造工序，或是组织决策的制定程序，如图 4-4 所示。这些过程的各个阶段均用图形块表示，不同图形块之间以箭头相连，代表它们在系统内的流动方向。下一步何去何从，要取决于上一步的结果，典型做法是用“是”或“否”的逻辑分支加以判断。

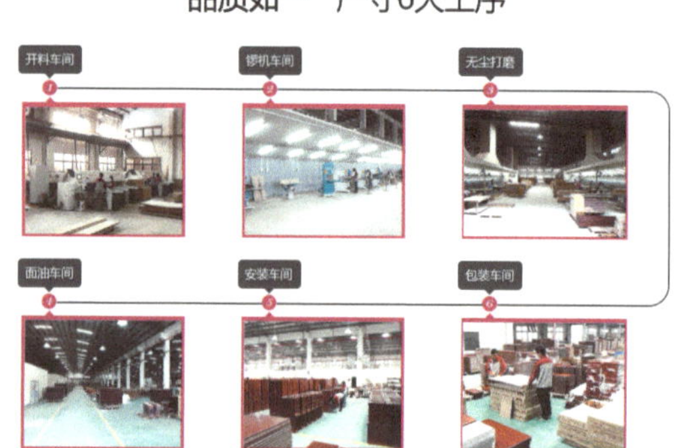

图 4-4 关系流程图

2. 树型结构图

树型结构图是一个或多个节点的有限集合，具有非常有序的系统特征，可以把繁复的数据通过分支梳理的方式表达清楚，如图 4-5 所示。

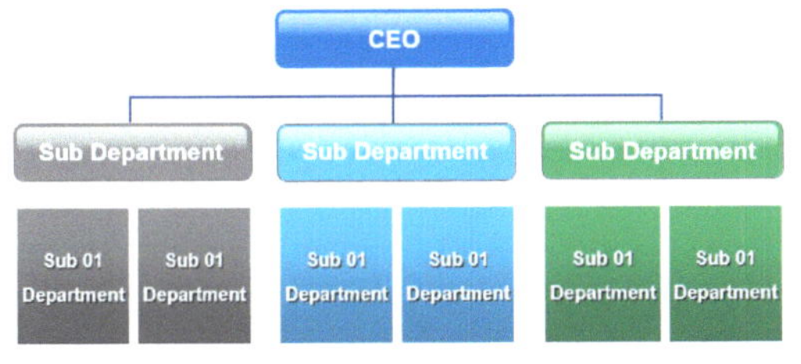

图 4-5 树型结构图

在数据结构中，树型结构图是一种典型的数据结构：一颗树可以简单地表示为根，左子树，右子树，左子树和右子树又有自己的子树。

3. 插图类图表

插图类图表就是用诙谐幽默的图画表达信息的图表。如今，通行于国内外市场的商业插图包括出版物配图、卡通吉祥物、影视海报、游戏人物设定及游戏内置的美术场景设计、广告、漫画、绘本、贺卡、挂历、装饰画、包装等多种形式。延伸到现在的网络及手机平台上的虚拟物品及相关视觉应用等。

4. 时间轴图表

时间轴图表通常是通过互联网技术，依据时间顺序，把一方面或多方面的事件串联起来，形成相对完整的记录体系，再运用图文的形式呈现给用户，如图 4-6 所示。

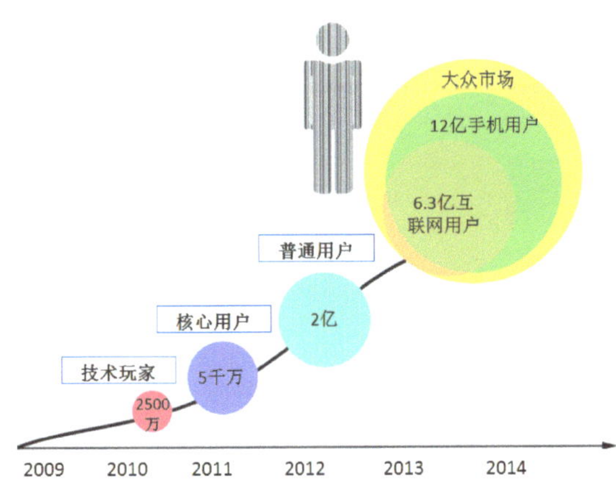

图 4-6 时间轴图表

时间轴可以运用于不同领域，最大的作用就是把过去的事物系统化、完整化、精确化。从设计的角度来看，时间轴图表将主题融入图形设计中，挑选重要事件点解读，就可以使画面精美，加深理解力度。

5. 空间类图表

运用设计语言把繁杂结构模型化、虚拟化是空间类图表存在的意义。大篇幅的文字讲不清楚的事情，也许需要的仅仅是一个简单的空间类图表。

4.1.5 图表的选择技巧

图表，泛指在屏幕中显示的，可直观展示统计信息属性（时间性、数量性等），对知识挖掘和信息直观生动感受起关键作用的图形结构，是一种很好的将对象属性数据直观、形象地“可视化”的手段。

图表设计隶属于视觉传达设计范畴，是通过图示、表格来表示某种事物的现象或某种思维的抽象观念。图表的分类各式各样，一般可以分为 6 大类：成分、排序、时间序列、频率分布、相关性、多重数据比较，如图 4-7 所示。

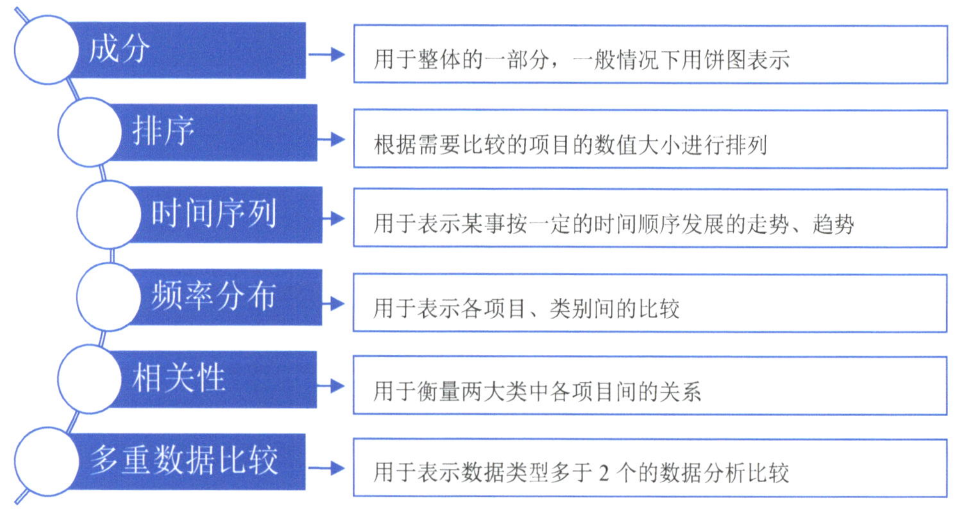

图 4-7 图表的选择技巧

4.1.6 Excel 软件的介绍

1. 认识 Excel

Microsoft Excel 是微软公司的办公软件 Microsoft Office 的组件之一，是由 Microsoft 为 Windows 和 Apple Macintosh 操作系统的电脑而编写和运行的一款试算表软件，是微软办公套装软件的一个重要的组成部分，它可以进行各种数据的处理、统计分析和辅助决策操作，广泛地应用于管理、统计、财经、金融等众多领域。

Excel 中大量的公式、函数可供选择应用，使用 Microsoft Excel 可以执行计算、分析信息并管理电子表格或网页中的数据信息列表等命令，可以实现许多方便的功能，带给使用者方便诸多。

Excel 可以制作电子表格，完成复杂的数据运算，进行数据分析、预测，制作图表和打印；同时，还增强了筛选、数据图表、数据透视图、表格命名选项、图表原色的宏录制等功能。

在 Excel 中可以更方便地更改图标的布局或样式，Excel 提供了更多有用的预定布局或样式，不仅可以快速将其应用于图表中，而且还可以通过手动更改单个图表元素的布局或样式来进一步自定义布局或样式。

根据工作界面中的各个区域的功能可将其分为以下几个区域：快捷存取工具列、选项卡、功能区、工作表、工作表页次标签以及显示比例工具。Excel 的工作界面如图 4-8 所示。

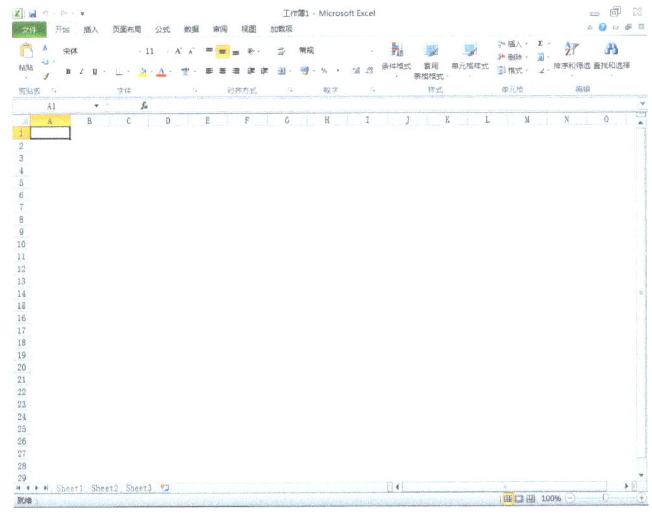

图 4-8 Excel 工作界面

2. 数据透视图功能

Excel 的数据透视图功能，可以帮助读者获取关键信息，并采用便于理解的醒目方式呈现这些关键信息，如可以使用迷你图可视化方式来汇总趋势和数据。新增的切片器功能提供了一种可视性极强的筛选方法以筛选数据透视表中的数据。

3. 数据图表功能

在 Excel 中可以更方便地更改图表的布局或样式，新增功能提供了更多有用的预定义布局和样式，读者可以快速将其应用于图表中，而且还可以通过手动更改单个图表元素的布局或样式来进一步自定义布局或样式。

在 Excel 以前的版本中，对于二维图表，数据系列中最多可具有 32 000 个数据点，在 Excel 中，数据系列中的数据点数目仅受可用内存限制，这样可以更有效地可视化和分析大型数据集。

4. 图表类型

Excel 支持各种类型的图表，以帮助读者采用对目标读者更有意义的方式来显示数据，在要创建图表或更改现有图表时，Excel 提供的各种图表类型，可以从“插入图表”对话框中进行选择，如图 4-9 所示。下面详细介绍各个图表类型的特点。

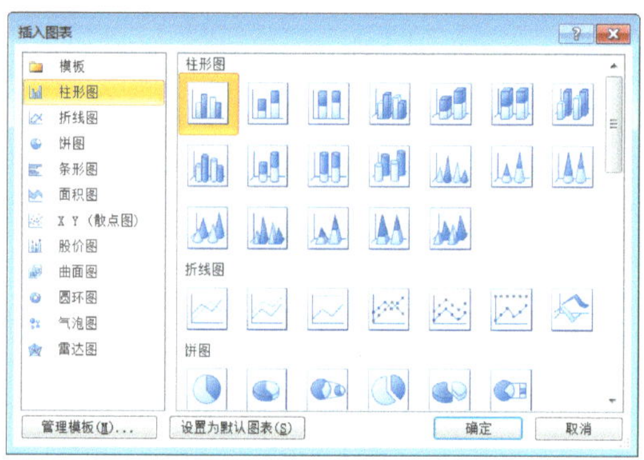

图 4-9 “插入图表”对话框

- **柱形图**

排列在工作表的列或行中的数据可以绘制到柱形图中，柱形图用于显示一段时间内的数据变化或显示各项之间的比较情况，在柱形图中，通常沿水平轴组织类别，而沿垂直轴组织数值，如图 4-10 所示。

- **折线图**

排列在工作表的列或行中的数据可以绘制到折线图中。折线图可以显示随时间（根据常用比例设置）而变化的连续数据，因此非常适用于显示在相等时间间隔下数据的变化趋势。在折线图中，类别数据沿水平轴均匀分布，所有值数据沿垂直轴均匀分布，如图 4-11 所示。

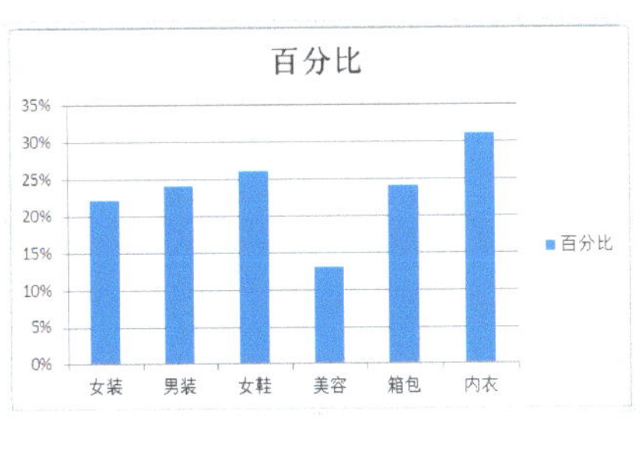

图 4-10 柱形图

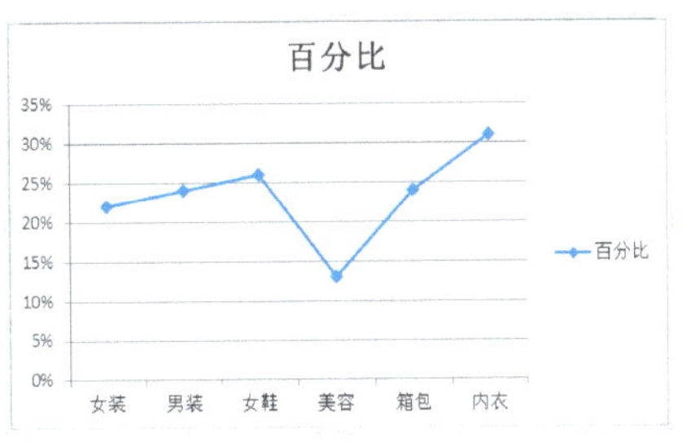

图 4-11 折线图

- **饼图**

饼图显示一个数据系列（数据系列是在图表中绘制的相关数据点，这些数据源自数据表的行或列，图表中的每个数据系列具有唯一的颜色或图案，并且在图表的图例中表示，可以在图表中绘制一个或多个数据系列。饼图只有一个数据系列。）中各项的大小与各项总和的比例。饼图中的数据点显示为整个饼图的百分比，如图 4-12 所示。

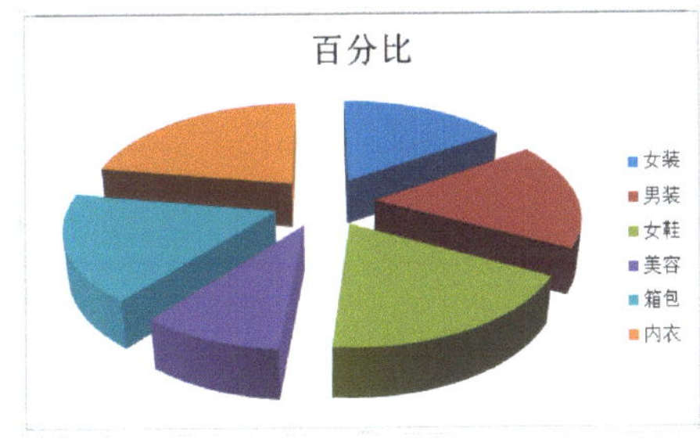

图 4-12 饼图

数据点是在图表中绘制的单个值，这些值由条形图、柱形图、折线图、饼图或圆环图的扇面、圆点和其他被称为数据标记的图形表示。

相同颜色的数据标记组成一个数据系列。

- **条形图**

排列在工作表的列或行中的数据可以绘制到条形图中，条形图显示项目之间的比较情况，如图 4-13 所示。

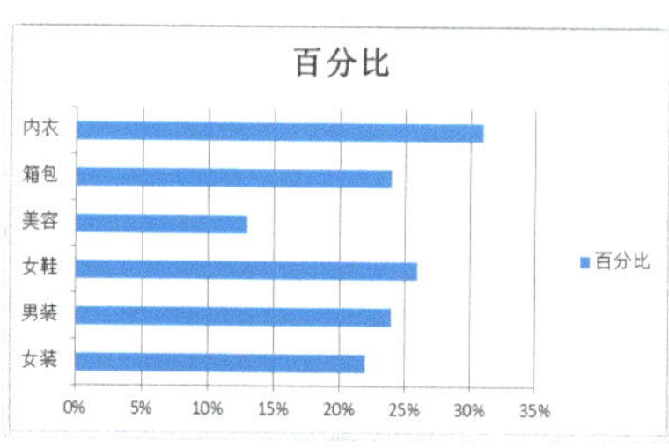

图 4-13 条形图

- **面积图**

排列在工作表的列或行中的数据可以绘制到面积图中。面积图强调数量随时间而变化的程度，也可用于引起人们对总值变化趋势的注意。例如，表示随时间而变化的利润的数据可以绘制在面积图中以强调总利润，如图 4-14 所示。

- ***xy* 散点图**

排列在工作表的列或行中的数据可以绘制到 *xy* 散点图中。

散点图显示若干数据系列中各数值之间的关系，或者将两组数绘制为 *xy* 坐标的一个系列，如图 4-15 所示。

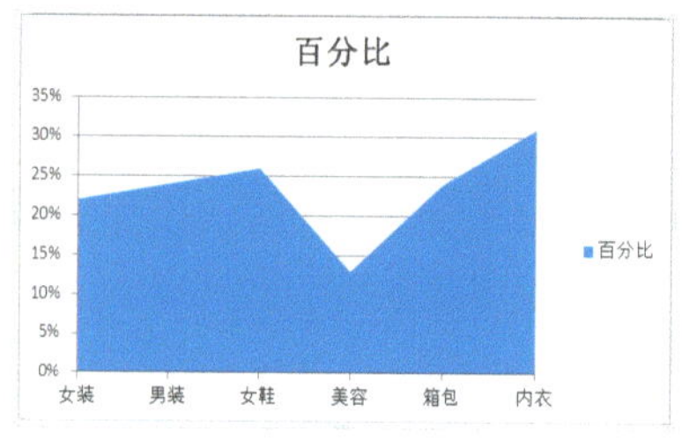

图 4-14 面积图

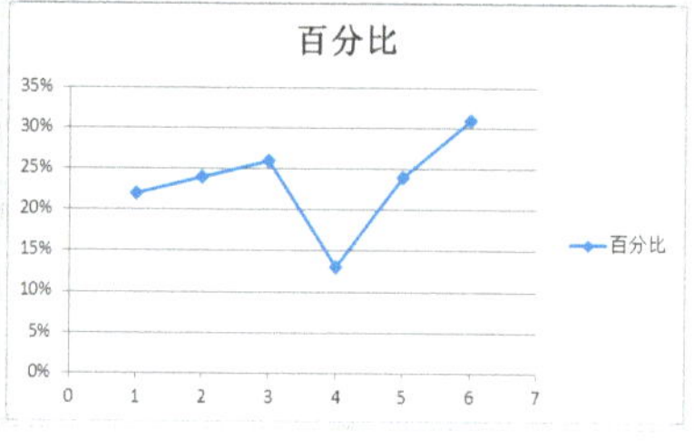

图 4-15 *xy* 散点图

- **股价图**

以特定顺序排列在工作表的列或行中的数据可以绘制到股价图中。

顾名思义，股价图经常用来显示股价的波动。然而，这种图表也可用于科学数据的呈现。例如，可以使用股价图来显示每天或每年温度的波动。当然必须按正确的顺序组织数据才能创建股价图。

- **曲面图**

排列在工作表的列或行中的数据可以绘制到曲面图中。如果读者要找到两组数据之间的最佳组合，就可以使用曲面图。就像在地形图中一样，颜色和图案表示具有相同数值范围的区域，当类别和数据系列都是数值时，就可以使用曲面图。

- 圆环图

仅排列在工作表的列或行中的数据可以绘制到圆环图中。像饼图一样，圆环图显示各个部分与整体之间的关系，但是它可以包含多个数据系列，如图 4-16 所示。

- 气泡图

排列在工作表的列中的数据（第一列中列出 *x* 值，在相邻列中列出相应的 *y* 值和气泡大小的值）可以绘制在气泡图中。例如，读者可以按下面的示例所示组织数据，如图 4-17 所示。

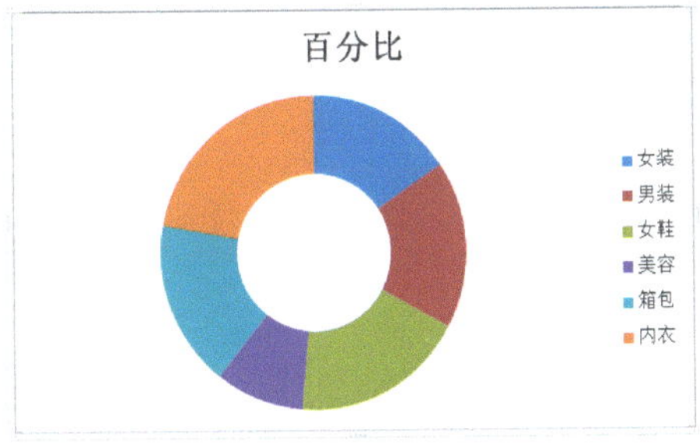

图 4-16 圆环图

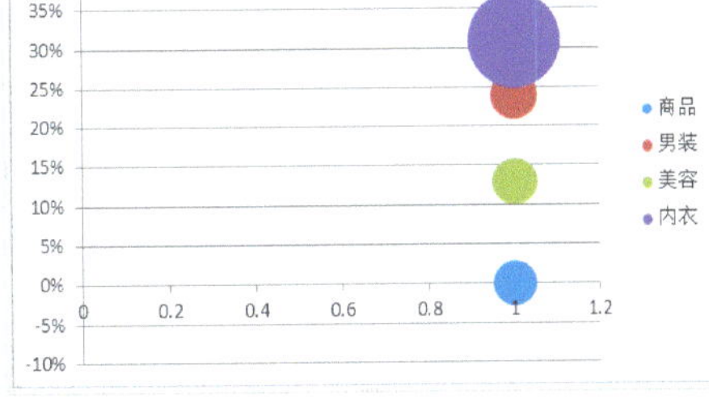

图 4-17 气泡图

- 雷达图

排列在工作表的列或行中的数据可以绘制到雷达图中。雷达图比较若干数据系列的聚合值。

4.2 实战制作——图表信息图制作

本节以制作《各级城市全网成交月平均值》为例，主要介绍使用 Excel 制作图表信息图的过程。

4.2.1 设计理念

图表信息图制作的流程如下所示。

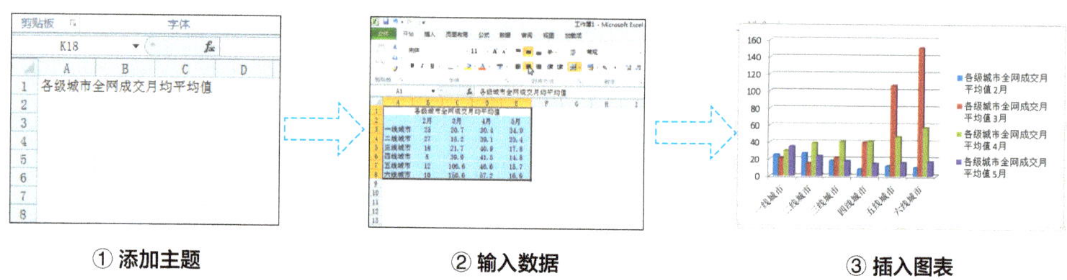

4.2.2 添加主题

图表信息图中的主题添加过程如下所示。

步骤01 运行Excel软件，单击鼠标左键并拖动鼠标，选择相应单元格，如图4-18所示。

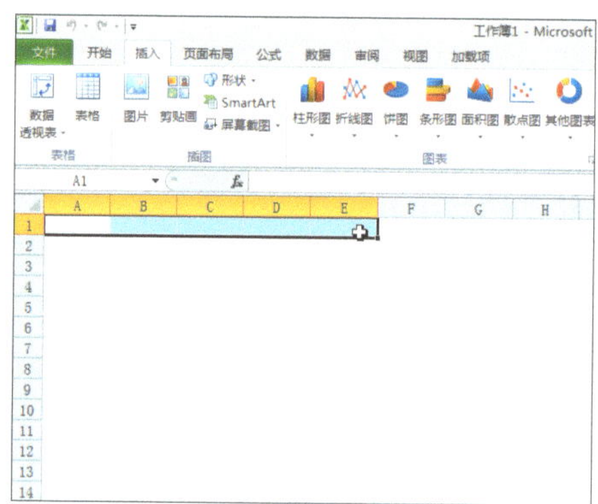

图4-18 选择单元格

步骤02 在选中的表格上方单击鼠标右键，在弹出的快捷菜单中选择“设置单元格格式”选项，如图4-19所示。

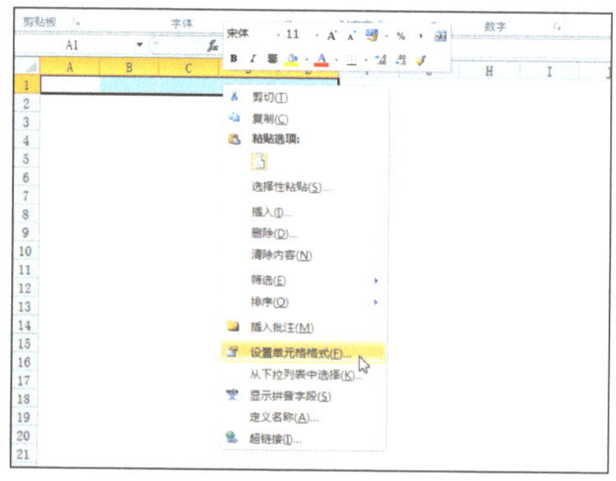

图4-19 选择“设置单元格格式”选项

步骤03 执行上述操作后，即可弹出“设置单元格格式”对话框，切换至“对齐”面板，选中“合并单元格”复选框，如图 4-20 所示。

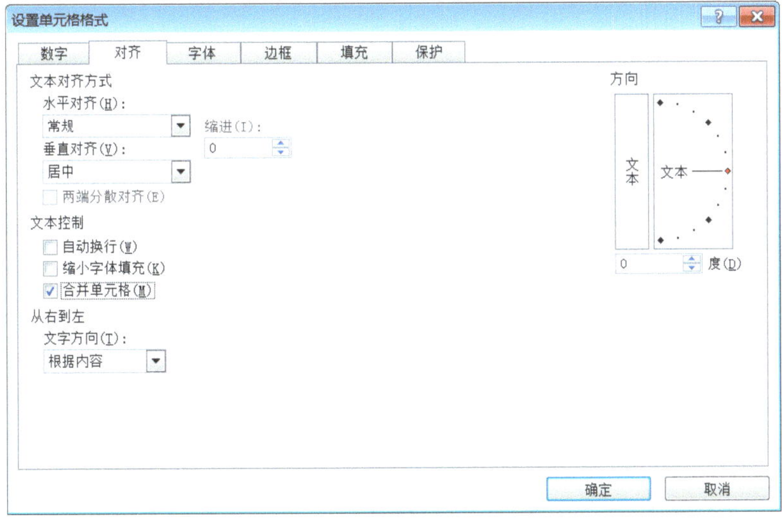

图 4-20 选中“合并单元格”复选框

步骤04 单击“确定”按钮，即可将选中的单元格合并，如图 4-21 所示。

步骤05 在合并的单元格中输入主题文字，如图 4-22 所示。

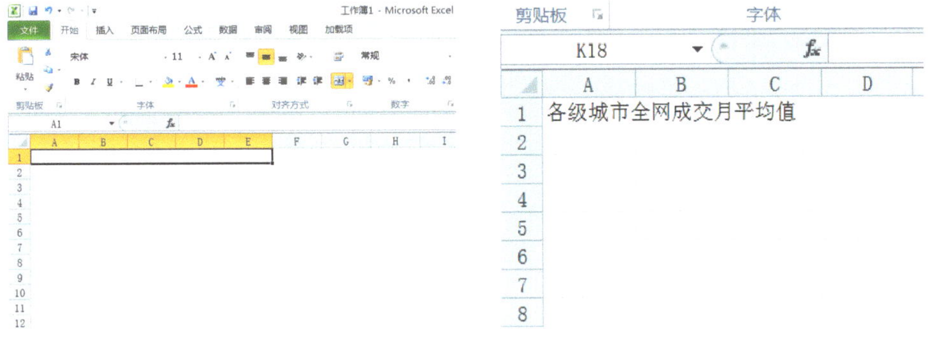

图 4-21 合并单元格效果

图 4-22 输入主题文字

4.2.3 输入数据

图表信息图中的数据输入过程如下所示。

步骤01 在表格中输入相应数据，如图 4-23 所示。

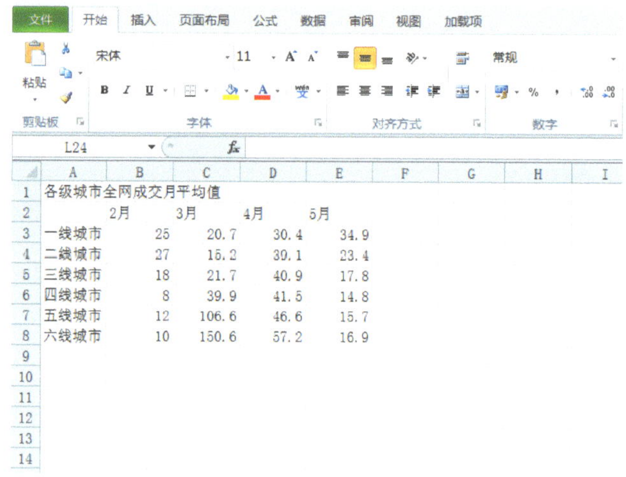

	A	B	C	D	E
1	各级城市全网成交月平均值				
2		2月	3月	4月	5月
3	一线城市	25	20.7	30.4	34.9
4	二线城市	27	15.2	39.1	23.4
5	三线城市	18	21.7	40.9	17.8
6	四线城市	8	39.9	41.5	14.8
7	五线城市	12	106.6	46.6	15.7
8	六线城市	10	150.6	57.2	16.9

图 4-23 输入数据

步骤02 选择输入了数据的所有单元格，在“开始”选项卡面板中单击“居中”按钮，如图 4-24 所示，使文字在单元格内居中显示。

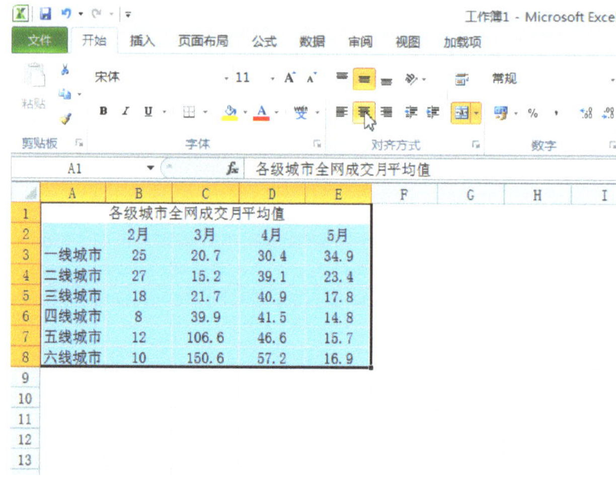

	A	B	C	D	E
1	各级城市全网成交月平均值				
2		2月	3月	4月	5月
3	一线城市	25	20.7	30.4	34.9
4	二线城市	27	15.2	39.1	23.4
5	三线城市	18	21.7	40.9	17.8
6	四线城市	8	39.9	41.5	14.8
7	五线城市	12	106.6	46.6	15.7
8	六线城市	10	150.6	57.2	16.9

图 4-24 单击“居中”按钮

4.2.4 插入图表

图表信息图中的图表插入过程如下所示。

步骤 01 在“工作表”中，选择输入数据的单元格，如图 4-25 所示。

步骤 02 单击“插入”选项卡，在选项卡面板中，单击“柱形图”按钮，在弹出的列表框中，选择“三维簇状矩形图”选项，如图 4-26 所示。

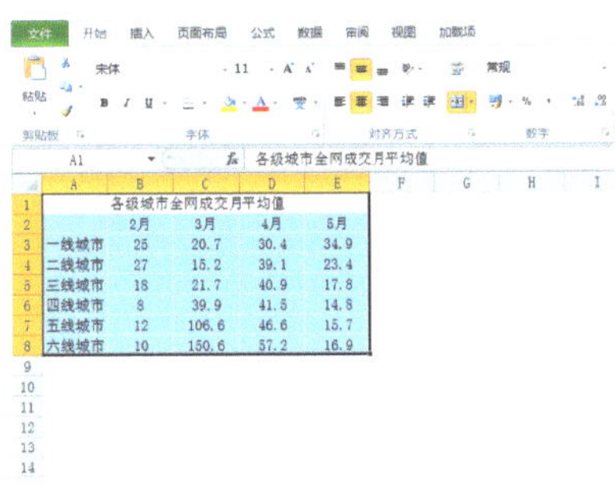

图 4-25 选择单元格

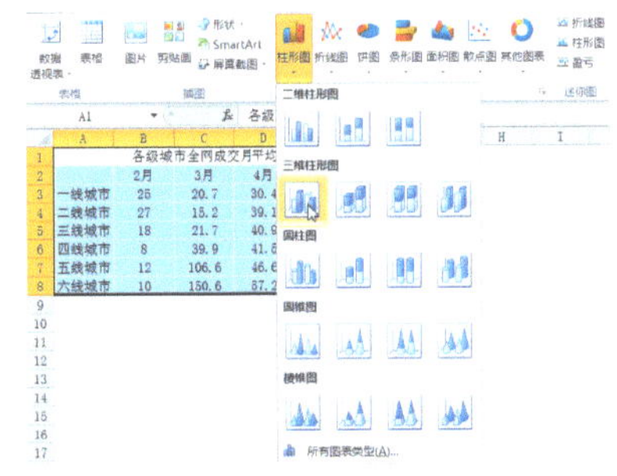

图 4-26 选择“三维簇状矩形图”选项

步骤 03 执行上述操作后，即可插入图表，如图 4-27 所示。

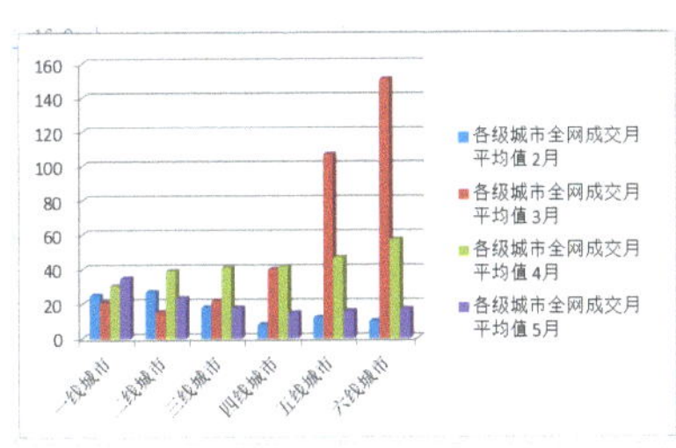

图 4-27 插入图表效果

4.2.5 “设计”选项卡

上方窗口切换至“设计”选项卡，在“设计”选项卡中包含了类型、数据、图表布局、图表样式和位置功能组，如图 4-28 所示，各个组中可选择相应的命令按钮插入相应的内容。

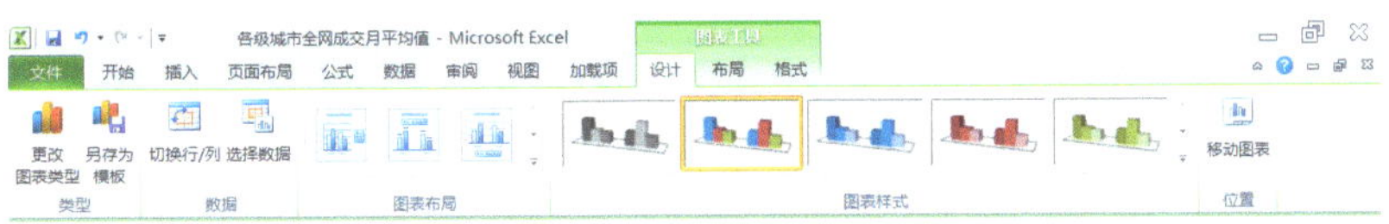

图 4-28 “设计”选项卡

1. 类型

“类型”功能组中包括“更改图表类型”和“另存为模板”2个选项。单击“更改图表类型”按钮，即可弹出“更改图表类型”对话框，选中相应图标类型选项，单击“确定”按钮，即可改变图表类型；单击“另存为模板”按钮，即可弹出“保存图表模板”对话框，输入名称，保存至计算机中的合适位置，单击“保存”按钮，即可保存图表模板。

2. 数据

“数据”功能组中包括“切换行 / 列”和“选择数据”2个选项。单击“切换行 / 列”按钮，即可将行与列的数据进行交换，如图 4-29 所示；单击“选择数据”按钮，即可弹出“选择数据源”对话框，用户可以在对话框中进行设置，更改图标数据，还可以单击对话框中的“切换行 / 列”按钮，交换行列数据。

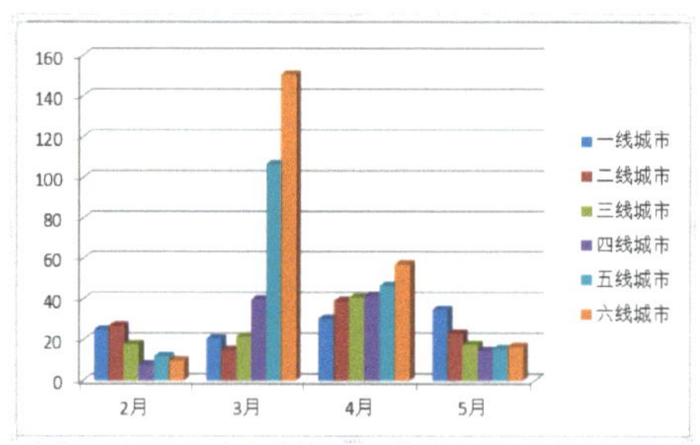

图 4-29 切换行 / 列效果

3. 图表布局

单击图表布局组中的“其他”按钮，即可将“图表布局”列表框展开，列表框中有 10 种图表布局的选项，选择相应选项后即可更改图表布局，如图 4-30 所示。

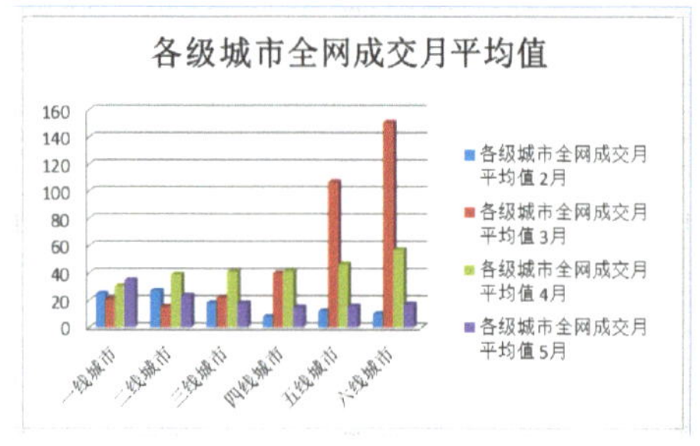

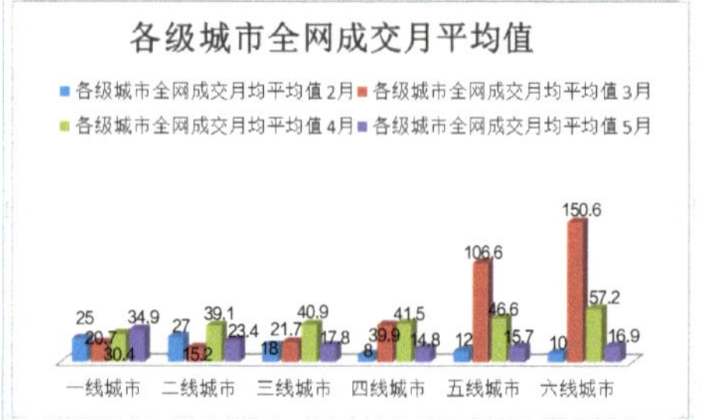

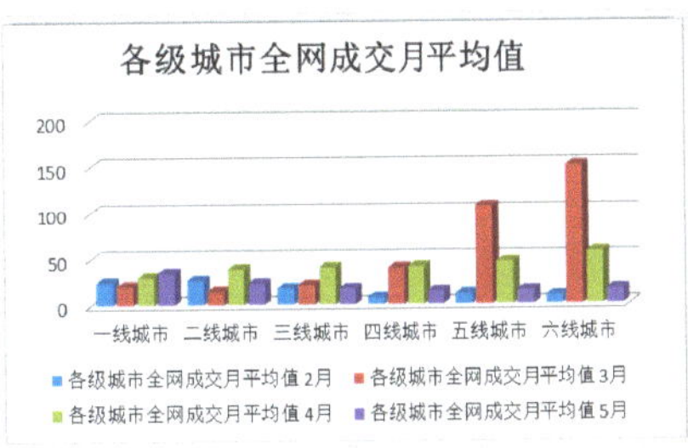

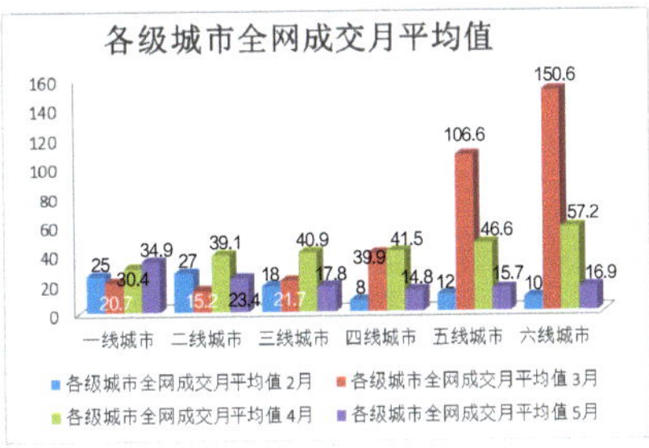

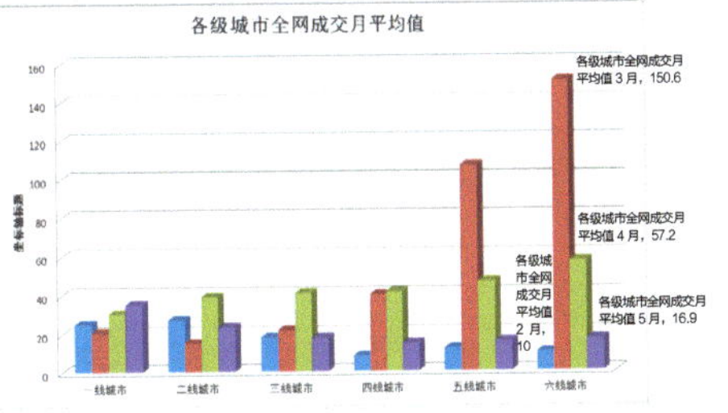

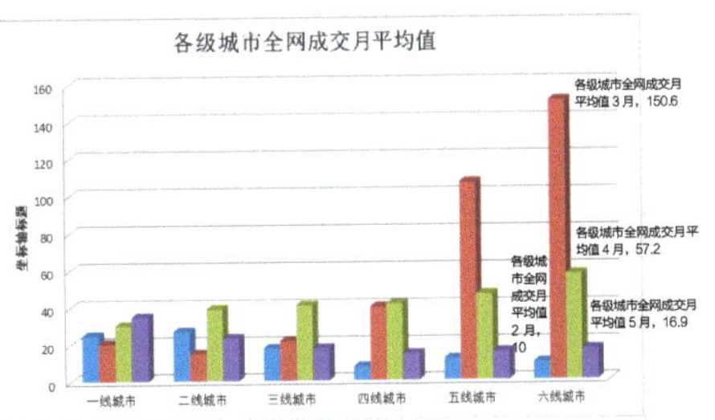

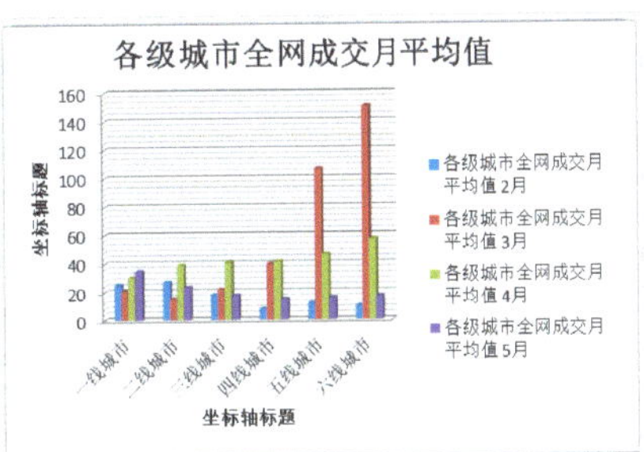

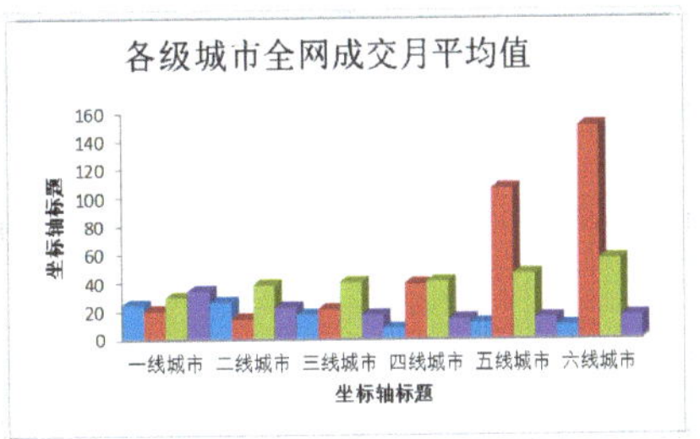

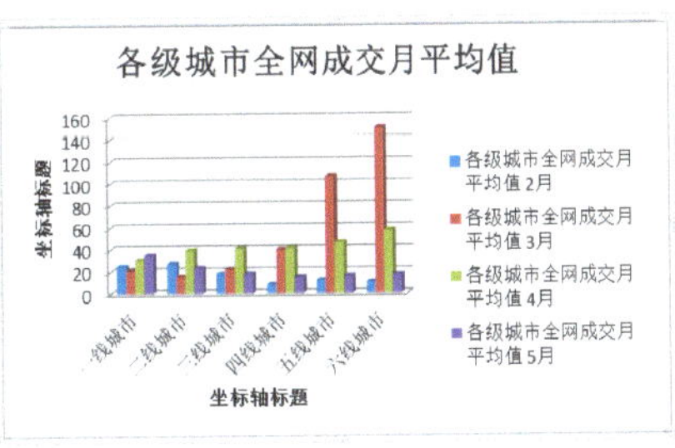

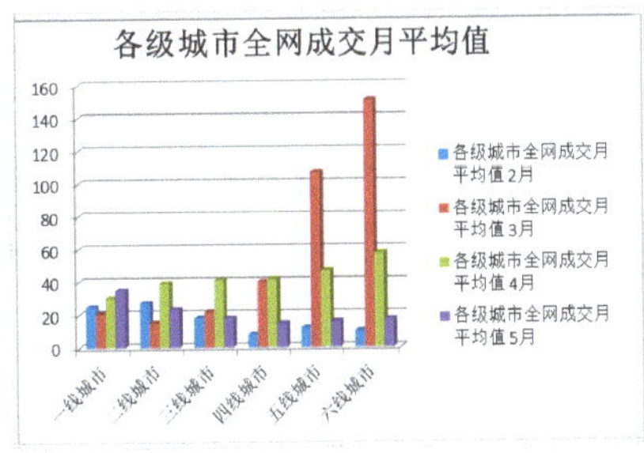

图 4-30 “图表布局”的 10 种效果

4. 图表样式

单击“图表样式”功能组中的“其他”按钮，即可弹出列表框，列表框中有 48 个选项，用户可以根据需求选择相应选项，如图 4-31 所示。

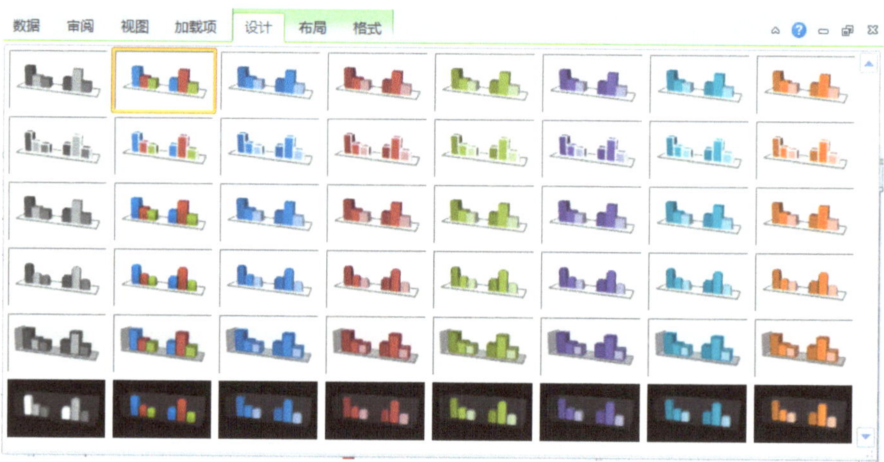

图 4-31 48 种图表样式选项

5. 位置

在“位置”功能组中单击“移动图表”按钮，即可弹出“移动图表”对话框，如图 4-32 所示。选中“新工作表”复选框，单击“确定”按钮，即可新建文件，并将图表移动至新文件；选中“对象位于”复选框，指定图表移动位置，单击“确定”按钮即可。

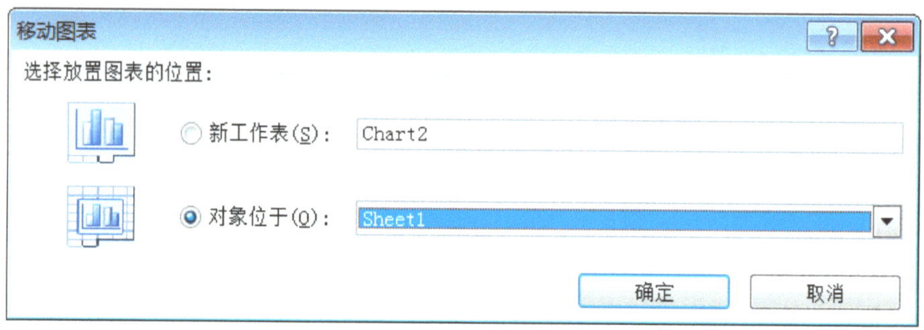

图 4-32 “移动图表”对话框

4.3 举一反三——其他图表信息图效果展示

前面既介绍了图表信息图的具体制作过程，也讲解了信息图的编辑与修改方法，本节再展示一下其他图表信息图的效果，帮助读者举一反三，根据自身需要制作出不同的图表信息图，图 4-33 所示为饼图效果。

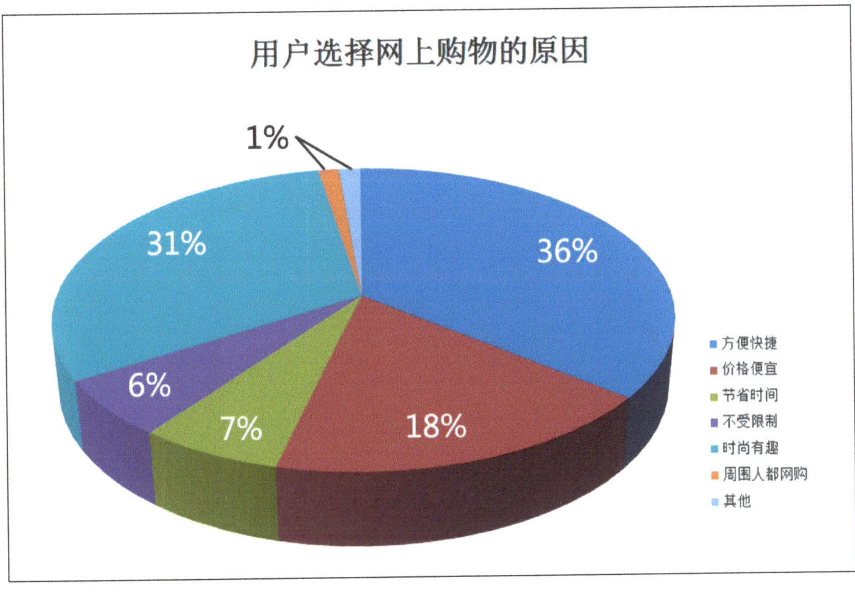

图 4-33 饼图效果

用户也可以使用 Excel 制作各种图表，如柱形图、折线图、圆环图、条形图、面积图等，图 3-34 所示为表形图效果。

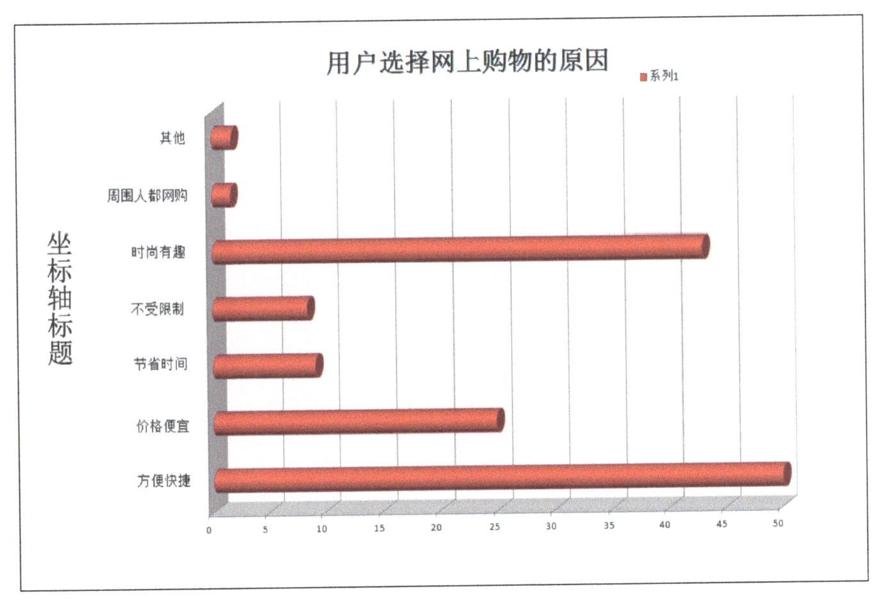

图 4-34 表形图效果

第 5 章

图形信息图的制作

5.1 图形信息图的特点

制作图形信息图的目的在于用图形的形式表现需要传达的数据、信息和知识。

这些图形可能由信息所代表的事物组成（或者说相关事物的抽象图形），也可能是简单的点、线、基本图形等，当然也可以是手动制作的图表、绘制的图形。信息图中的元素未必要和所表达的信息在语义上保持一致，但是必须达到向受众清晰传达正确信息的标准。

5.1.1 什么是图形信息图

图形信息图是指数据、信息或知识的可视化表现形式。信息图主要应用于清楚、准确地解释或表达甚为复杂且大量的信息，例如各式各样的文件档案、各种地图及标志、新闻或教程文件，表现出的设计意图是化繁为简。图形信息图如图 5-1 所示。

图 5-1 图形信息图

信息图标与动态影像的区别：如果信息图示数量太多的话，动态影像是呈现所有内容的一种非常好的表现形式（类似 PPT 中通过动画在一页中显示大量图表），但是信息图标是图（图形），也就是说，是静态的。

5.1.2 什么是图形符号

图形符号就是利用图形，通过易于理解、与人直觉相符的形式传达信息的一种载体。在街道、商场、机场、医院、美术馆等大量人口汇集的公共场合，常常能看到图形符号，如图 5-2 所示。

图 5-2 公共场所图形符号

有些是指示方向的标记，指引人们前往某处，有些则像安全出口标记那样，在安全方面是不可或缺的，如图 5-3 所示。

图 5-3 安全图形符号

图形符号的设计原则是尽可能不使用文字，因为经常会出现由于语言不通而无法理解的情况。另外，如果采用文字，图形缩小后会大大增加阅读的难度，设计上也会显得不够精练。但是不管怎样，总会遇到一些通过纯粹的图像无法表达的信息，这时就难免需要用文字加以补充说明。

5.1.3 图形信息图的设计原则

在设计图形信息图中的元素时，必须遵循一定的设计原则。

（1）符号含义清晰：图形符号必须能够准确地传达它所代表的含义，即制作出不需要文字就能理解其含义的符号。例如，在公共场所的安全出口、洗手间、铁道站台或者售票处、停车场等地方，图形符号的阅读者为“不特定多数人”，因此，即使人们的年龄、国籍、文化存在差异，符号也绝不能产生歧义，如图 5-4 所示。

图 5-4 简单图形符号

（2）目标受众明确。制作图形符号的时候，必须先把受众和目的弄明确，然后再动手。比如，如果该信息图是面向中学的教科书，那么就要做成所有中学生都能看懂的东西。

（3）图形醒目显眼。制作图形类信息图时要尽可能避免使用文字，这样一来，那些不必要的因素被省略后也依然是简单图形。如果因为图形和背景融为一体而无法引起人们的注意，那就完全失去意义了。

（4）图形简单明了。在制作图形类信息图时，图形符号并不一定只有通过插画才能表现，只使用简单的几何图形也可以实现。

5.1.4 AI 软件的介绍

AI 作为全球最著名的矢量图形软件，以其强大的功能和体贴用户的界面，已经占据了全球矢量编辑软件中的大部分份额。据不完全统计，全球有 37% 的设计师在使用 AI 进行艺术设计。下面介绍 AI 软件的操作界面，如图 5-5 所示。

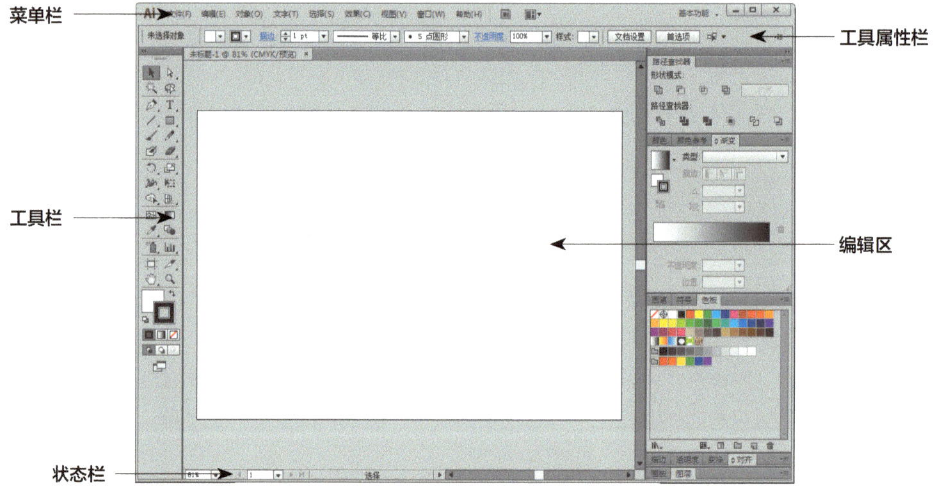

图 5-5 AI 软件的操作界面

AI 的各个工作区域的含义如下所示。

●菜单栏：菜单栏由文件、编辑、对象、文字、选择、效果、视图、窗口和帮助组成，单击任意一个菜单项都会弹出其包含的命令。

●工具属性栏：工具属性栏一般被固定放在菜单栏的下方，主要用于对所选的工具属性进行设置。

●工具栏：工具栏位于工作界面的左侧，要使用工具栏中的工具，只要选取工具，就可在编辑窗口中使用。

●编辑区：位于工作窗口的中间，可以实现所有 AI 的功能。

●状态栏：状态栏位于编辑区的底部，主要由显示比例、画板导航和选择的相应工具名称显示栏三部分组成。

5.2 实战制作——图形信息图制作

本节以制作《中国 8 大菜系》为例，主要介绍制作图形信息图的过程。

5.2.1 设计理念

图形信息图制作的流程如下所示。

① 制作图形信息图的元素

② 制作背景

③ 添加渐变效果

④ 添加矩形

⑤ 添加直线和圆点

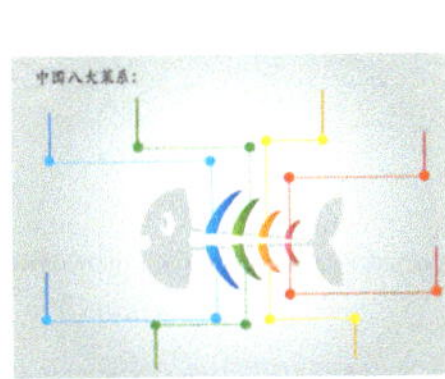

⑥ 添加主题

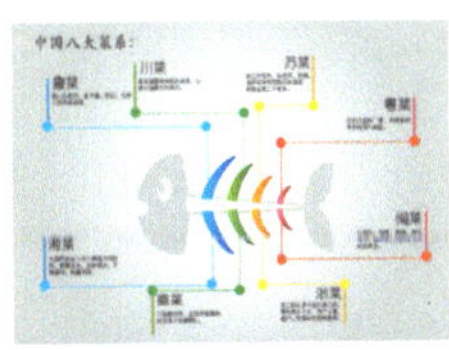

⑦ 添加其他文字元素

5.2.2 元素的制作

图形信息图元素的制作过程如下所示。

步骤01 新建一个名称为“中国 8 大菜系”、宽度为 297 毫米、高度为 210 毫米的空白文件，如图 5-6 所示。

图 5-6 新建空白文件

步骤02 在工具栏中选择“钢笔工具”，设置“填充颜色”为无填充，如图 5-7 所示。

步骤03 将鼠标光标移至编辑窗口中合适位置，单击鼠标左键，确认路径的第一个锚点，如图 5-8 所示。

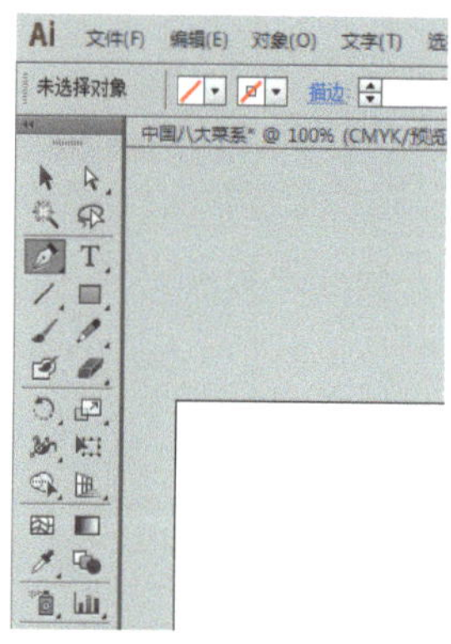

图 5-7 选择“钢笔工具”并设置

图 5-8 创建锚点

步骤04 在窗口中的合适位置，单击鼠标左键，创建第二个锚点，并拖出控制柄以便后续修改，如图 5-9 所示。

步骤05 使用同样的方法，绘制出图形的路径，最后一个锚点在第一个锚点上单击并拖动，一个闭合路径的图形就完成了，如图 5-10 所示。用户可以选择“直接选择工具”或者敲击【A】键，对路径进行调整。

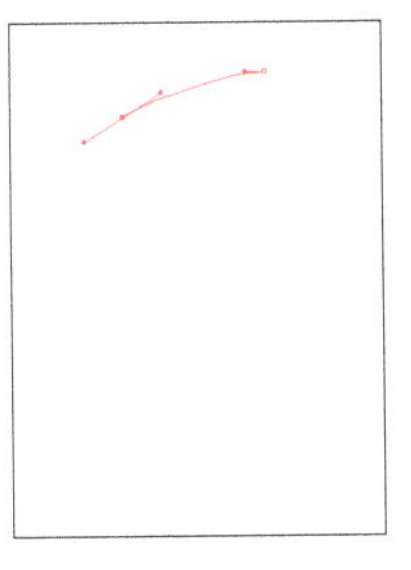
图 5-9 创建锚点

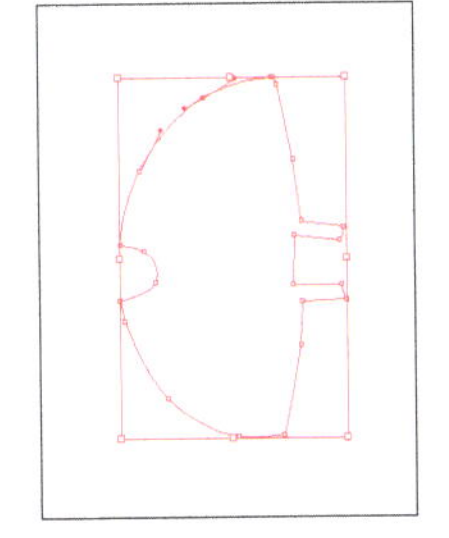
图 5-10 完成闭合路径图形

步骤06 在工具栏中双击“填色”按钮，在弹出的“拾色器”对话框中，设置颜色为灰色，如图 5-11 所示。

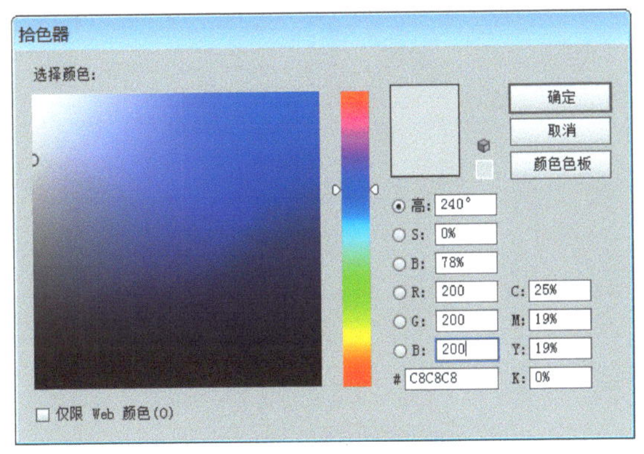

图 5-11 设置颜色参数

步骤07 单击“确定”按钮，即可为路径填充灰色，选择“椭圆工具”，在编辑窗口中的合适位置绘制一个椭圆，如图 5-12 所示。

步骤08 选择“套索”工具，对图像进行圈选，或者按住【Shift】键，先后选择绘制的图像，如图 5-13 所示。

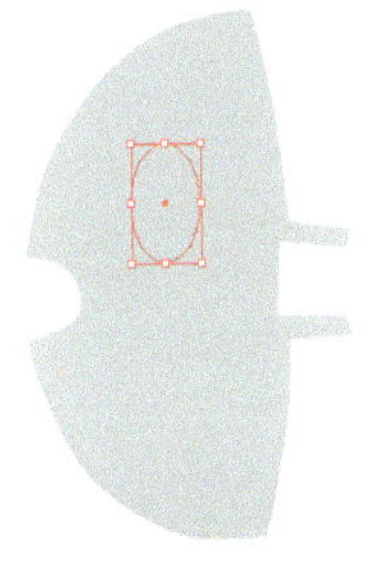
图 5-12 绘制椭圆

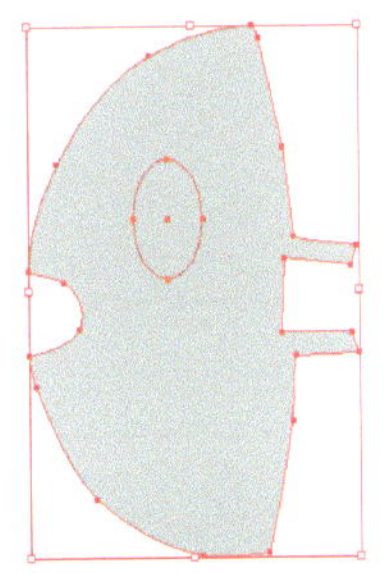
图 5-13 选择绘制的图像

步骤09 单击“窗口”|“路径查找器”命令，弹出“路径查找器”对话框，在对话框中单击“减去底层”按钮，如图 5-14 所示。

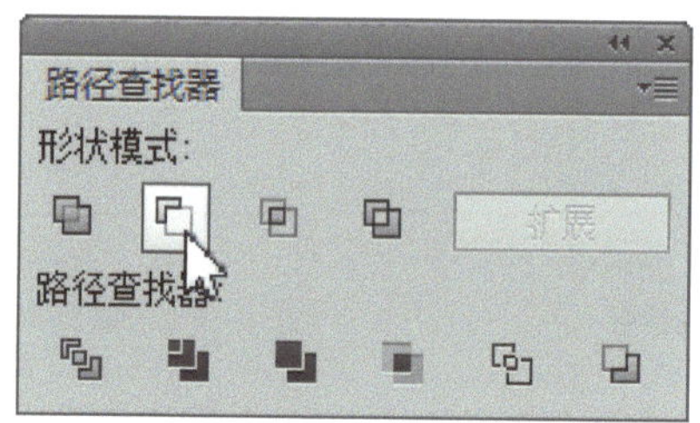

图 5-14 单击“减去底层”按钮

步骤10 执行上述操作后，即可完成“减去底层”效果，如图 5-15 所示。

步骤11 选取“椭圆工具”，设置“填充”颜色为灰色，在窗口中的合适位置绘制一个椭圆，并调整大小和位置，如图 5-16 所示。

图 5-15 “减去底层”效果

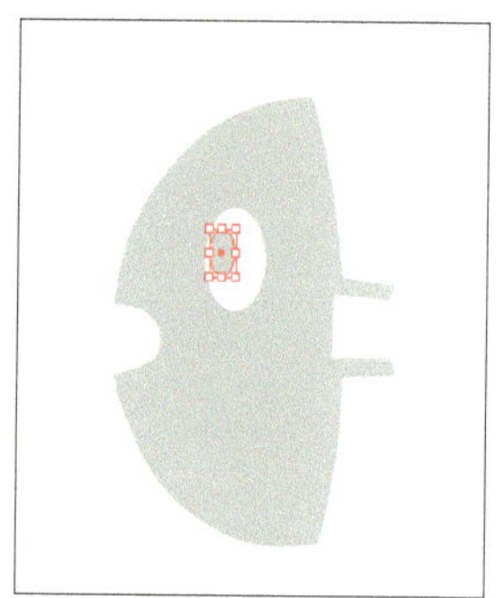

图 5-16 调整椭圆的大小和位置

步骤12 选取“钢笔工具”创建路径，并填充灰色，如图 5-17 所示。

图 5-17 为新路径填充灰色

步骤13 使用同样的方法，选取“钢笔工具”，在窗口中的合适位置描绘出其他的路径，并填充灰色，完成效果如图 5-18 所示。

图 5-18 完成效果

知识扩展

在使用钢笔工具绘制路径的过程中，如果要删除创建的锚点，直接点击【Ctrl+Z】组合键、返回上一步即可；也可以点击【Delete】键删除锚点，将鼠标移至路径的端点单击并拖动，即可继续创建路径。

5.2.3 制作背景

图形信息图背景制作的过程如下所示。

步骤01 单击“切换锁定”按钮，将“图层1”锁定，新建图层，并调整图层位置，如图5-19所示。

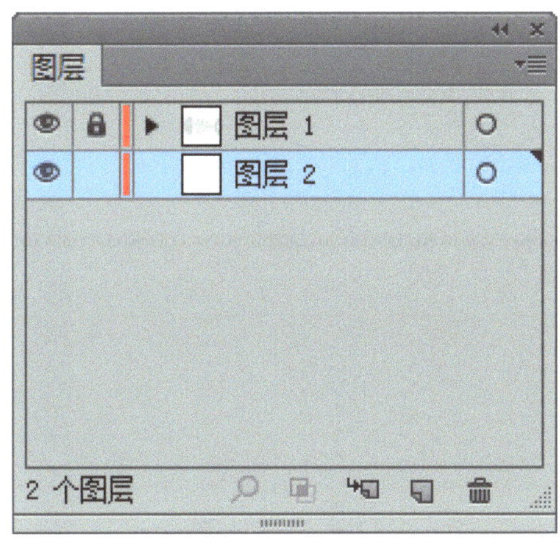

图 5-19 新建图层

步骤02 在工具栏中选择“矩形工具”，在编辑窗口中的合适位置绘制一个矩形，并调整矩形的大小和位置，如图 5-20 所示。

图 5-20 绘制矩形并调整

步骤03 单击“窗口”|“渐变”命令，在弹出的“渐变”面板中，设置“类型”为径向，渐变颜色为浅灰色到灰色，如图 5-21 所示。

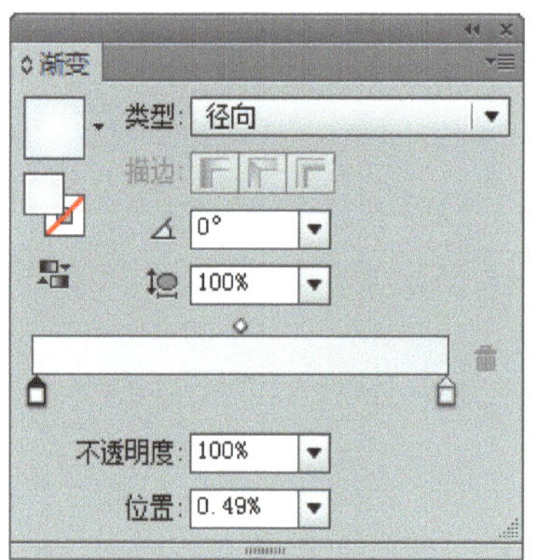

图 5-21 设置渐变参数

步骤04 执行上述操作后，即可完成背景制作，如图 5-22 所示。

图 5-22 背景完成效果

5.2.4 添加渐变效果

图形信息图添加渐变效果的过程如下所示。

步骤01 单击“切换锁定”按钮，将“图层 2”锁定，将“图层 1”解锁，选择“选择”工具，在编辑窗口中选择需要填充的路径，如图 5-23 所示。

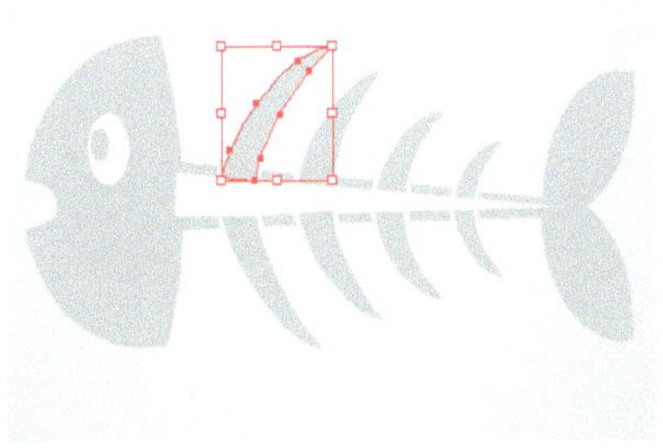

图 5-23 选择路径

步骤02 弹出“渐变”面板，设置“类型”为线性，在渐变控制柄上双击，在弹出的面板中设置渐变颜色为蓝色到深蓝色，如图 5-24 所示。

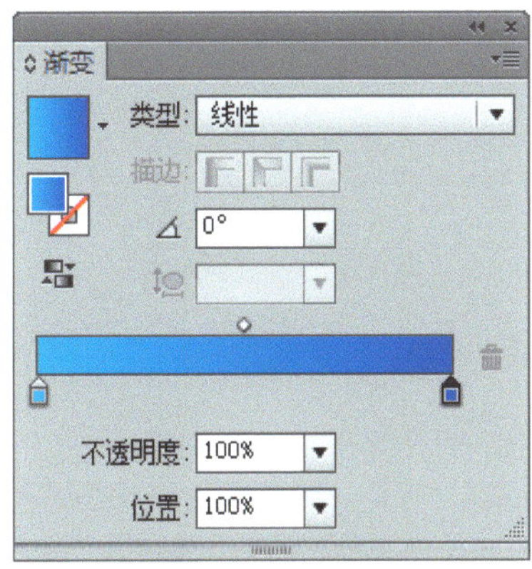

图 5-24 设置渐变参数

步骤03 敲击【Enter】键，即可完成对路径的渐变填充，效果如图 5-25 所示。

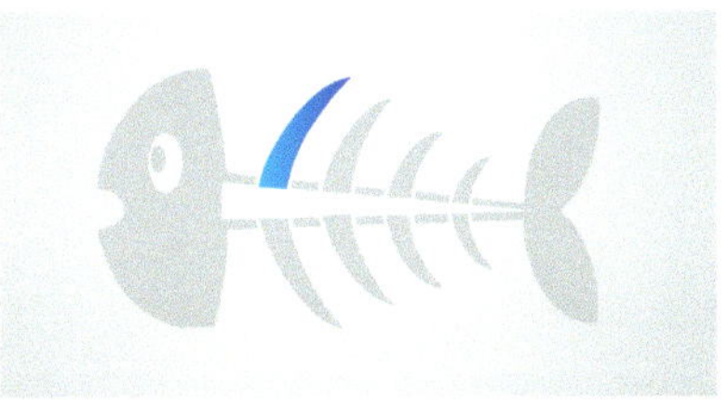

图 5-25 局部渐变填充完成效果

步骤04 使用同样的方法，选择相应图形，并对其进行渐变填充，效果如图 5-26 所示。

图 5-26 逐步填充渐变效果

步骤05 选择其他需要填充的路径，并对其填充渐变效果，全部完成效果如图 5-27 所示。

图 5-27 全部完成效果

5.2.5 添加矩形

图形信息图添加矩形的过程如下所示。

步骤01 单击“切换锁定”按钮，将“图层 1”锁定，并新建图层，在“填色”按钮上双击鼠标左键，在弹出的“拾色器”对话框中设置颜色为蓝色，如图 5-28 所示。

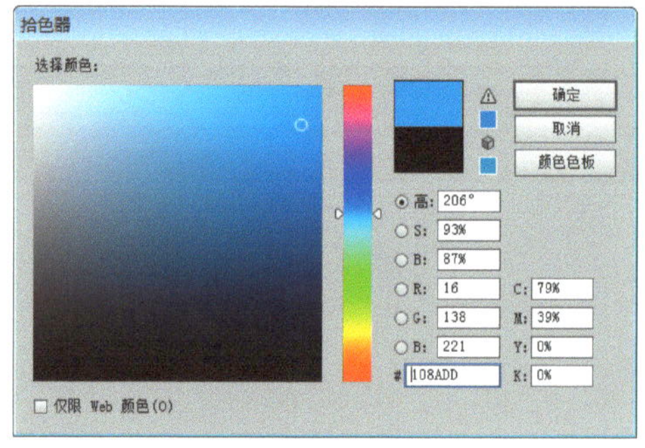

图 5-28 设置颜色参数

步骤02 在工具栏中选择“矩形工具”，在编辑窗口中的合适位置绘制一个蓝色矩形，如图 5-29 所示。

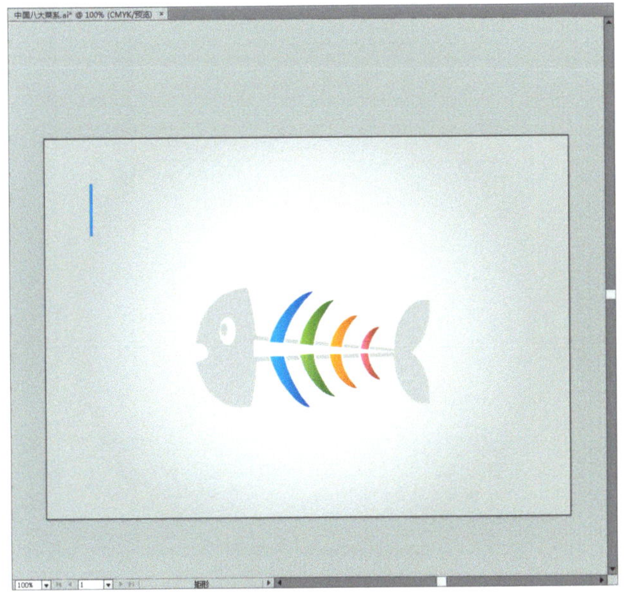

图 5-29 绘制矩形

步骤03 复制 7 个矩形，并移动至合适位置，如图 5-30 所示。

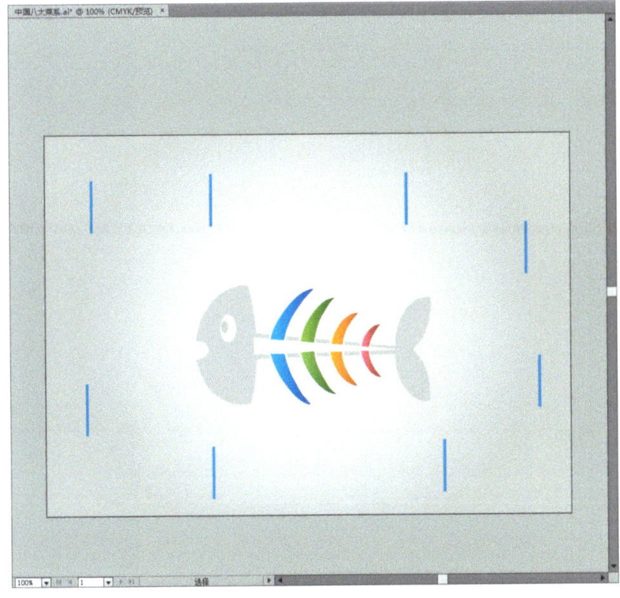

图 5-30 将复制矩形移动至合适位置

步骤04 选择相应矩形，并改变矩形的填充颜色，如图 5-31 所示。

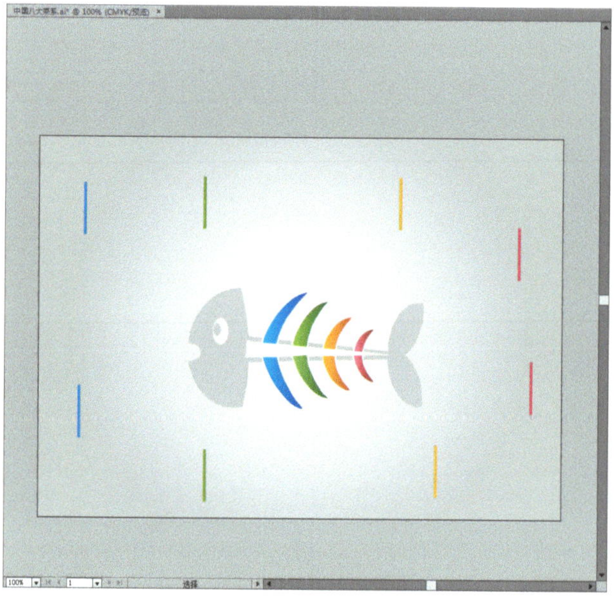

图 5-31 改变矩形填充颜色

5.2.6 添加直线和圆点

图形信息图添加直线和圆点的过程如下所示。

步骤01 在工具栏中选择“直线段工具”在编辑窗口中的合适位置绘制直线，如图 5-32 所示。

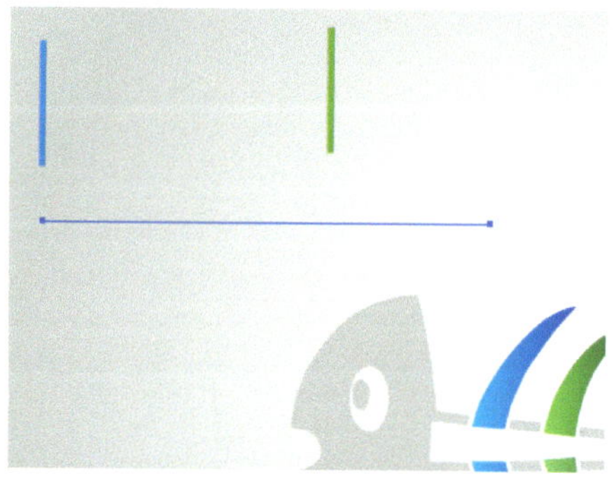

图 5-32 绘制直线

步骤02 在工具属性栏中设置“描边”颜色为蓝色、“描边”为 1pt，单击“画笔定义”的下拉按钮，在弹出的下拉列表框中选择“剪切此处”选项，如图 5-33 所示。

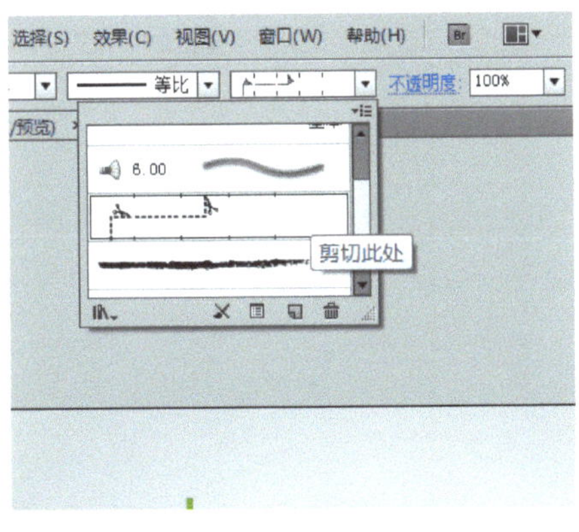

图 5-33 选择“剪切此处”选项

步骤03 执行上述操作后，即可完成对直线的设置，效果如图 5-34 所示。

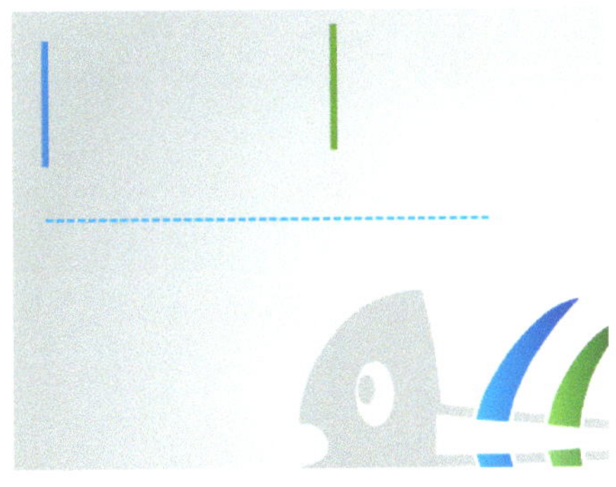

图 5-34 直线设置效果

步骤04 使用同样的方法，继续绘制直线，如图 5-35 所示。

图 5-35 继续绘制直线

步骤05 用与上同样的方法，在相应位置绘制直线，并改变直线颜色，如图 5-36 所示。

图 5-36 改变直线颜色

步骤06 选取“椭圆工具”，在工具属性栏中设置“填充”颜色为蓝色，在编辑窗口中绘制一个蓝色的圆，并移动至合适位置，如图 5-37 所示。

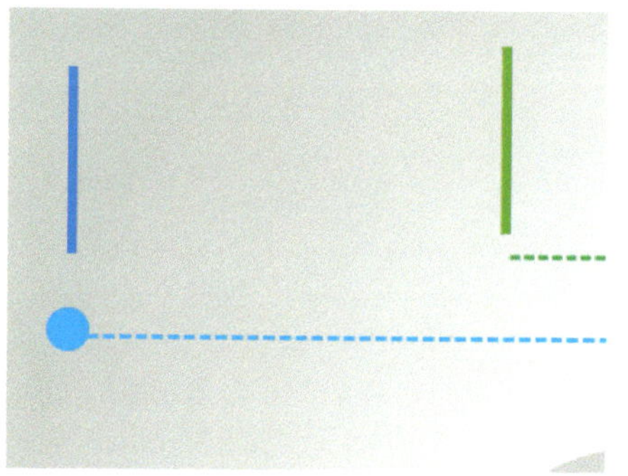

图 5-37 绘制圆形并移动至合适位置

步骤07 再复制 15 个圆，移动至合适位置，并更改圆的颜色，如图 5-38 所示。

图 5-38 改变圆的颜色

步骤08 选择“选择”工具，移动相应图形，对图形信息图进行调整，完成效果如图5-39所示。

图 5-39 完成效果

5.2.7 添加主题

图形信息图添加主题的过程如下所示。

步骤01 单击“切换锁定”按钮，锁定“图层 4”，新建“图层 5”图层，如图 5-40所示。

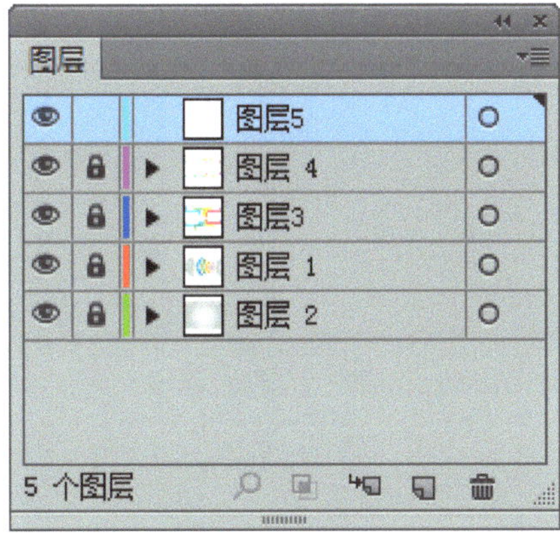

图 5-40 新建图层

步骤02 在工具栏中选择“文字工具”，在工具属性栏中，设置填充颜色为黑色、描边为无填充、字体为华文楷体、字号大小为 30pt。在编辑窗口中的合适位置单击，插入点，输入文字，并移动至合适位置，如图 5-41 所示。

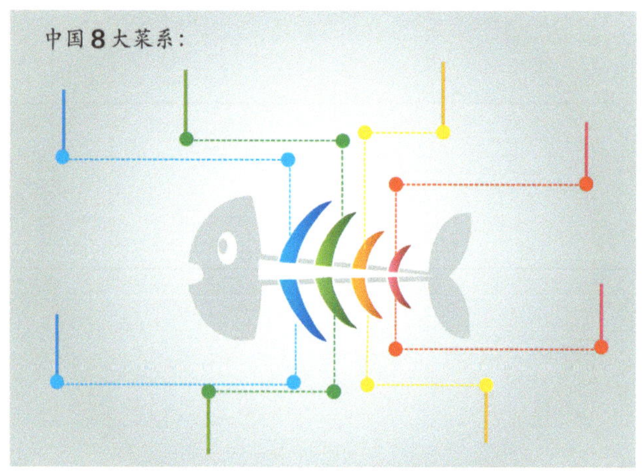

图 5-41 输入主题文字

5.2.8 添加其他文字元素

图形信息图文字元素的添加过程如下所示。

步骤01 在工具栏中选择“文字工具”，在工具属性栏中，设置填充颜色为黑色、描边为无填充、字体为幼圆、字号大小为 25pt。在编辑窗口中的合适位置单击，插入点，如图 5-42 所示。

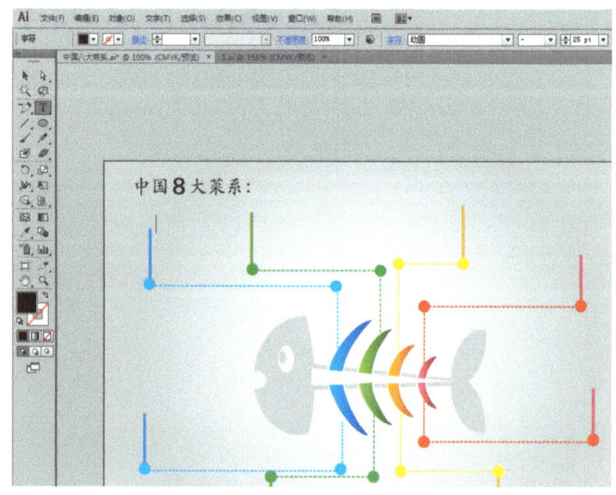

图 5-42 插入点

步骤02 输入文字，并移动至合适位置，如图 5-43 所示。

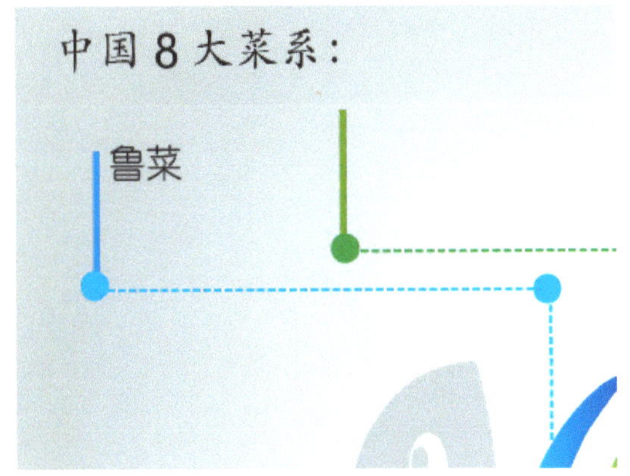

图 5-43 输入文字并移动

步骤03 用与上同样的方法，输入其他文字，并移动至合适位置，如图 5-44 所示。

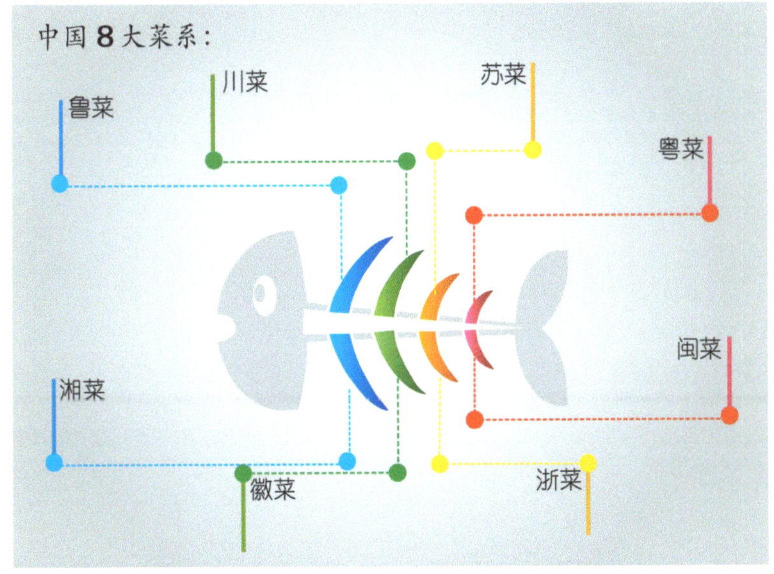

图 5-44 输入更多文字

步骤04 选取“文字工具”，在编辑窗口中的合适位置单击，插入点，在工具属性栏中，设置填充颜色为黑色、描边为无填充、字体为幼圆、字号大小为 10pt，输入解说文字，并移动至合适位置。最终完成效果如图 5-45 所示。

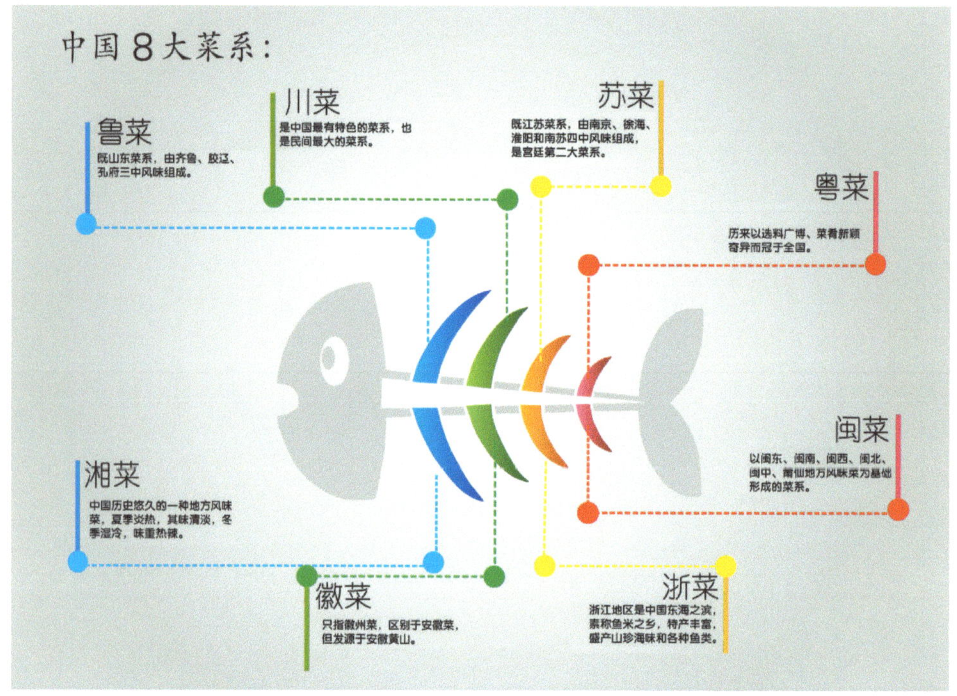

图 5-45 最终完成效果

5.3 技巧放送——2 个制作图形信息图的小技巧

上节介绍了图形信息图的制作，下面介绍制作图形信息图的 2 个小技巧。

5.3.1 图形制作

图形由描边和填充两部分组成，描边是指包围图形的路径线条，填充是指图形中所包含的颜色和图案。

1. 建立路径

在 AI 中，用户可以根据需求绘制图形形状，在工具栏中单击“钢笔工具”右下角的下拉按钮后暂停两秒，在弹出的列表框中选择相应的钢笔工具，即可自由地绘制路径，如图 5-46 所示；也可以单击“矩形工具”，在弹出的列表框中选择所需形状的工具，在编辑窗口中的合适位置单击鼠标左键并拖动光标调至合适大小，松开鼠标即可建立路径，如图 5-47 所示。

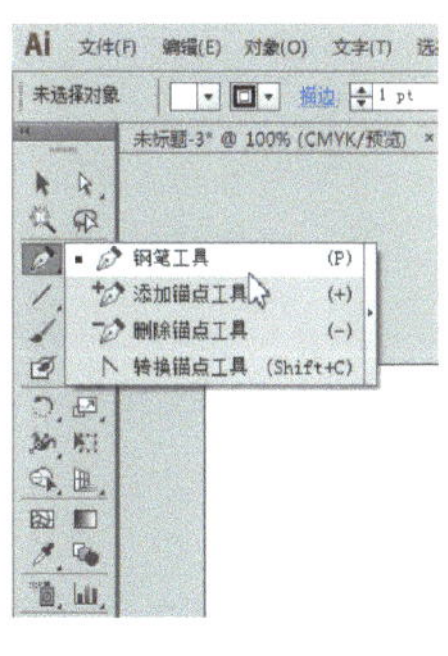

图 5-46 选择“钢笔工具”

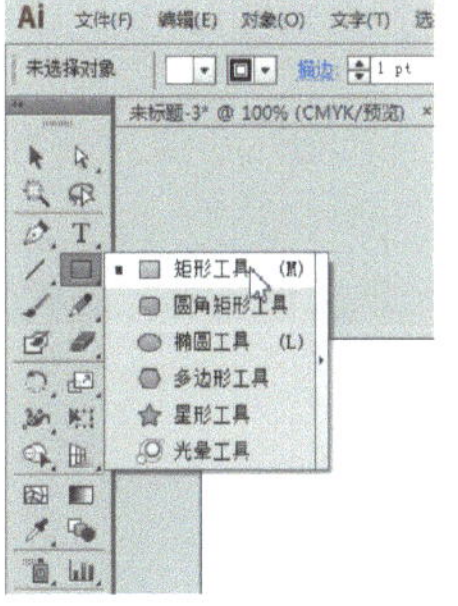

图 5-47 单击“矩形工具”

2. 填充

颜色的填充有无填充、填充颜色、填充渐变和填充图案等效果（设置形状填充效果时，必须是在图形被选中的条件下）。

● 无填充：选择“填充”色块，在色块下方的“无”按钮上单击即可，如图 5-48 所示。

● 填充颜色：双击“填充”色块，在弹出的“拾色器”对话框中选择需要的颜色，单击“确定”按钮即可，如图 5-49 所示。

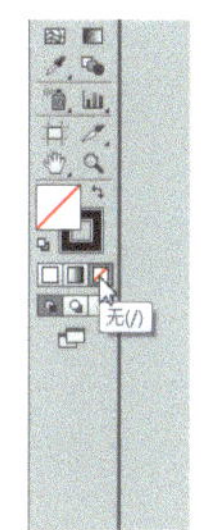

图 5-48 无填充

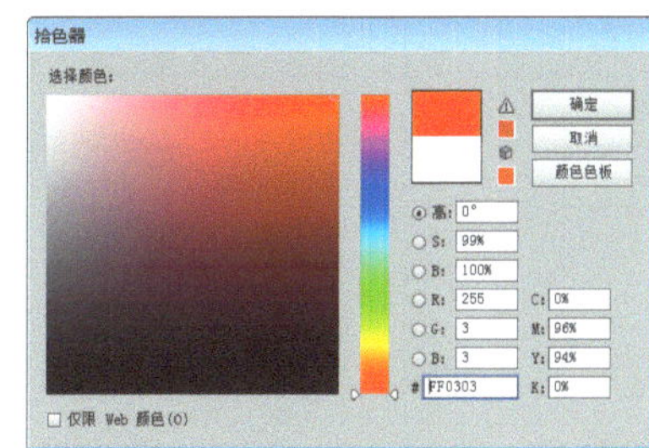

图 5-49 填充颜色

● 填充渐变：单击“窗口”|“渐变”命令，弹出“渐变”面板，在其中设置相应参数即可，如图 5-50 所示。

● 填充图案：单击“窗口”|“色板”命令，弹出“色板”面板，在其中选中所需要填充的图案即可，也可以自定义图案的形状，如图 5-51 所示。

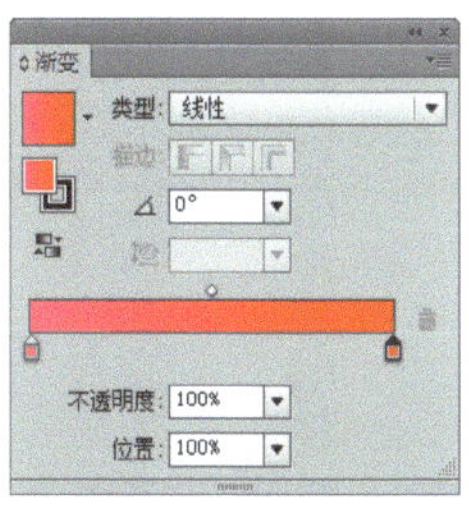

图 5-50 填充渐变颜色

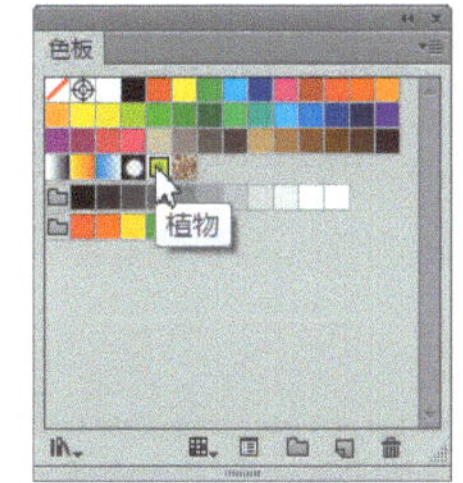

图 5-51 填充图案

5.3.2 线条工具

制作图形信息图时会使用各种线条，下面介绍怎样在 AI 中使用线条工具。在工具栏中单击“直线段工具”按钮，弹出的列表框中包括直线段工具、弧形工具、螺旋线工具、矩形网格工具和极坐标网格工具，如图 6-52 所示。

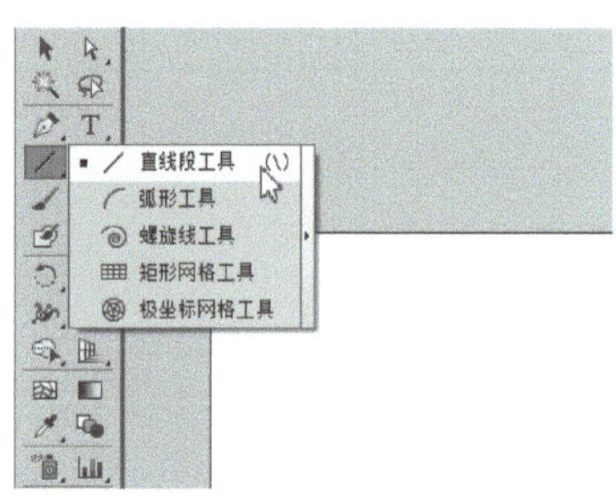

图 5-52 “直线段工具”列表框

使用时按住【Shift】键可以绘制水平直线段，按住【Ctrl】键可以绘制垂直直线段。绘制好直线后，可以在工具属性栏中进行编辑。单击“画笔定义”按钮，在弹出的列表框中选择相应选项就可以自定义线条；也可以单击“窗口”|“画笔”命令，在弹出的“画笔”面板中自定义线条。部分线条效果如图 5-53 所示。

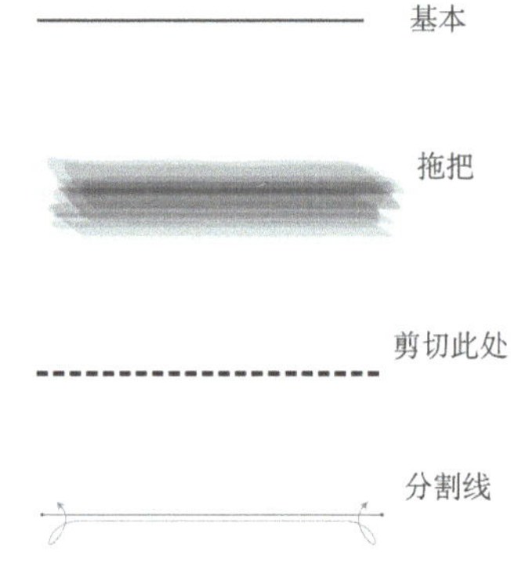

图 5-53 部分线条效果

5.4 巧借活用——图形信息图模板套用

前面主要介绍了图形信息图的制作过程，下面以图书版图形信息图为例，介绍模板的套用方法。

5.4.1 图书版图形信息图

读者可以根据需求，更改图形信息图的内容，下面依据图书馆的图书实际分类情况修改主题和文字的内容，如图 5-54 所示。

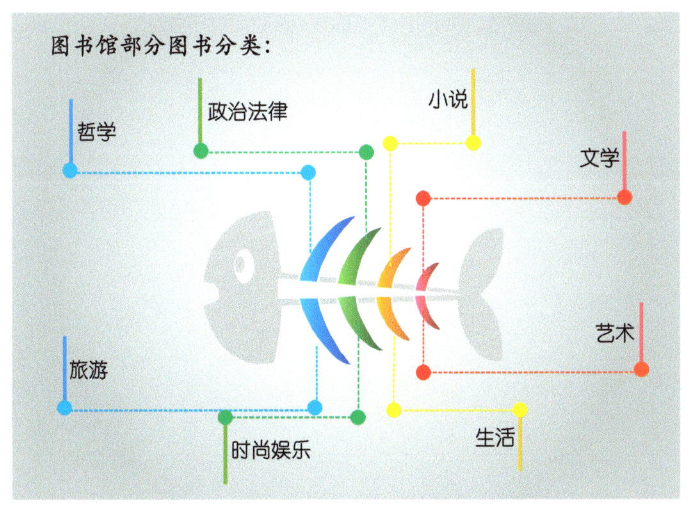

图 5-54 图书版图形信息图

5.4.2 报纸广告版图形信息图

读者可以根据自身职业的不同对图形信息图进行更改，图 5-55 所示为报纸广告版图形信息图。

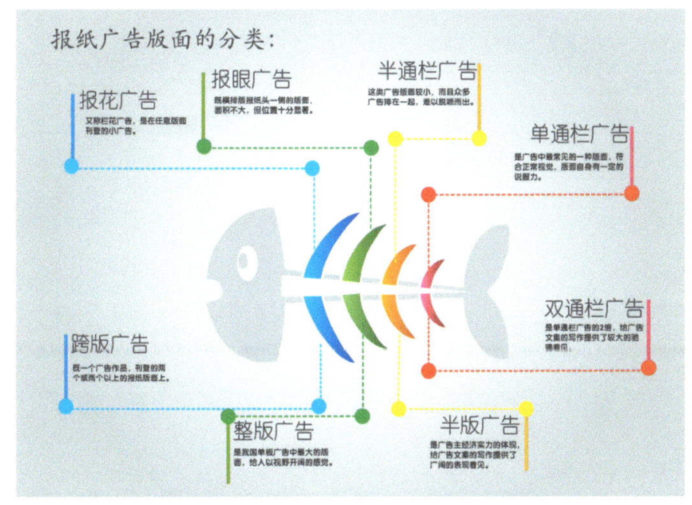

图 5-55 报纸广告版图形信息图

5.5 举一反三——其他图形信息图效果展示

前面既介绍了图形信息图的具体制作过程，也讲解了图形信息图模板的套用和修改，本节再展示一下其他图形信息图的效果，帮助读者举一反三，根据自身需要制作出不同的图形信息图，图 5-56 所示为“绿色出行，低碳出行”为主题的图形信息图。

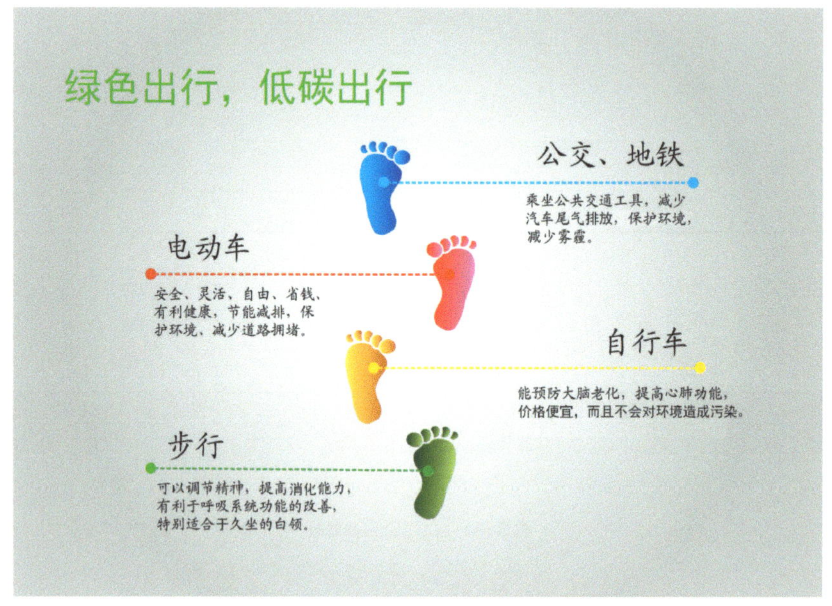

图 5-56 “绿色出行，低碳出行”图形信息图

读者也可以使用 AI 制作各种图形，图 5-57 所示为税收分类图形信息图。

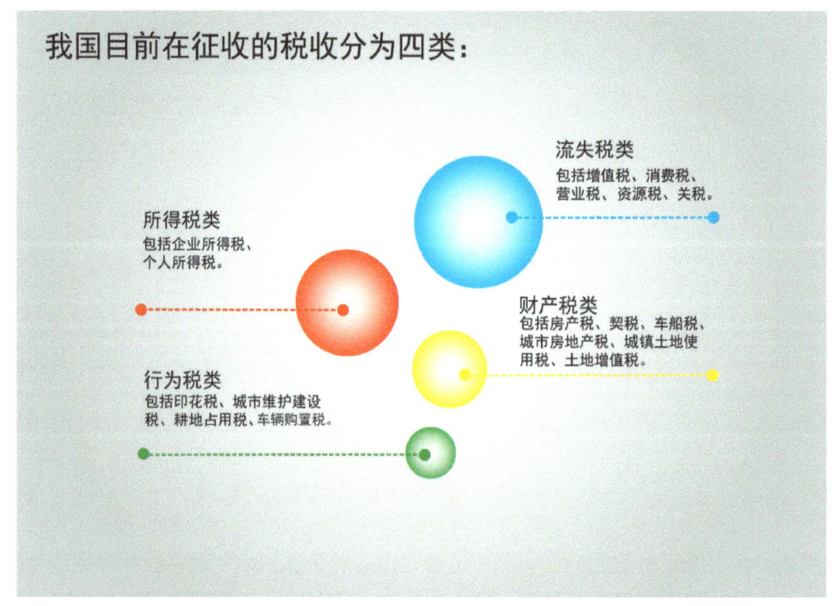

图 5-57 税收分类图形信息图

第 6 章

统计信息图的制作

6.1 统计信息图的特点

统计信息图是利用点、线、面、体等绘制成几何图形，以表示各种数量间的关系及其变动情况的工具，是表现统计数字大小和变动的各种图形的总称，其中有条形统计图、柱形统计图、扇形统计图、折线统计图、象形图等，图 6-1 所示为条形统计信息图。

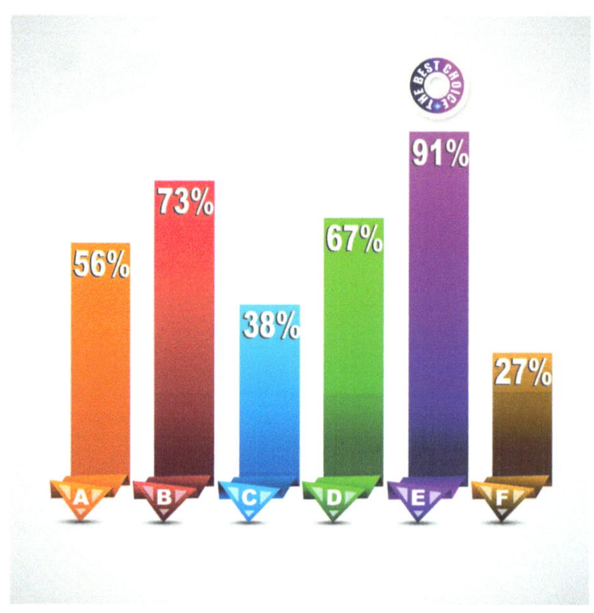

图 6-1 条形统计信息图

在统计学中把利用统计图形表现统计资料的方法叫作统计图示法。其特点是：形象具体，简明生动，通俗易懂，一目了然。其主要用途有：表示现象间的对比关系；揭露总体结构；检查计划的执行情况；揭示现象间的依存关系；反映总体单位的分配情况；说明现象在空间上的分布情况。

6.1.1 什么是统计信息图

常用的统计信息图，根据主要功能可以分为两类，第一类是添加变化或者比较关系的柱形图及折线图元素的平面统计图；另一类是添加体现某种要素在整体中所占比例的饼图的立体统计图。

在这些统计信息图中，常用的有条形图、柱形图等，图 6-2 所示为柱形图，它们不仅可以用于表现单一的数据，也可将多种数据进行并列比较，还可以对图形进行艺术加工，使图形本身也能采用其他的象形符号来表现。另外，当参与比较的数据差异较大时，可将图形转变为圆形或者正方形等紧凑的图形，通过其面积的不同来进行比较；更进一步的话，还能使用立方体、球体，用体积的形式来表示。

图 6-2 柱形统计信息图

统计信息图的种类很多，各自的性质也不同，要掌握各种统计信息图的特征，灵活运用。除此之外，在制作数据统计图时，充分考虑自己的表达意图也十分重要。

6.1.2 统计信息图的立体表现形式

使用简单的平面图形元素，完全可以将想要表述的内容表达出来，报纸上经常出现这种平面的统计信息图，如图 6-3 所示。这些统计信息图只是将事实用便于理解的方式呈现出来，至于对内容及其结论的判断则完全取决于读者。统计信息图具有这种中立、客观的特点。

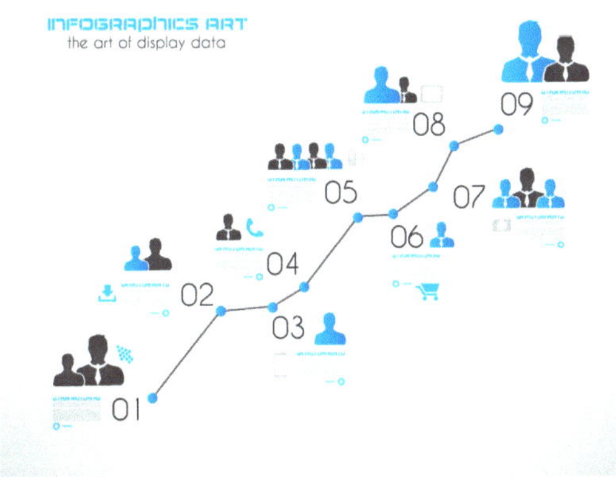

图 6-3 平面统计信息图

另一方面，立体化的统计信息图或多或少地会比平面的统计信息图更具有张力，当制作者希望引起读者的注意时，或者希望读者能感受到更剧烈的变化时，立体化的统计信息图是十分有效的方法，如图 6-4 所示。在产品效果演示、公司介绍、电视节目中常使用立体统计图，但有一点要注意，完成的立体图不能让读者产生误解。

图 6-4 立体统计信息图

统计信息图可以向不同的方向延伸，例如如果右方有太阳，那么地面上的实体就会在左下角留下投影。要进一步深化人们对统计信息图的印象，对统计信息图所显示的数据展开具体的想象是比较简单的方法。

6.1.3 统计信息图的基本类型

统计信息图的基本类型如下。

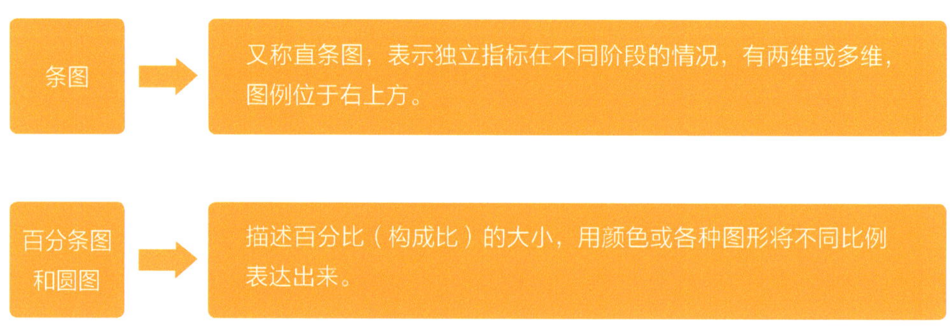

类型	说明
线图	用线条的升降表示事物的发展变化趋势，主要用于计量资料，描述 2 个变量间关系。
半对数线图	一种基本的统计图形，它与普通线图（习惯简称线图）一样均可通过线段的上升或下降来表示一个指标随另一指标（常为时间）变化而变化的情况。
直方图	直方图（Histogram）又称柱状图、质量分布图，是一种统计报告图，由一系列高度不等的纵向条纹或线段表示数据分布的情况。一般用横轴表示数据类型，纵轴表示分布情况。
茎叶统计图	茎叶统计图又称“枝叶图”，它的设计思路是将数组中的数按位数进行比较，将数的大小基本不变或变化不大的位作为一个主干（茎），将变化大的位的数作为分枝（叶），列在主干的后面，这样就可以清楚地看到每个主干后面的几个数，每个数具体是多少。
网状图	用于表示现象间的对比关系；揭示现象间的依存关系；反映总体单位的分配情况；说明现象在空间上的分布情况。
统计地图	运用统计数据反映制图对象数量特征的一种图型。

6.2 实战制作——统计信息图制作

本节以使用 AI 制作《淘宝卖家最喜欢的折扣方式》为例，主要介绍制作统计信息图的过程。

6.2.1 设计理念

统计信息图制作的流程如下所示。

① 制作立方体

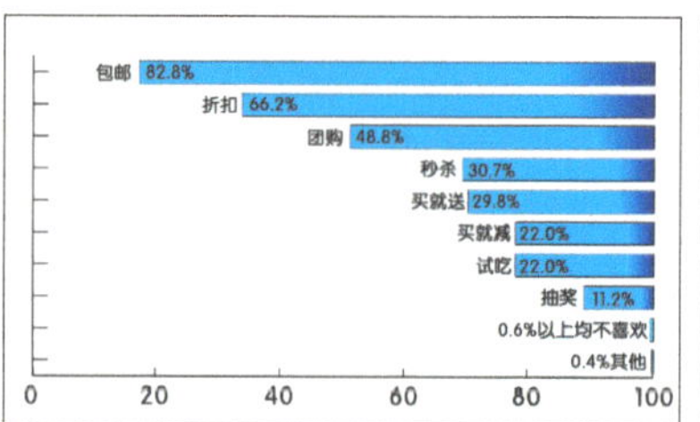

② 制作条形图

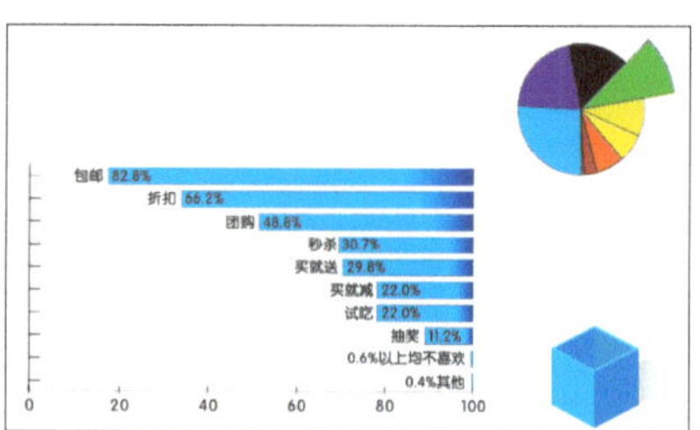

③ 制作饼图

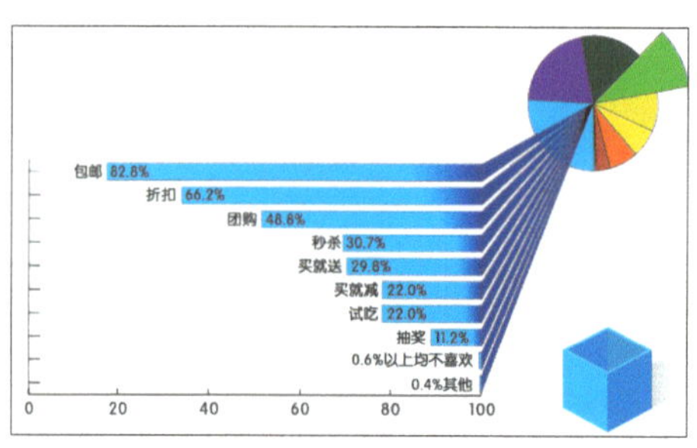

④ 制作放射矩形

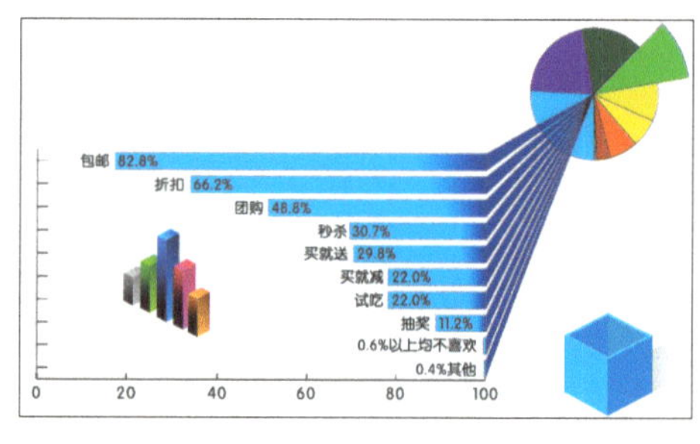

⑤ 制作矩形立方体

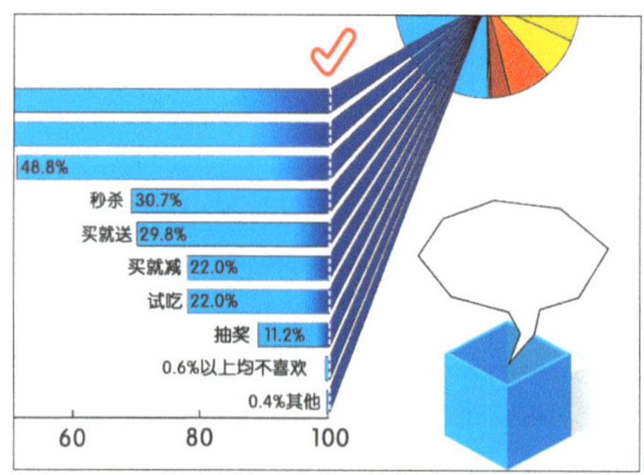

⑥ 制作其他元素

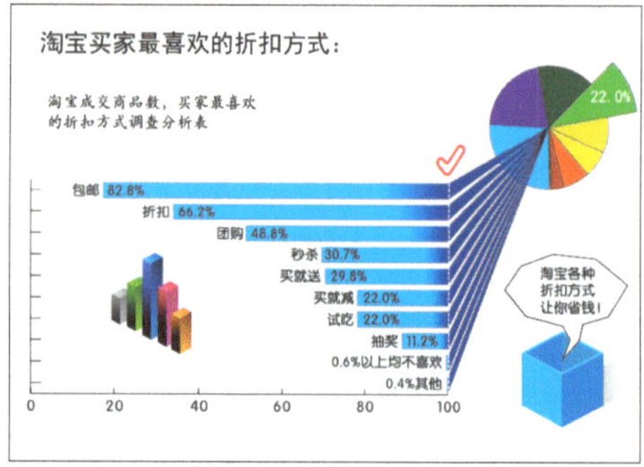

⑦ 添加文字

6.2.2 立方体的制作

立方体的制作过程如下所示。

步骤01 在工具栏中选择“矩形工具”，设置“填充”颜色为蓝色、“描边”为无填充，在编辑窗口中的合适位置绘制一个矩形，如图 6-6 所示。

步骤02 选择“直接选择工具”，调整矩形的形状，如图 6-7 所示。

图 6-6 绘制一个矩形

图 6-7 调整矩形形状

步骤03 复制并粘贴矩形，在矩形上单击鼠标右键，在弹出的快捷菜单中选择“变换”|“对称”选项，弹出“镜像”对话框，选中“垂直”复选框，设置“角度”为 90°，单击“确定”按钮，即可对矩形进行翻转，并移动至合适位置，如图 6-8 所示。

图 6-8 移动矩形至合适位置

步骤04 设置矩形的“填充”颜色为深蓝色，复制并粘贴矩形，移动至合适位置，如图 6-9 所示。

图 6-9 移动矩形

步骤05 在复制的矩形上单击鼠标右键，在弹出的快捷菜单中选择“排列”|“置于底层”命令，如图 6-10 所示。

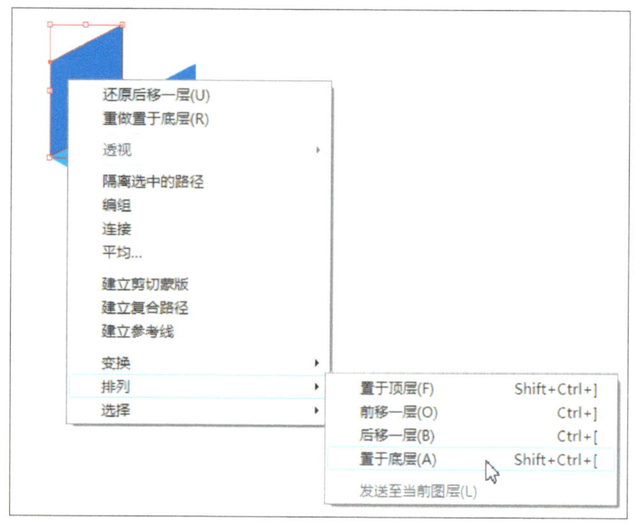

图 6-10 选择“排列”|“置于底层”命令

步骤06 执行上述操作后即可将矩形置于底层，使用同样的方法复制矩形，并移至底层，更改“填充”颜色为灰蓝色，如图 6-11 所示。

步骤07 设置“填充”颜色为浅蓝色、“描边”为无填充，在窗口中的合适位置绘制一个矩形，并调整矩形的形状，复制矩形并调整大小和位置。选中 2 个矩形，弹出“路径查找器”对话框，单击“减去顶层”按钮，如图 6-12 所示。

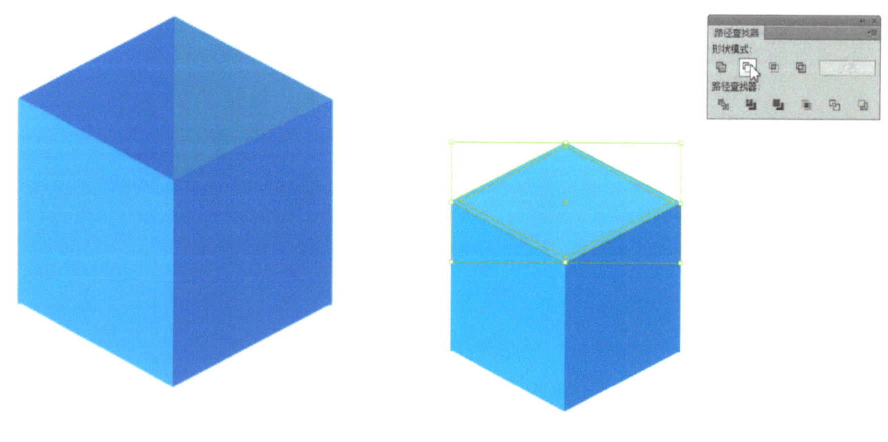

图 6-11 更改填充颜色　　**图 6-12 单击“减去顶层”按钮**

单击“窗口”|“路径查找器”命令，即可弹出“路径查找器”面板，面板分为“形状模式”和“路径查找器”两个部分，如图 6–13 所示。

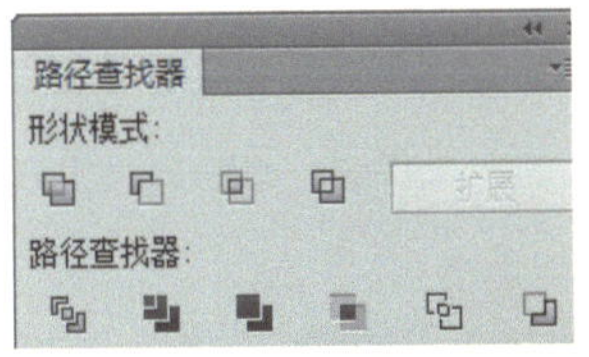

图 6–13 “路径查找器”面板

“形状模式”选项区中各按钮的主要功能如图 6–14 所示。

- “联集”按钮：单击此按钮可以将选定的多个图形合并成一个图形，图形之间重叠的部分将被混合，新生的图形将与最上层的图形的填充和描边颜色相同。
- “减去顶层”按钮：此按钮的功能与“联集”按钮的功能相反。在编辑窗口中选择两个或两个以上的图形后，单击此按钮将会以最上层的图形减去最底层的图形，图形之间重叠的部分和位于最上层的图形将被删除，并重新组成一个闭合路径。
- “交集”按钮：单击此按钮可以对选定的多个图形相互重叠交叉的部分进行合并，合并后重叠交叉的部分将生成新的图形，其图形颜色将与最上层的图形颜色相同，未重叠交叉的部分则自动删除。
- “差集”按钮：该按钮的功能与“交集”按钮的功能相反。在编辑窗口中选择两个或两个以上的图形后，单击此按钮，所有图形都没有重叠的部分将生成新的图形，其填充的颜色与图形中最上层的图形颜色相同。

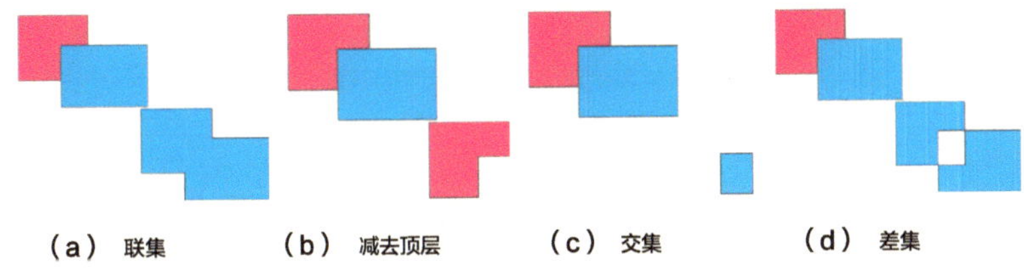

图 6–14 “形状模式”选项区中各按钮功能

“路径查找器”选项区中各按钮的主要功能如图 6–15 所示。

- “分割”按钮：选择 2 个或 2 个以上的图形后，单击此按钮，可以将图形相互重叠的部分进行分离，形成一个独立的图形，所填充的颜色、描边等属性被保留，而重叠区域以下的图形则被删除。
- “修边”按钮：单击此按钮，可以删除图形重叠部分下方的图形，且所有图形的描边全部被删除。
- “合并”按钮：单击此按钮后，可以将所选的图形合并成一个整体，且所有图形的描边将被删除。

● “裁剪”按钮：选择2个或者2个以上的图形后，单击此按钮，最下方的图形将删除最上方的图形，且描边也被删除，但图形重叠的部分将保留。

● “轮廓”按钮：单击此按钮，所有选择的图形将转化为轮廓线，轮廓线的颜色与原图形的填充颜色相同，生成的轮廓线将被分割为开放的路径，且这些路径会自动编组。

● “减去后方对象”按钮：选择2个或2个以上的图形后，单击此按钮，最下方的图形将删除所有该图形重叠的区域，且得到一个封闭的图形。

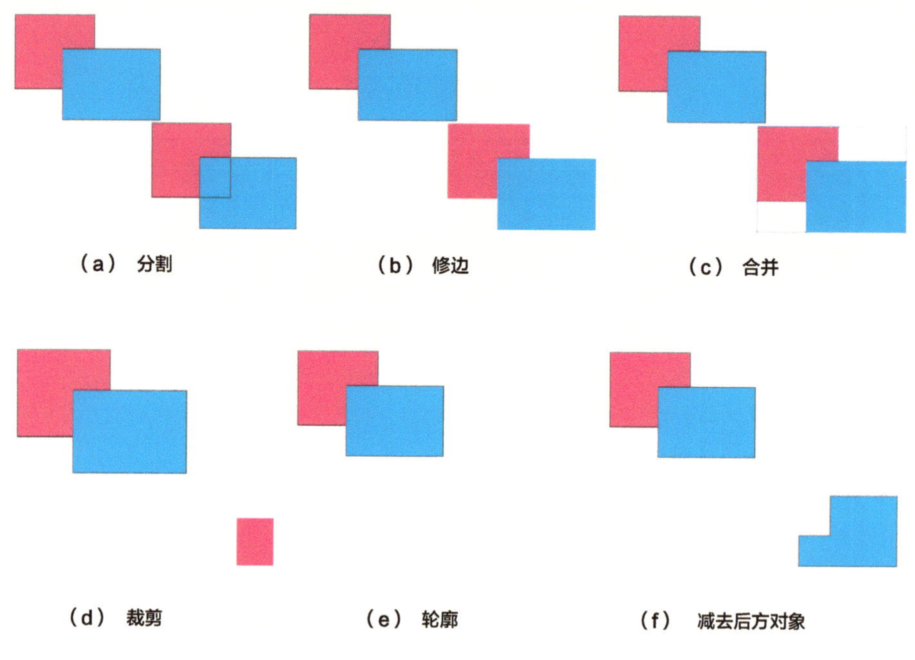

图6-15 “路径查找器”选项区中各按钮功能

步骤08 在合适位置绘制一个矩形，调整矩形形状、大小和位置，并将其移至底层，如图6-16所示。

图6-16 将矩形移至底层

步骤09 弹出“渐变”对话框，在对话框中设置“类型”为线性、角度为 0° 、渐变颜色为灰色到白色，如图 6-17 所示。

步骤10 执行上述操作后，即可为矩形添加阴影效果，如图 6-18 所示。

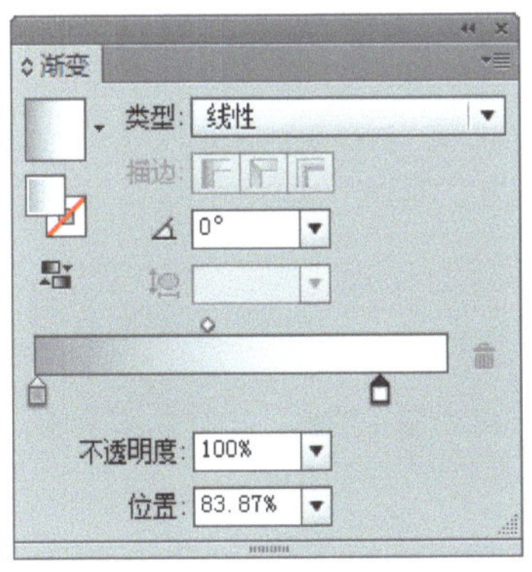

图 6-17 设置渐变参数

图 6-18 添加阴影效果

6.2.3 条形图的制作

统计信息图条形图的制作过程如下。

步骤01 在工具栏中选择“条形图工具”，在窗口中的任意位置单击，即可弹出“图表”对话框，在其中设置“宽度”为 200 毫米、“高度”为 100 毫米，如图 6-19 所示，单击“确定”按钮。

步骤02 执行上述操作后即可弹出图表数据窗口，在其中输入相应数据，如图 6-20 所示，单击“应用”按钮。

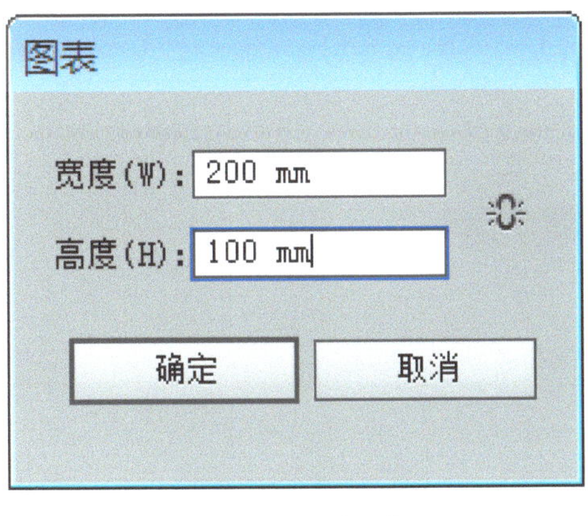

图 6-19 设置各参数

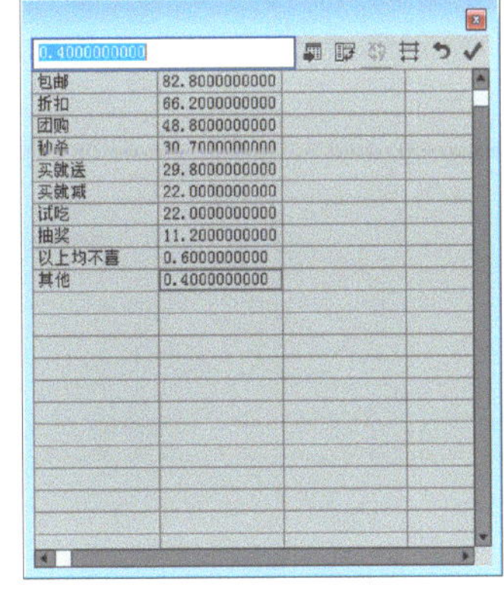

包邮	82.8000000000
折扣	66.2000000000
团购	48.8000000000
秒杀	30.7000000000
买就送	29.8000000000
买就减	22.0000000000
试吃	22.0000000000
抽奖	11.2000000000
以上均不喜	0.6000000000
其他	0.4000000000

图 6-20 输入相应数据

步骤03 执行上述操作后即可创建数据图表，如图 6-21 所示。

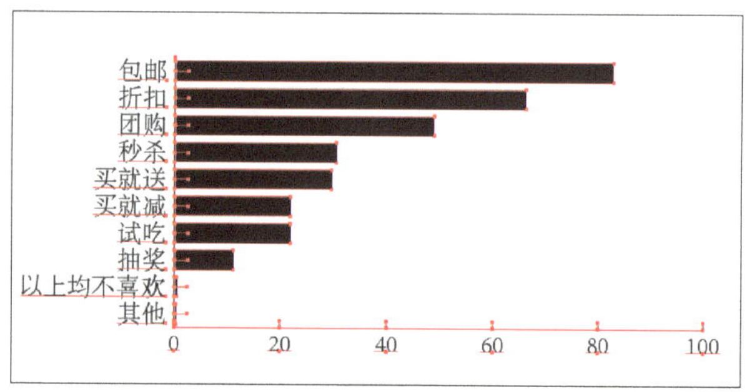

图 6-21 创建图表

步骤04 在工具栏中选择“选择工具”，选中数据图表，选择“对象”|“取消编组”选项，如图 6-22 所示。

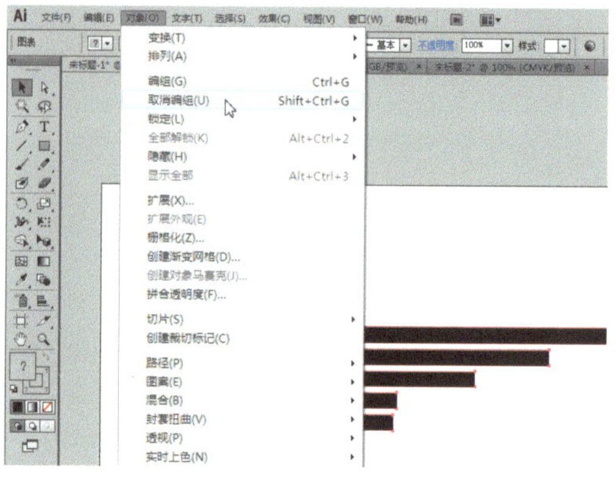

图 6-22 选择“对象”|“取消编组”选项

步骤05 选择数据图表的矩形条部分，单击鼠标右键，在弹出的快捷菜单栏中选择“变换”|“对称”选项，如图 6-23 所示。

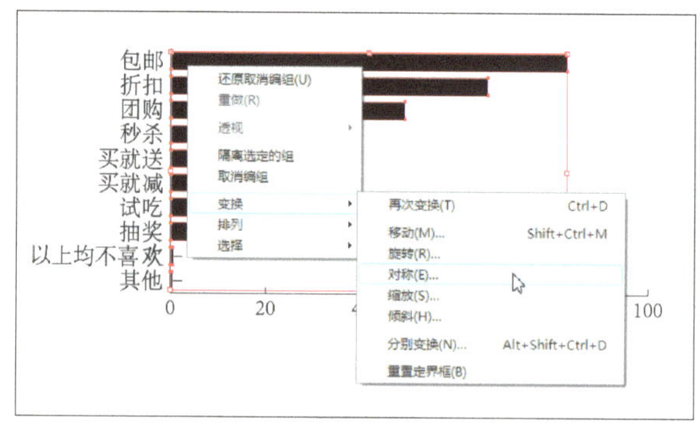

图 6-23 选择“变换”|“对称”选项

步骤06 执行上述操作后即可对称翻转矩形条，如图 6-24 所示。

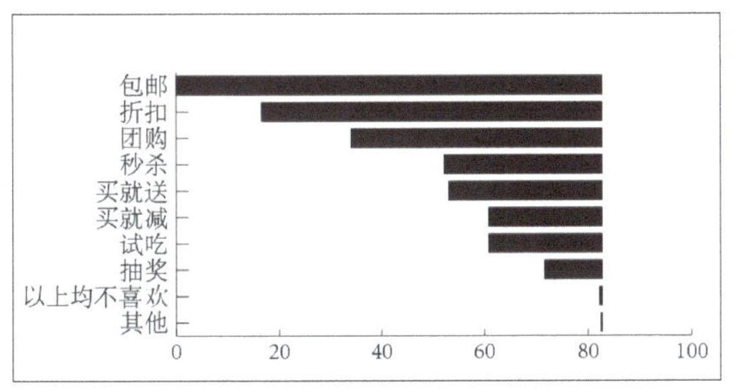

图 6-24 对称翻转矩形条

步骤07 选择数据图表右侧的文字，在上方单击鼠标右键，在弹出的快捷菜单栏中选择“取消编组”选项，如图 6-25 所示。

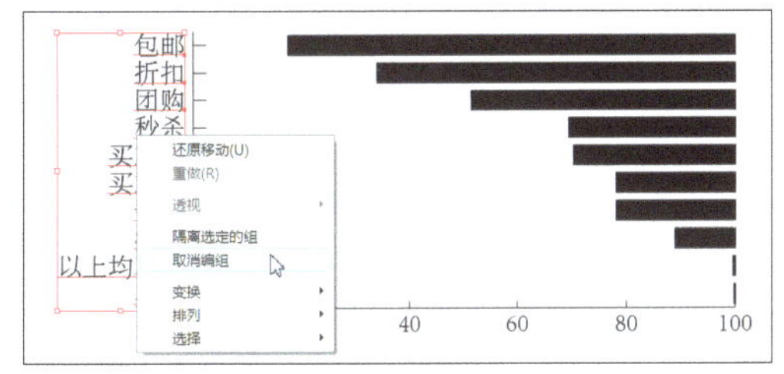

图 6-25 选择“取消编组”选项

步骤08 选择“包邮”文字，设置字体为幼圆、字号大小为 13.78pt，并移动至合适位置，如图 6-26 所示。

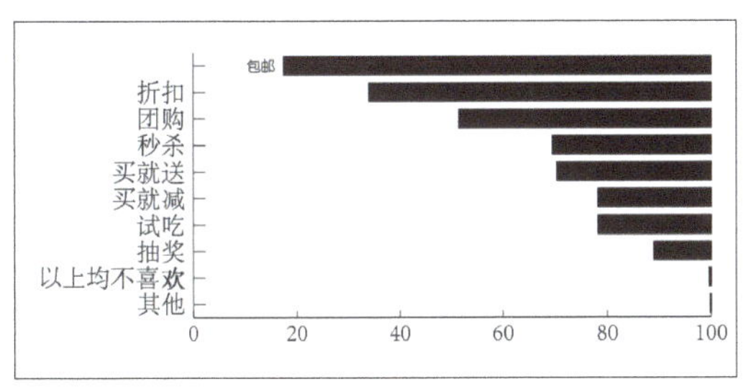

图 6-26 将文字“包邮”移动至合适位置

步骤09 使用同样的方法设置相应参数并移动至合适位置，如图 6-27 所示。

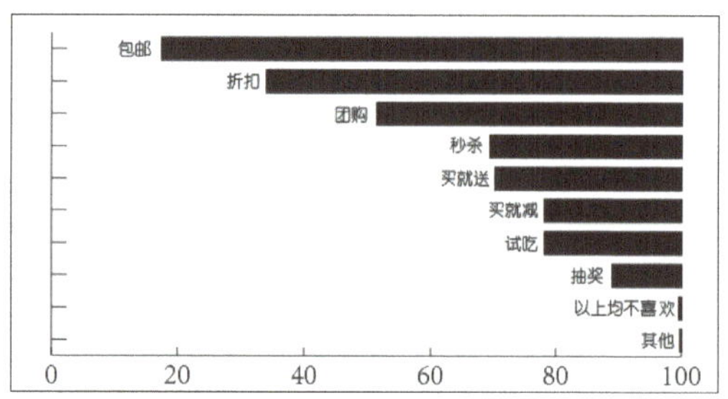

图 6-27 将其他文字移动至合适位置

步骤10 选中矩形条，弹出“渐变”对话框，设置“类型”为线性、角度为 0° 、渐变颜色为蓝色到深蓝色，如图 6-28 所示。

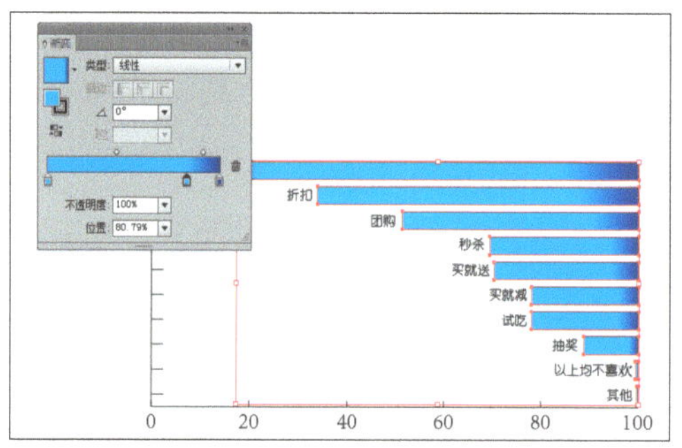

图 6-28 设置矩形条参数

步骤11 选择“文字工具”，设置填充颜色为黑色、字体为黑体、字号大小为 13.78pt，在相应位置输入文字，如图 6-29 所示。

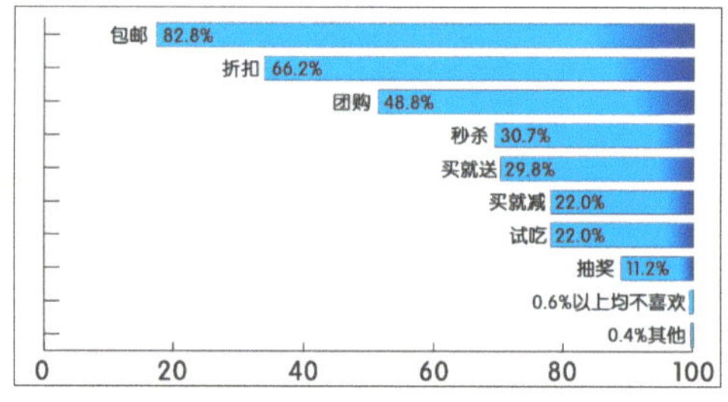

图 6-29 输入文字

6.2.4 饼图的制作

统计信息图饼图的制作过程如下所示。

步骤01 选取“饼图工具”，在编辑窗口中单击鼠标左键并拖动，创建饼图图表，即可弹出“图表数据”窗口，在其中输入相应数据，如图 6-30 所示。

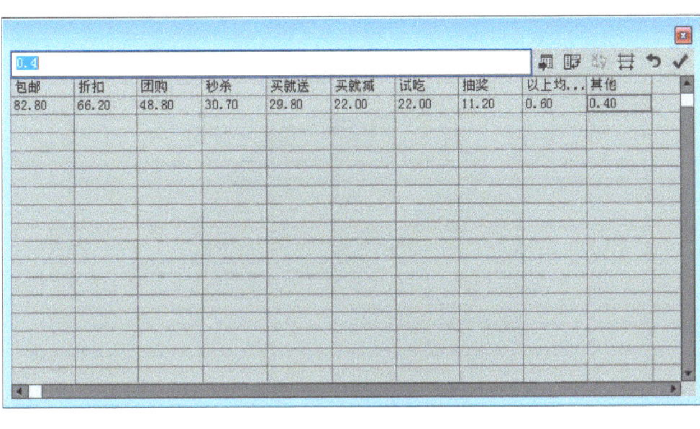

0.4

包邮	折扣	团购	秒杀	买就送	买就减	试吃	抽奖	以上均...	其他
82.80	66.20	48.80	30.70	29.80	22.00	22.00	11.20	0.60	0.40

图 6-30 输入相应数据

步骤02 单击“应用”按钮，即可创建饼图图表，如图 6-31 所示。

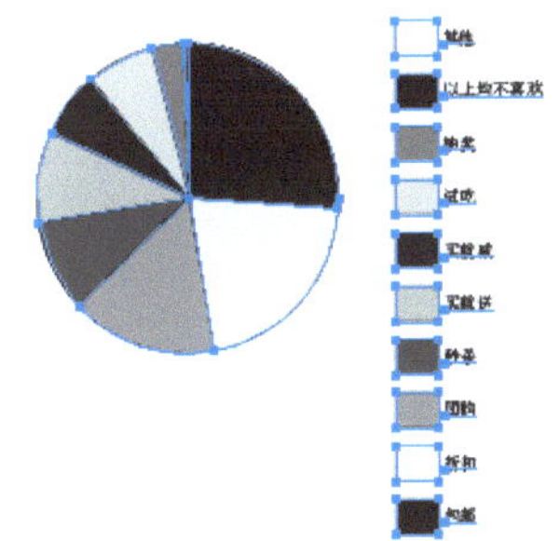

图 6-31 创建饼图图表

步骤03 在工具栏中选择“选择工具”，选中数据图表，选择“对象”|“取消编组”选项，如图 6-32 所示。

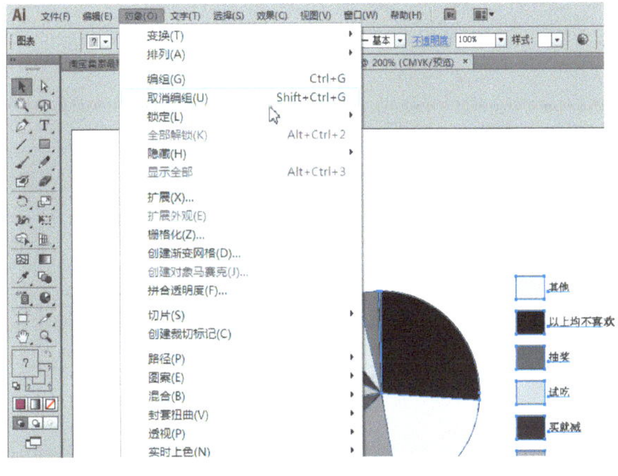

图 6-32 选择“取消编组”选项

步骤04 选择除饼图外的其他元素，点击【Delete】键删除，如图 6-33 所示。

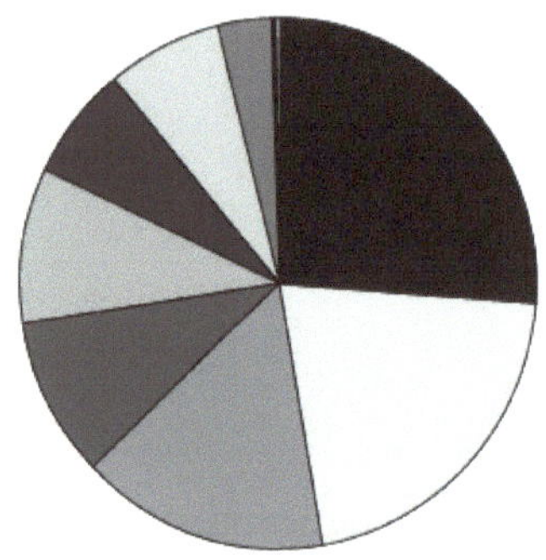

图 6-33 删除饼图外的其他元素

步骤05 选择饼图并取消编组，为饼图的各个色块添加不同的颜色，如图 6-34 所示。

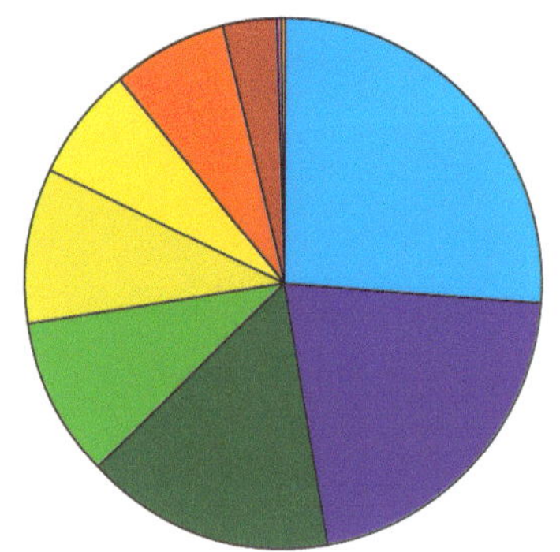

图 6-34 添加各色块颜色

步骤06 选择饼图中的一部分，按住【Shift】键，调整大小并移动至合适位置，如图 6-35 所示。

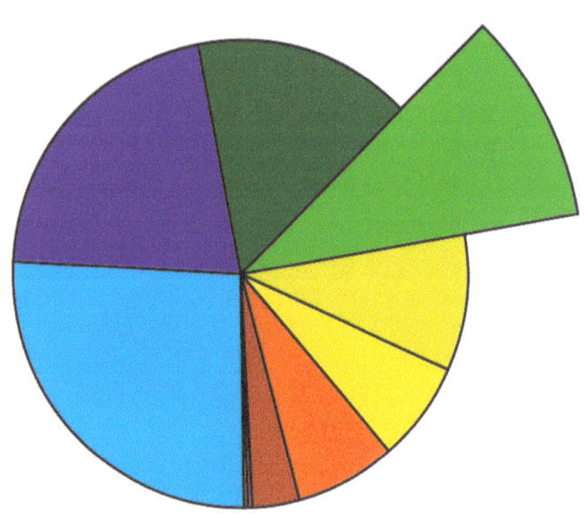

图 6-35 调整部分饼图的大小和位置

步骤07 移动饼图图表至合适位置，如图 6-36 所示。

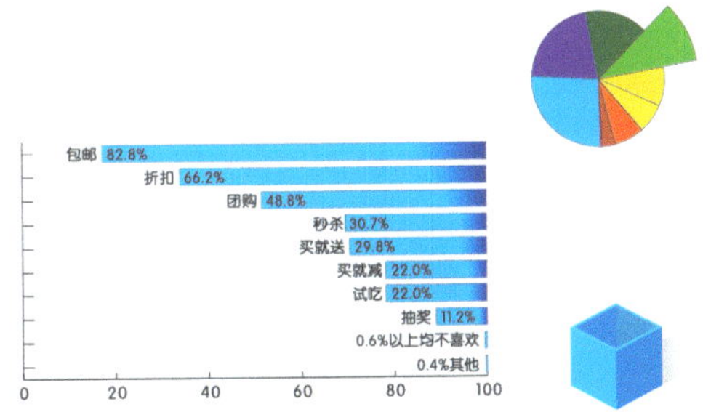

图 6-36 移动饼图图表至合适位置

6.2.5 放射矩形的制作

统计信息图放射矩形的制作过程如下所示。

步骤01 选择“矩形工具”，设置“填充”颜色为蓝色、“描边”为无填充，在窗口中的合适位置绘制一个蓝色矩形，如图 6-37 所示。

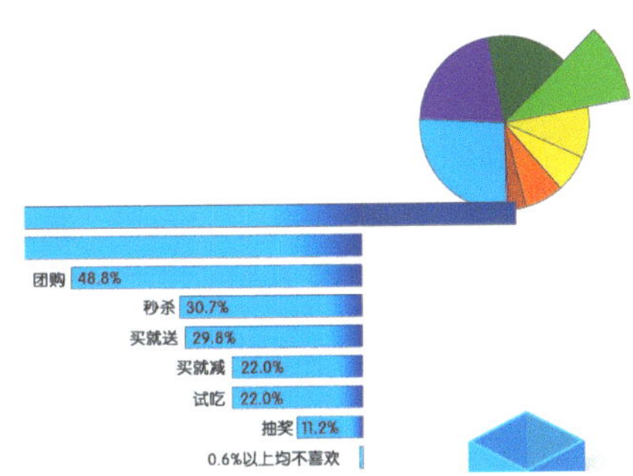

图 6-37 绘制一个蓝色矩形

步骤02 复制 9 个矩形，并移动至合适位置，如图 6-38 所示。

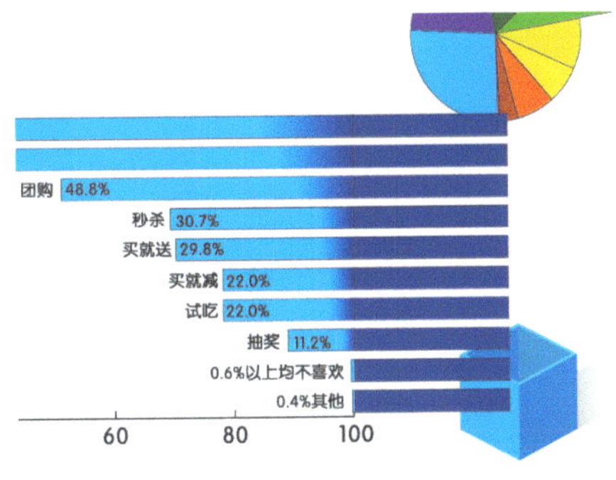

图 6-38 复制并移动 9 个矩形

步骤03 选择“直接选择工具”，依次选择矩形右侧的点，并移动至合适位置，如图6-39所示。

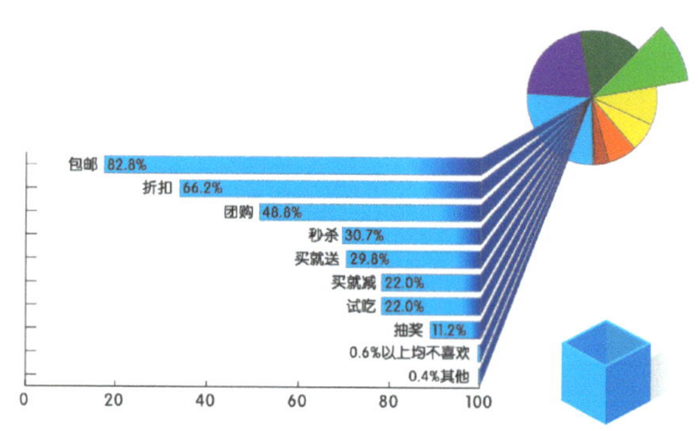

图6-39 移动点至合适位置

6.2.6 矩形立方体的制作

统计信息图矩形立方体的制作过程如下所示。

步骤01 选择矩形工具，设置“填充”颜色为黄色、“描边”为无填充，在窗口中的合适位置绘制一个矩形，如图6-40所示。

步骤02 弹出“渐变”对话框，设置“类型”为线性、角度为45°、渐变颜色为深黄色到黄色，复制矩形并移动至合适位置，调整矩形的形状，在“渐变”对话框中设置角度为90°，更改渐变颜色为黄色到深褐色，如图6-41所示。

图6-40 绘制一个矩形

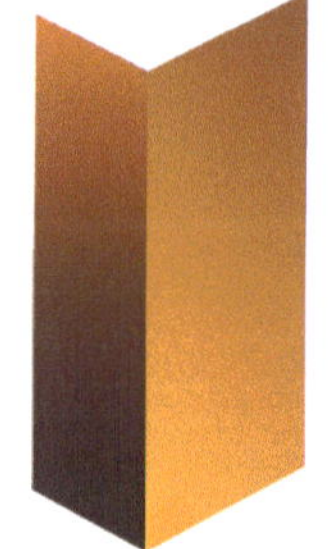

图6-41 设置渐变参数

步骤03 选择矩形工具，在窗口中的合适位置绘制一个矩形，调整矩形形状，并为矩形填充浅黄色到黄色的线性渐变，立方体制作完成，如图6-42所示。

步骤04 复制矩形立方体，调整其大小和位置，并移至底层，使用同样的方法制作其他的立方体，如图6-43所示。

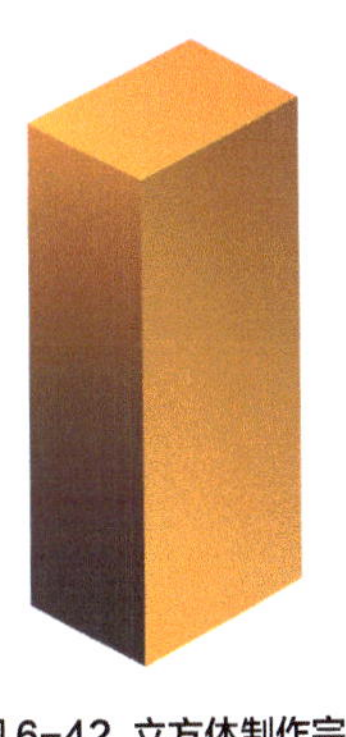

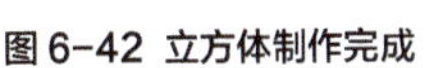
图 6-42 立方体制作完成

图 6-43 制作其他立方体

步骤05 选择所有立方体，调整大小并移动至合适位置，如图 6-44 所示。

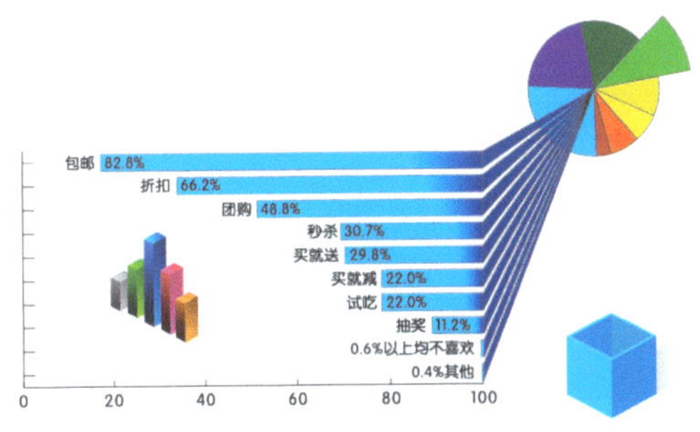

图 6-44 调整所有立方体的大小和位置

6.2.7 其他元素的制作

统计信息图其他元素的制作过程如下所示。

步骤01 选择“钢笔工具”，设置“填充”颜色为无填充、“描边”颜色为红色、“描边粗细”为 3pt，使用钢笔工具在合适位置绘制图形，如图 6-45 所示。

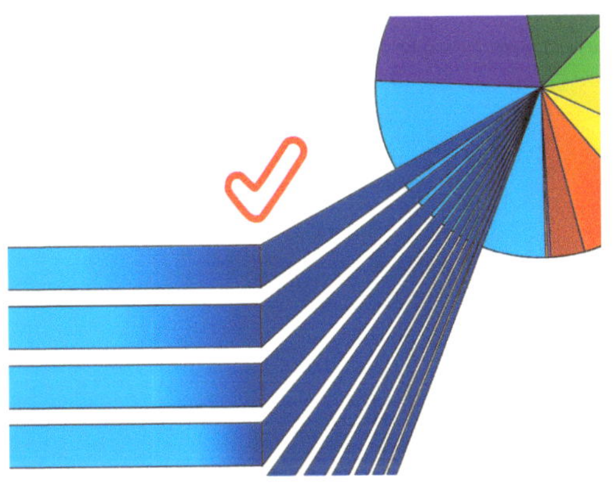
图 6-45 使用钢笔工具绘制图形

步骤02 选择“直线段工具”，设置“描边”颜色为白色、“描边粗细”为1pt，按住【Shift】键，在合适位置绘制垂直的直线，然后单击“画笔定义”按钮，在弹出的列表框中选择“剪切此处”选项，效果如图6-46所示。

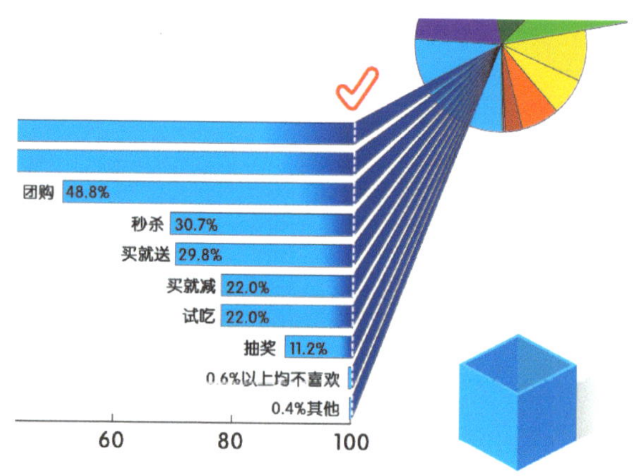

图6-46 直线效果

步骤03 选择“钢笔工具”，设置“填充”颜色为白色、“描边”颜色为黑色、“描边粗细”为1pt，使用钢笔工具在合适位置绘制图形，效果如图6-47所示。

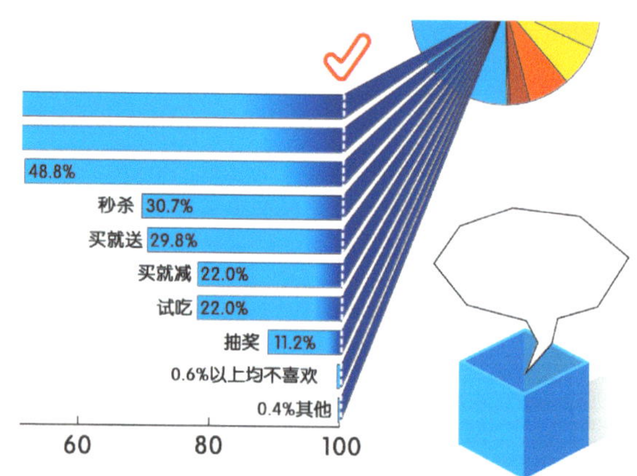

图6-47 绘制图形效果

6.2.8 添加文字

统计信息图添加文字的过程如下所示。

步骤01 选择“文字工具”，设置填充颜色为黑色、字体为黑体、字号大小为30pt，在窗口中的合适位置输入文字并移动至合适位置，如图6-48所示。

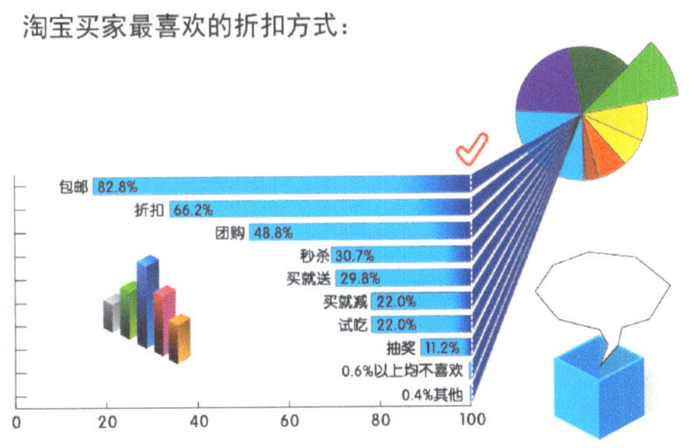

图 6-48 输入文字并移动至合适位置

步骤02 选择“文字工具”，设置填充颜色为黑色、字体为华文楷体，字号大小为20pt，在窗口中的合适位置输入文字并移动至合适位置，如图 6-49 所示。

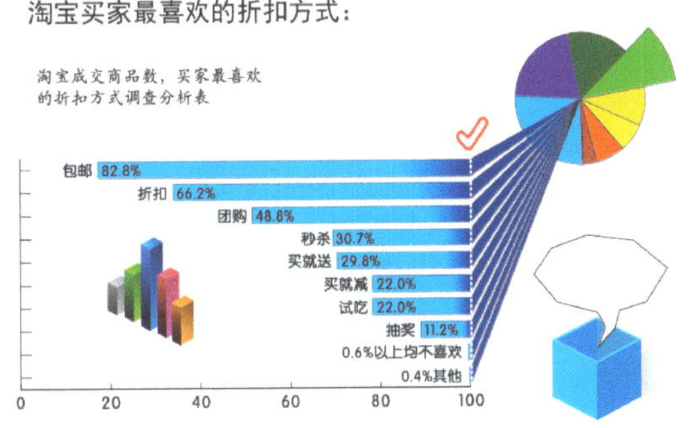

图 6-49 输入文字

步骤03 使用同样的方法，输入其他文字并移动至合适位置，如图 6-50 所示。

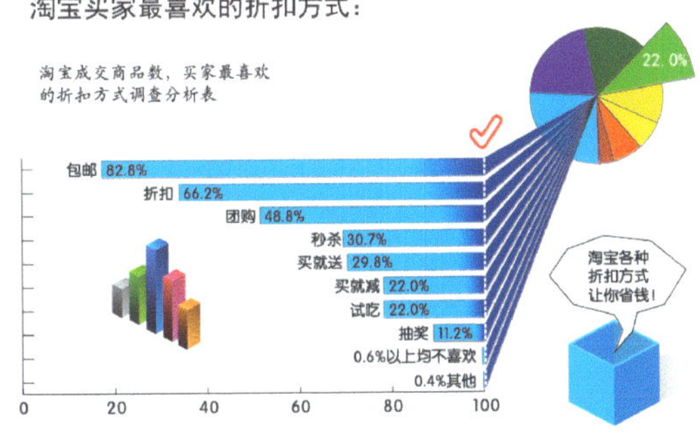

图 6-50 输入其他文字并调整位置

6.3 技巧放送——制作统计信息图的其他效果

上节介绍了统计信息图的制作，主要是运用 AI 中的条形图工具和饼图工具来制作统计信息图。除此之外，在 AI 中还可以使用柱形工具、堆积柱形图工具、堆积条形图工具、折线工具、面积图工具、散点图工具和雷达图工具制作统计信息图。下面介绍使用 AI 中的工具制作统计信息图其他几种效果的方法。

6.3.1 柱形统计信息图

在工具栏中选择“柱形工具”，在编辑窗口中单击并拖动鼠标，确定图形大小和位置，在弹出的图表数据窗口输入相应数据，如图 6-51 所示，单击“应用”按钮，即创建数据图表，如图 6-52 所示。

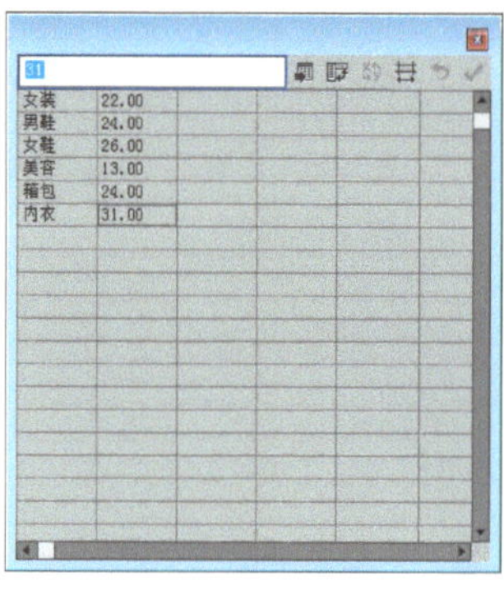

女装	22.00
男鞋	24.00
女鞋	26.00
美容	13.00
箱包	24.00
内衣	31.00

图 6-51 输入数据

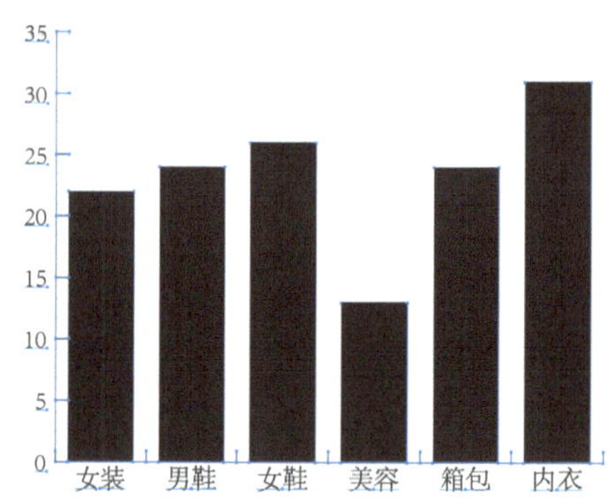

图 6-52 创建数据图表

用户也可以根据需要，将信息图取消编组，为柱形图填充颜色或者填充渐变效果，如图 6-53 所示。

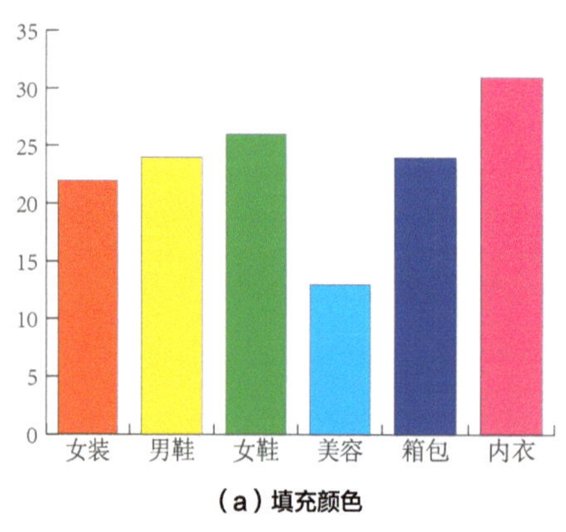

（a）填充颜色

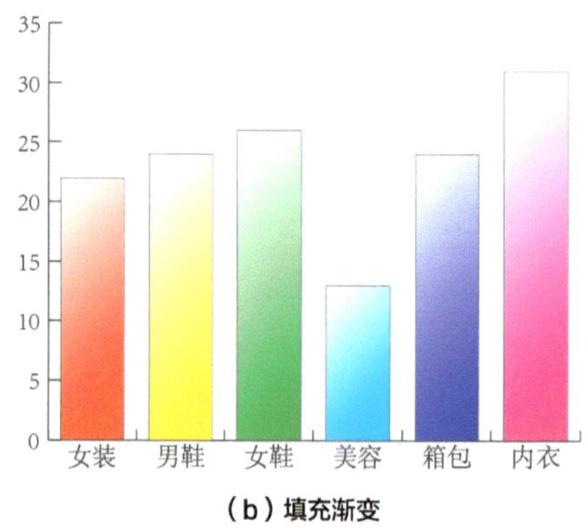

（b）填充渐变

图 6-53 柱形图填充效果

知识扩展

在图表数据窗口输入数据时，要从左往右输入，或者第一行从左往右输入后再从上往下输入，不能直接从上往下输入数据，否则，换第二列输入第一个数据后，除第一行以外的数据将会消失。

6.3.2 堆积柱形图统计信息图

使用同样的方法，在工具栏中选择“堆积柱形图工具”，在编辑窗口中单击并拖动鼠标，确定图形大小和位置，在弹出的图表数据窗口输入相应数据，如图 6-54 所示，单击“应用”按钮，即创建数据图表，如图 6-55 所示。

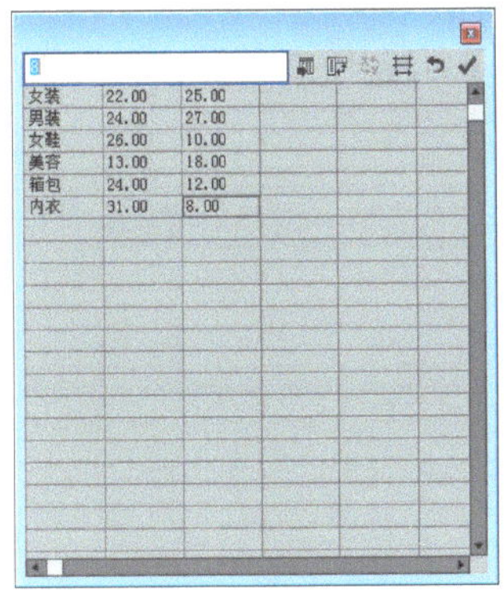

图 6-54 输入数据

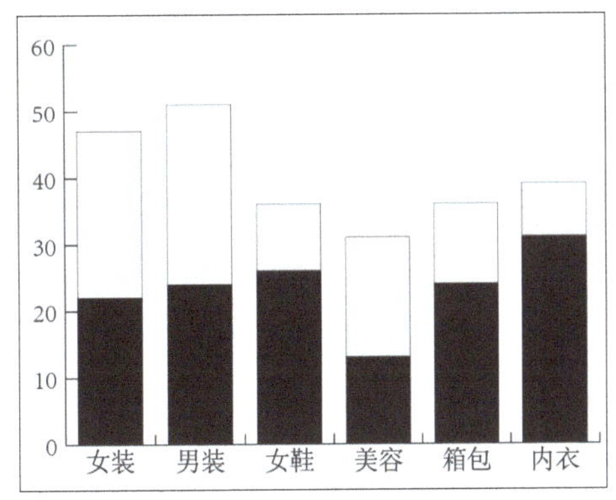

图 6-55 创建数据图表

读者也可以根据需要，将信息图取消编组，选择柱形图并为其填充颜色效果，如图 6-56 所示。

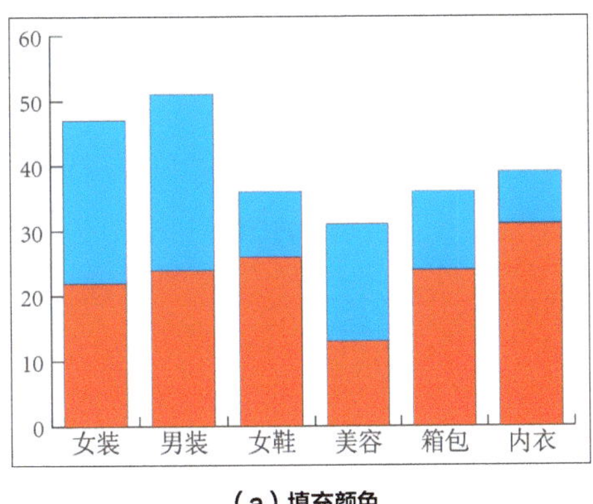

（a）填充颜色

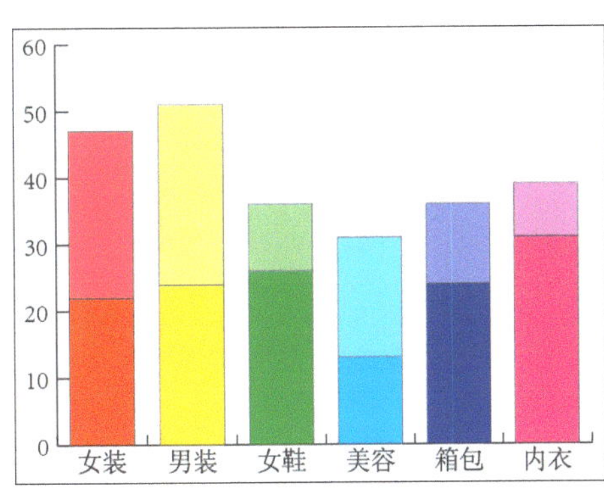

（b）填充渐变

图 6-56 填充效果

6.3.3 堆积条形图统计信息图

使用同样的方法，在工具栏中选择“堆积柱形图工具”，在编辑窗口中单击并拖动鼠标，确定图形大小和位置，在弹出的图表数据窗口输入相应数据，如图 6-57 所示，单击“应用”按钮，即创建数据图表，如图 6-58 所示。

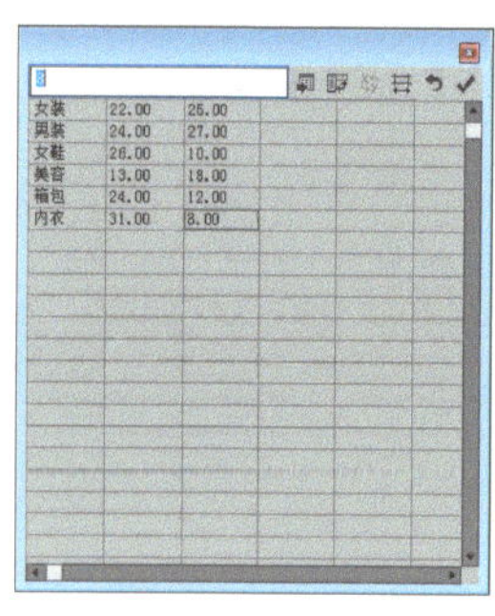

女装	22.00	25.00
男装	24.00	27.00
女鞋	26.00	10.00
美容	13.00	18.00
箱包	24.00	12.00
内衣	31.00	8.00

图 6-57 输入数据

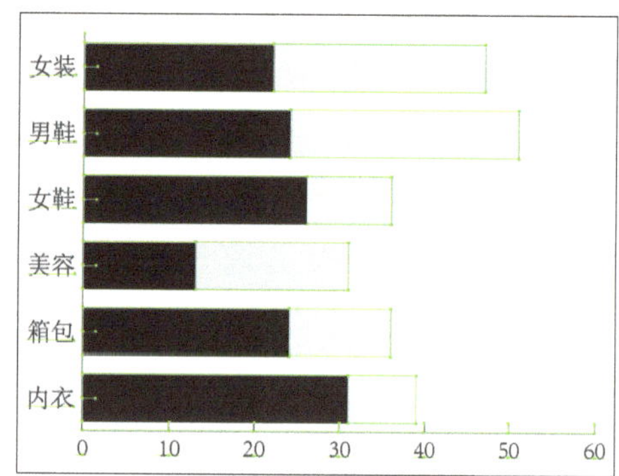

图 6-58 创建数据图表

读者也可以根据需要，将信息图取消编组，为柱形图填充颜色或者填充渐变效果，如图 6-59 所示。

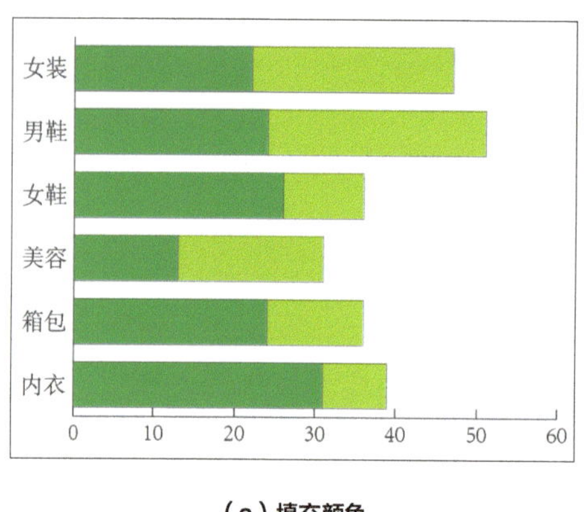

（a）填充颜色

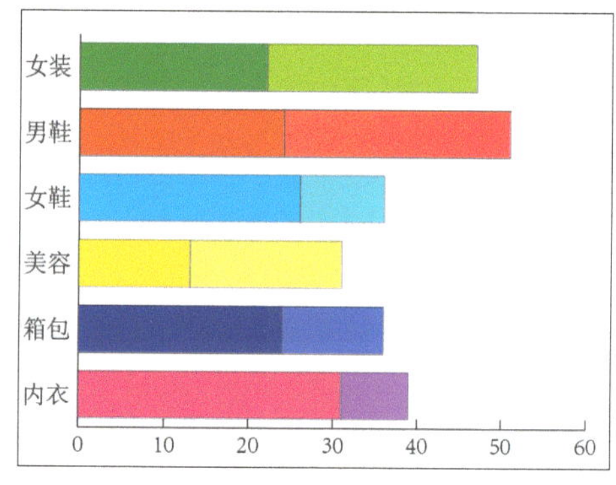

（b）填充渐变

图 6-59 填充效果

6.3.4 折线统计信息图

使用同样的方法，选取“堆积柱形图工具”，在弹出的图表数据窗口输入相应数据，创建数据图表，如图 6-60 所示。

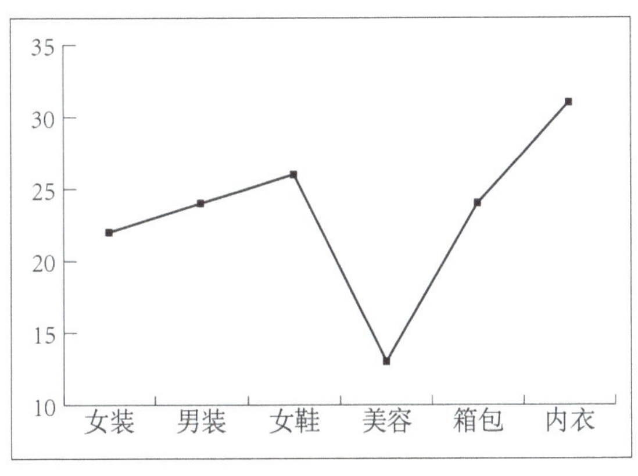

图 6-60 创建数据图表

6.4 举一反三——其他统计信息图效果展示

前面介绍了统计信息图的具体制作过程，本节再展示一下其他表格信息图的效果，帮助读者举一反三，根据自身需要制作出不同的统计信息图，可以添加背景效果、文字等元素，如图 6-61 所示。

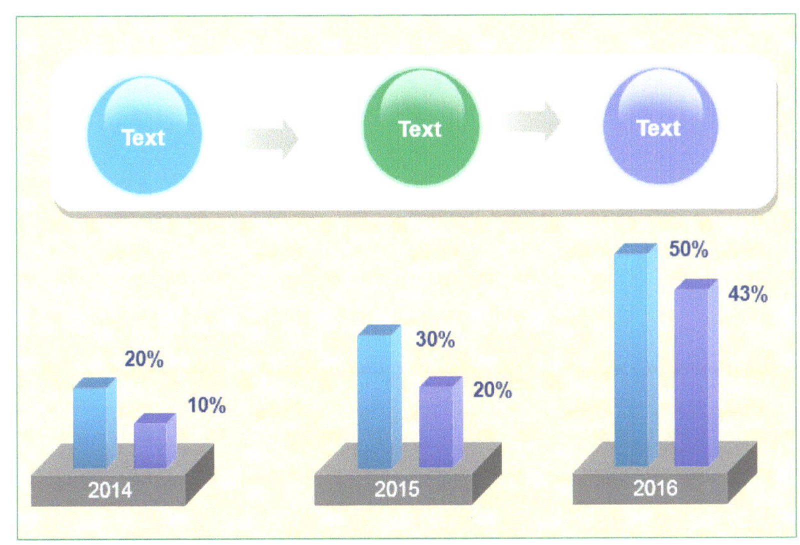

图 6-61 统计信息图效果展示

用户也可以在 AI 中选择各种工具制作各种统计信息图，如图 6-60 所示，如柱形工具、堆积柱形图工具、条形图工具、堆积条形图工具、折线工具、面积图工具、散点图工具、饼图工具和雷达图工具等。

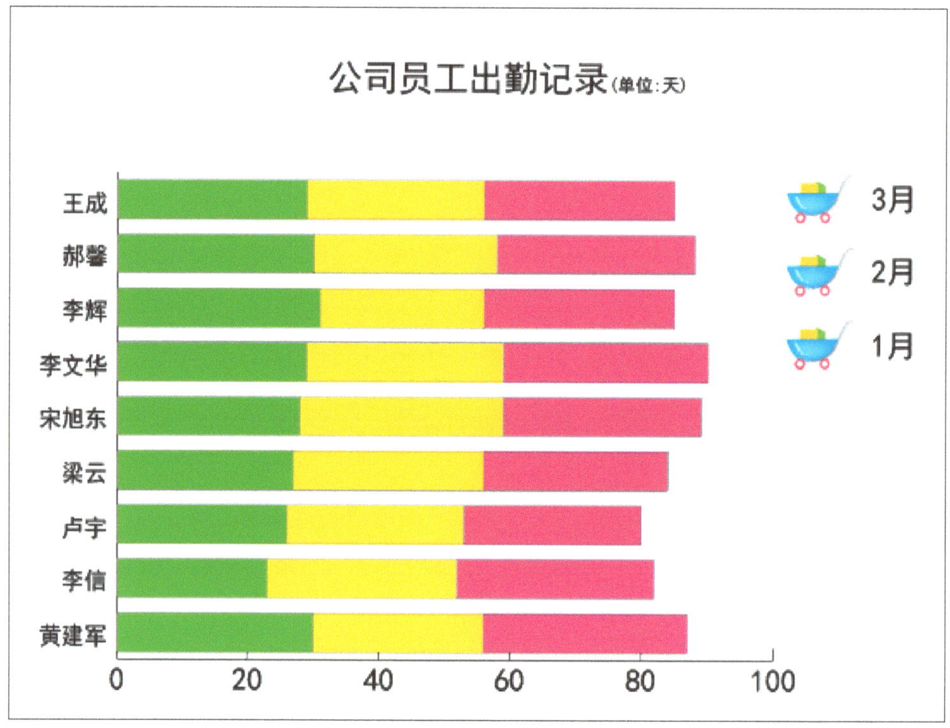

图 6-62 统计信息图效果展示

第 7 章

图解信息图的制作

7.1 图解信息图的特点

有些东西仅靠语言无法有效地传达，例如概念、产品使用方法、组装方法、结构、博物馆等场所的指示图、体育运动规则等。若要很好地解释，就需要通过插图或者运用图表、统计图与地图等相配合，或者是使用电脑制作网版和合成相片来进行说明，有时也会以肉眼看不到的视角来进行说明，讲解内部结构。在某些情况下，不使用任何文字也可以有效地传达，但大多数时候，信息图设计需要配以文字的补充讲解。接下来我们向读者介绍图解信息图的特点，以及用来制作图解信息图的软件。

7.1.1 什么是图解信息图

图解是指利用图形来分析和演算，主要是运用插图对事物进行说明。

之前图解、图表、表格、统计图、地图和图形符号被统称为“图解”，但是作为信息图这种新兴的可视化信息表现形式中的一部分，“图解”的意义是狭义上的。

图解信息图是以图片、图形、图表、表格以及文字等元素解释、分析数据信息，以图片的形式展现信息，如图 7-1 所示。

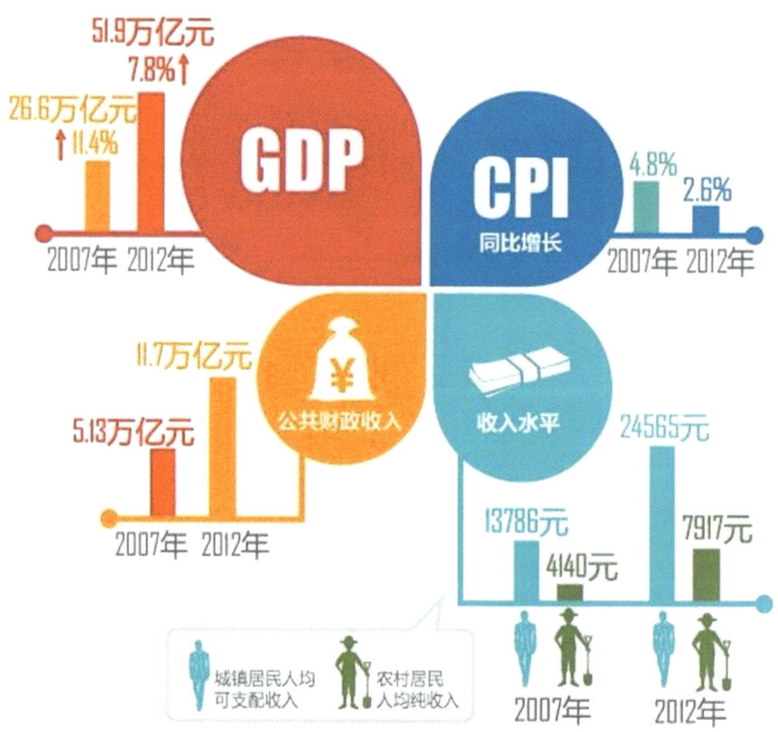

图 7-1 图解信息图样例

7.1.2 图解信息图的优势

图解信息图通过筛选信息、综合信息，对其进行对比分析，关注读者最想知道的部分，表现主题魅力，吸引读者的目光，创新出肉眼看不到的内部结构，引起读者的兴趣。当然，视角的选择很重要。

将差异简单明了地呈现出来，简略表达该行为产生的现象，考虑读者的阅读感受与立场，以美感消除恐惧，通过比喻通俗易懂地表现出长时间内发生的事，仅在读者关注的部分添加颜色，运用插图准确表达主题；可以制作模型，也可以利用箭头演绎空间与时间以帮助理解。

7.1.3 PS 软件的介绍

Adobe Photoshop 简称“PS”，是由 Adobe Systems 开发和发行的图像处理软件。PS 主要处理以像素所构成的数字图像。

PS 有很多功能在图像、图形、文字、视频、出版等方面都有涉及，使用其众多的编修与绘图工具，可以有效地进行图片编辑工作；当然也可以使用 PS 制作信息图，如图 7-2 所示。

图 7-2 使用 PS 制作的信息图

PS 的工作界面在原有基础上进行了创新，许多功能更加直观化、便捷化，其工作界面如图 7-3 所示。从图中可以看出，PS 的工作界面主要由菜单栏、工具箱、工具属性栏、图像编辑窗口、状态栏和浮动控制面板等 6 个部分组成。下面简单地对各组成部分进行介绍。

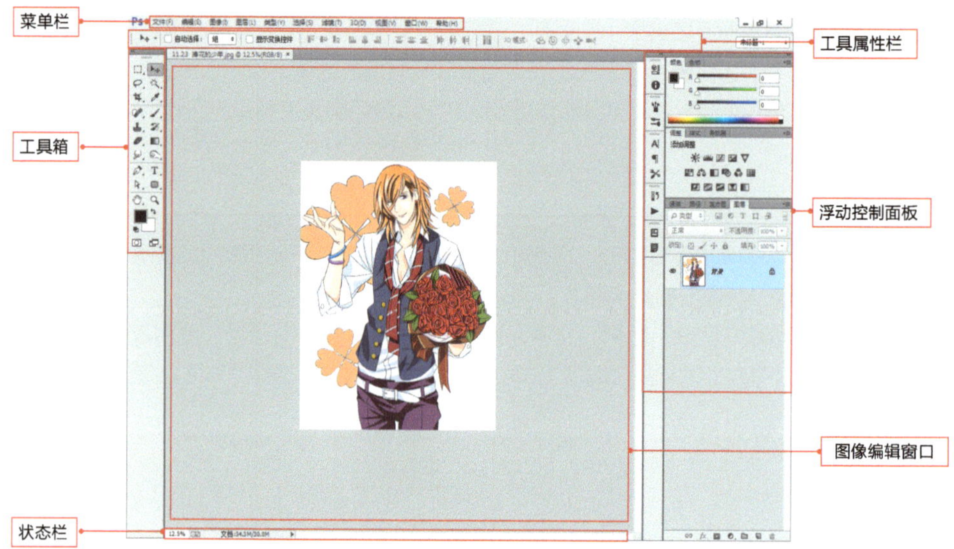

图 7-3 PS 工作界面

- 菜单栏：菜单栏包含可以执行的各种命令，单击菜单名称即可打开相应的菜单栏。
- 工具属性栏：工具属性栏用来设置工具的各种属性，它会随着所选工具的不同而变换内容。
- 工具箱：工具箱包含用于执行各种操作的工具，如创建选区、移动图像、绘画等。
- 状态栏：状态栏显示打开文档的大小、尺寸、当前工具和窗口缩放比例等信息。
- 图像编辑窗口：文档窗口是编辑图像的窗口。
- 浮动控制面板：浮动控制面板用来帮助用户编辑图像，设置图像编辑内容和设置图像颜色属性。

7.2 实战制作——图解信息图制作

本节以使用 PS 制作《手机 APP 界面图标图解信息图》为例，主要介绍制作图解信息图的过程。

7.2.1 设计理念

图解信息图制作的流程如下所示。

① 制作图解信息图的元素

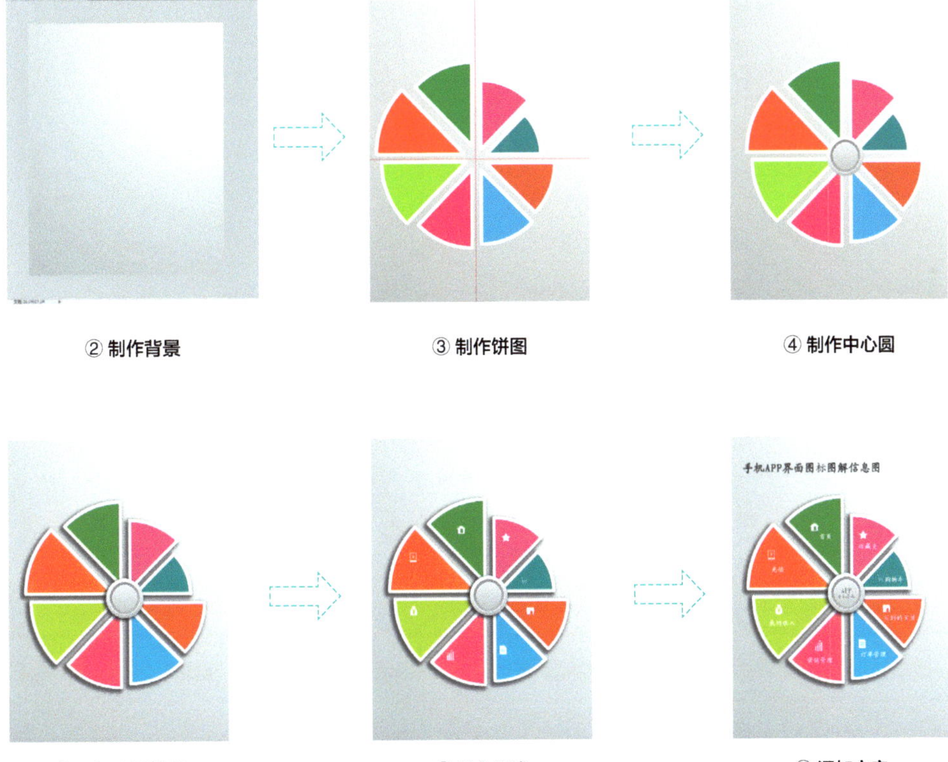

② 制作背景

③ 制作饼图

④ 制作中心圆

⑤ 添加阴影效果

⑥ 导入元素

⑦ 添加文字

7.2.2 图解信息图 8 个元素的制作

本节主要介绍图解信息图元素的制作。

1. 首页

图解信息图“首页”元素的制作过程如下所示。

步骤01 新建名称为“首页”，宽、高均为200像素的空白文件，在工具栏中选择“钢笔工具”，如图7-4所示。

步骤02 将鼠标移至图像编辑窗口中的合适位置，单击鼠标左键，确认路径的第一个锚点，如图7-5所示。

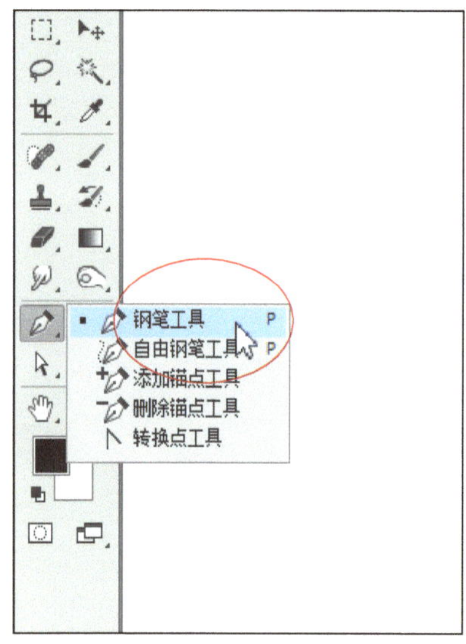

图 7-4 选择“钢笔工具”

图 7-5 确认第一个锚点

用户可以直接在工具栏中选择“钢笔工具”，也可以敲击键盘快捷键【P】；调整路径锚点时可以直接在工具栏中选择“直接选择工具”，也可以敲击键盘快捷键【A】。

步骤03 在窗口中的合适位置单击鼠标左键，创建第2个锚点并拖出控制柄，以便于后续修改，如图7-6所示。

步骤04 使用同样的方法，绘制出图形的路径，最后一个锚点在第一个锚点上单击并拖动，一个闭合路径的图形完成，如图7-7所示。用户可以选择“直接选择工具”或者敲击键盘快捷键【A】，对路径进行调整。

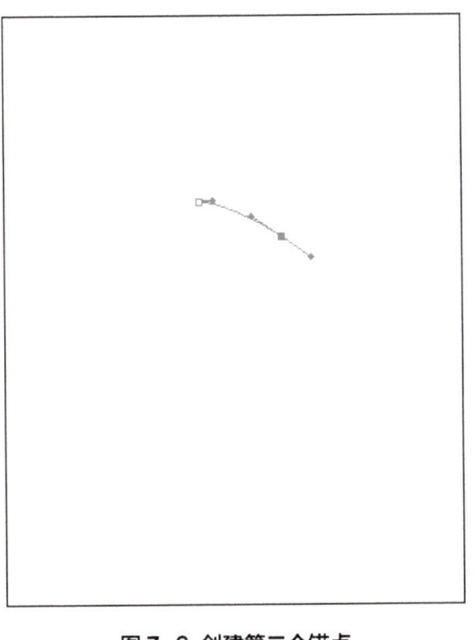

图 7-6 创建第二个锚点

图 7-7 完成闭合路径

步骤 05 设置前景色为黑色，单击“窗口”|“路径”命令，弹出“路径”面板，在面板中单击“用前景色填充路径”按钮，如图 7-8 所示。

步骤 06 执行上述操作后，即可为路径填充颜色，在路径面板中的空白处打击，取消“工作路径”的选择，如图 7-9 所示。

图 7-8 单击“用前景色填充路径”按钮

图 7-9 取消“工作路径”的选择

步骤 07 在工具栏中选择“圆角矩形工具”，如图 7-10 所示，设置“选择工具模式”为像素、“半径”为 10 像素。

步骤08 新建图层，在图像编辑窗口中的合适位置绘制一个圆角矩形，按住【Ctrl】键弹出圆角矩形选区，选择黑色图形所在的图层，点击【Delete】键删除选区的部分，并取消选区，如图 7-11 所示。

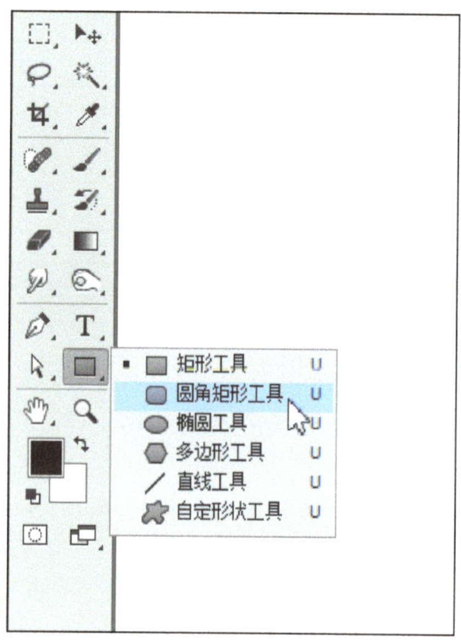

图 7-10 选择“圆角矩形工具”

图 7-11 取消选区

“路径”面板底部一共有 7 个按钮，分别是“用前景色填充路径”按钮、“用画笔描边”按钮、“将路径作为选区载入”按钮、“从选区生成工作路径”按钮、“添加图层蒙版”按钮、“创建新路径”按钮和“删除当前路径”按钮，这些按钮只有在合适的情况下才能正常使用。

2. 收藏夹

图解信息图“收藏夹”元素的制作过程如下所示。

步骤01 新建名称为“收藏夹”，宽、高均为 200 像素的空白文件，设置前景色为黑色，在工具栏中选择“自定形状工具”，如图 7-12 所示。

步骤02 设置“选择工具模式”为像素，单击“形状”右侧的下拉按钮，在弹出的下拉列表框中选择“五角星”选项，如图 7-13 所示。

步骤03 在图像编辑窗口中的合适位置绘制一个五角星，如图 7-14 所示。

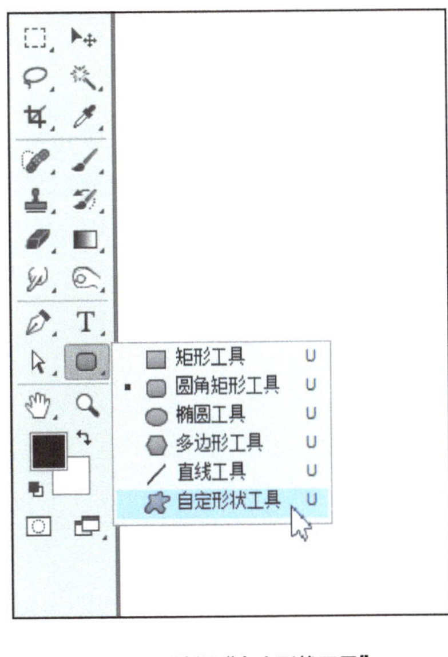

图 7-12 选择“自定形状工具”

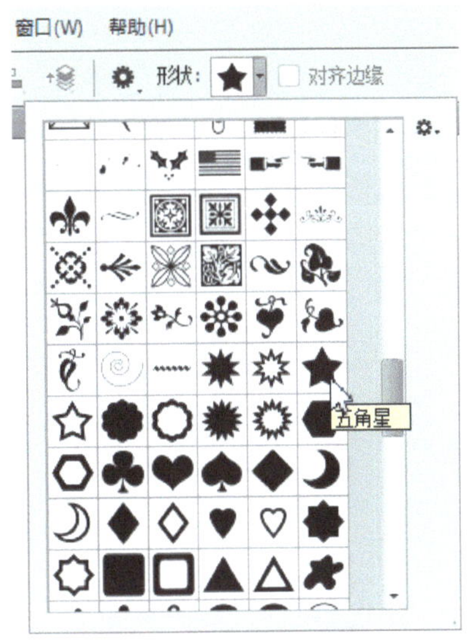

图 7-13 选择“五角星”选项

图 7-14 绘制一个五角星

3. 购物车

图解信息图“购物车”元素的制作过程如下所示。

步骤01 新建名称为“购物车”，宽、高均为 200 像素的空白文件，设置前景色为黑色，在工具栏中选择“画笔工具”，在图像编辑窗口中的任意位置单击鼠标右键，在弹出的快捷菜单中设置“大小”为 15 像素，在下方的选项框中选择相应画笔，如图 7-15 所示。

步骤02 选取“钢笔工具”，在图像编辑窗口中的合适位置绘制一条路径，如图 7-16 所示。

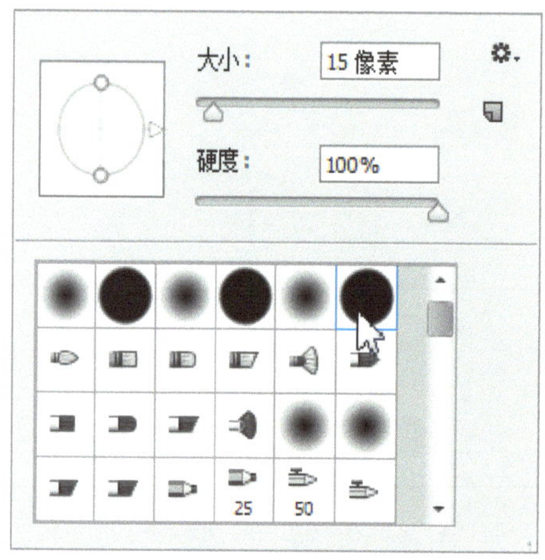

图 7-15 选择相应画笔

图 7-16 绘制一条路径

步骤03 弹出“路径”面板，在面板中单击“用画笔描边路径”按钮，如图 7-17 所示。

步骤04 执行上述操作后，即可为路径添加描边效果，如图 7-18 所示。

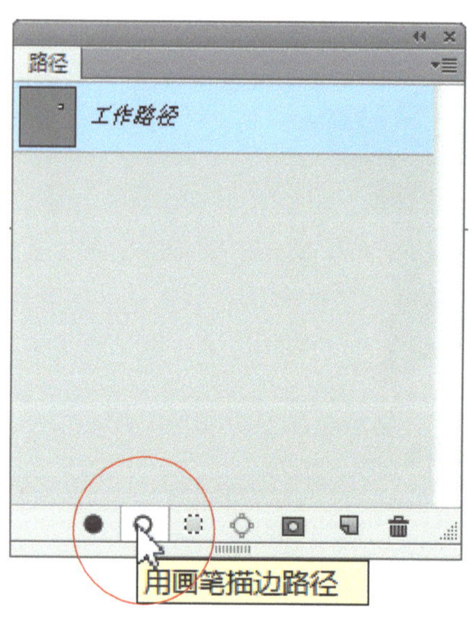

图 7-17 单击“用画笔描边路径”按钮

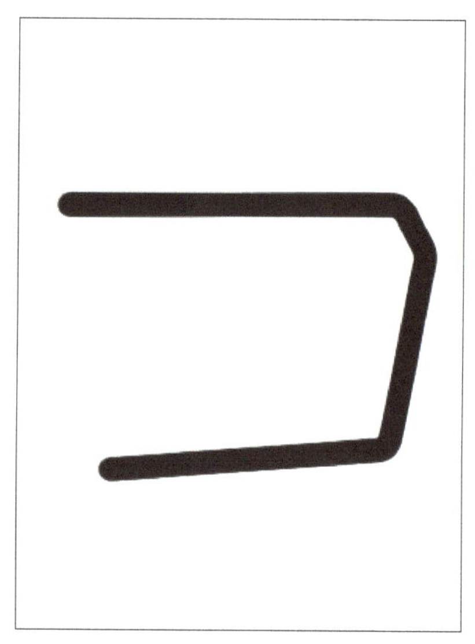

图 7-18 为路径添加描边效果

步骤05 使用同样的方法绘制出其他的路径，并为其添加描边效果，如图 7-19 所示。

步骤06 选取“椭圆工具”，在图像编辑窗口中的合适位置绘制一个圆，调整其位置和大小；复制圆并移动至合适位置，如图 7-20 所示。

图 7-19 绘制其他路并添加描边效果

图 7-20 复制圆形并移动至合适位置

4. 买到的宝贝

图解信息图“买到的宝贝”元素的制作过程如下所示。

步骤01 新建名称为“买到的宝贝”，宽、高均为200像素的空白文件，选取“圆角矩形”工具，如图 7-21 所示，设置“选择工具模式”为像素、“半径”为 10 像素。

步骤02 在图像编辑窗口中的合适位置绘制一个黑色的圆角矩形，如图 7-22 所示。

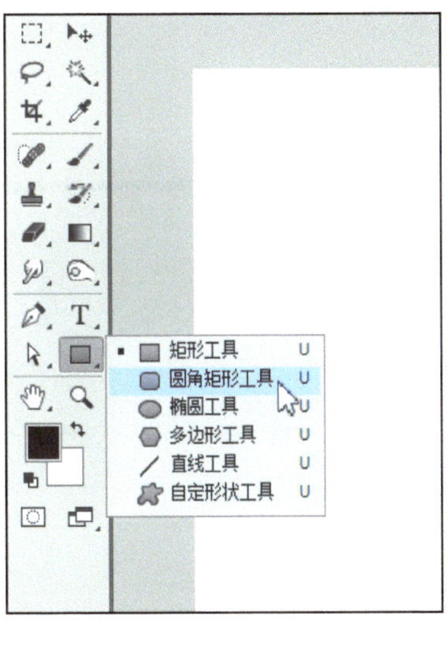

图 7-21 选取“圆角矩形”工具

图 7-22 绘制黑色圆角矩形

步骤03 点击【Ctrl+T】组合键，弹出控制框，在控制框上方单击鼠标右键，在弹出的快捷菜单栏中选择“透视”选项，如图 7–23 所示。

步骤04 调整矩形形状，按【Enter】键确认，如图 7–24 所示。

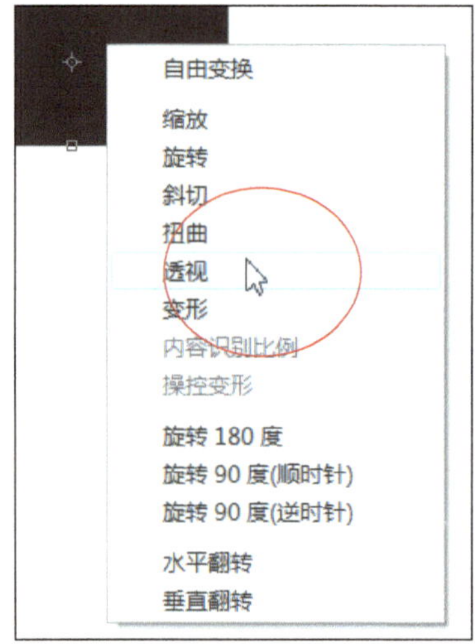

图 7–23 选择“透视”选项

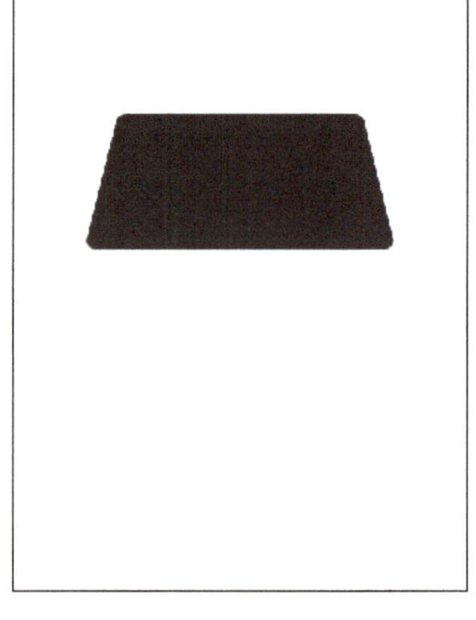

图 7–24 调整矩形形状

步骤05 使用同样的方法，在变形圆角矩形的下方绘制一个圆角矩形，如图 7–25 所示。

步骤06 新建图层，设置前景色为白色，选取“圆角矩形工具”，设置“半径”为 80 像素，在图像编辑窗口中的合适位置绘制圆角矩形，如图 7–26 所示。

图 7–25 绘制圆角矩形

图 7–26 绘制前景色为白色的圆角矩形

步骤07 选取“椭圆选区”工具，在合适位置绘制选区，单击“编辑”|“描边”命令，弹出“描边”对话框，设置“宽度”为5像素、“颜色”为白色，单击“确定”按钮，取消选区，复制两个圆并移动至合适位置，如图7-27所示。

步骤08 选取“矩形选框工具”，在窗口中的合适位置建立矩形选区，点击【Delete】键删除不要的部分，并取消选区，按住【Ctrl】键弹出圆角矩形选区，选择黑色图形所在的图层，点击【Delete】键删除选区部分，并取消选区，效果如图7-28所示。

图7-27 复制圆并移动至合适位置

图7-28 取消选区效果

5. 订单管理

图解信息图“订单管理”元素的制作过程如下所示。

步骤01 新建名称为“订单管理”，宽、高均为200像素的空白文件，设置前景色为黑色，选取“矩形工具”工具，设置“选择工具模式”为像素，在图像编辑窗口中的合适位置绘制一个矩形，如图7-29所示。

步骤02 选取“矩形选框工具”，在窗口中的合适位置建立矩形选区，选取“移动工具”，将选区移动至合适位置，如图7-30所示，取消选区。

步骤03 选取“多边形套索工具”，在窗口中的合适位置建立多边形选区，点击【Delete】键删除选区的部分，并取消选区，如图7-31所示。

步骤04 选取“矩形工具”，新建图层，绘制一个矩形，复制2次，并调整其位置，弹出3个矩形的选区，选择黑色图形的图层，点击【Delete】键删除选区的部分，并取消选区，效果如图7-32所示。

图 7-29 绘制一个矩形

图 7-30 将选区移动至合适位置

图 7-31 取消选区

图 7-32 取消选区效果

用户可以直接选择“矩形工具”，也可以使用“钢笔工具”自己绘制。在绘制路径的过程中，按住【Shift】键并点击鼠标左键，可以绘制出 45° 、水平或者垂直路径的线段。

6. 营销管理

图解信息图“营销管理”元素的制作过程如下所示。

步骤01 新建名称为“营销管理”，宽、高均为200像素的空白文件，设置前景色为黑色，选取“矩形工具”，设置“选择工具模式”为像素，在图像编辑窗口中的合适位置绘制一个矩形，如图7-33所示。

步骤02 复制3次矩形，调整其位置和大小，效果如图7-34所示。

步骤03 选取“钢笔工具”，在图像编辑窗口中的合适位置绘制一个箭头的路径，如图7-35所示。

步骤04 弹出“路径”面板，在面板中单击“用前景色填充路径”按钮，为箭头填充黑色，并取消路径的选择，如图7-36所示。

图7-33 绘制一个矩形

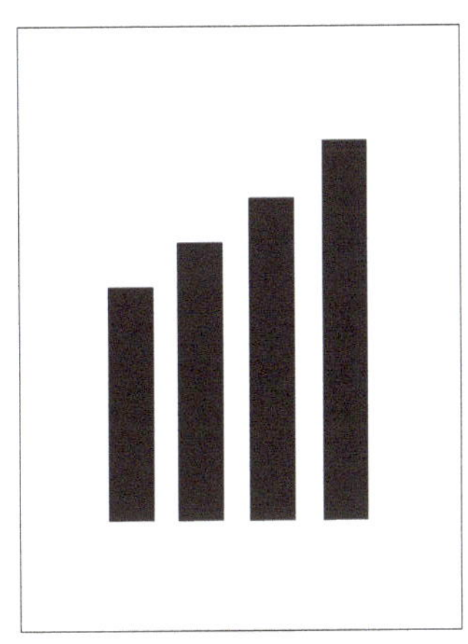

图7-34 调整矩形的位置和大小

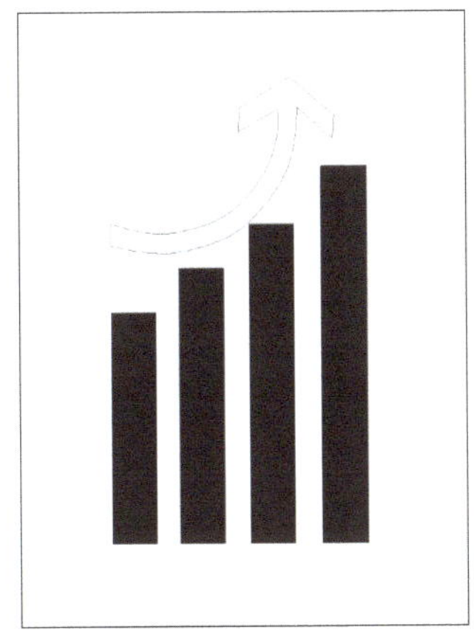

图7-35 绘制箭头的路径

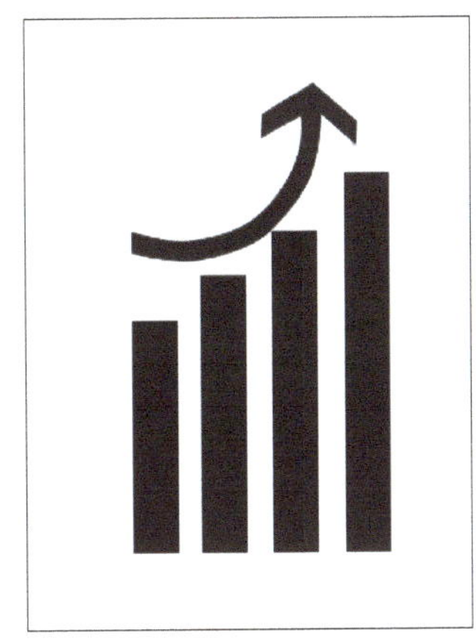

图7-36 为箭头填充黑色

7. 我的收入

图解信息图“我的收入”元素的制作过程如下所示。

步骤01 新建名称为“我的收入”，宽、高均为 200 像素的空白文件，打开“路径”素材，弹出“路径”面板，选择“路径 1”，弹出路径，如图 7–37 所示。

步骤02 在“路径”面板中单击“用前景色填充路径”按钮，为路径填充黑色，并取消路径的选择，如图 7–38 所示。

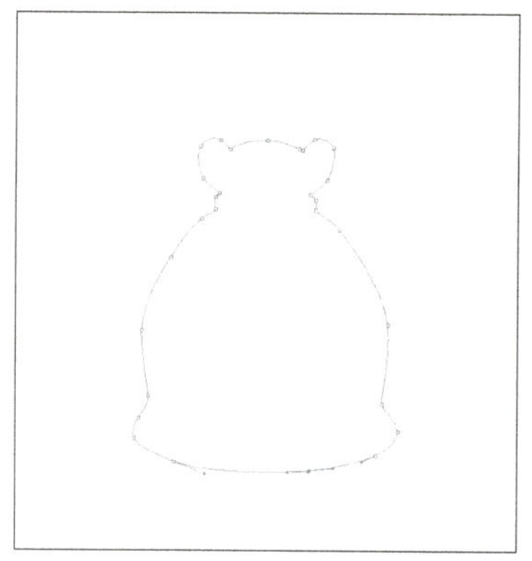

图 7–37 弹出路径

图 7–38 为路径填充黑色

步骤03 选取“椭圆选区工具”，新建图层，在图像编辑窗口中的合适位置建立选区，单击“编辑”|“描边”命令，弹出“描边”对话框，设置“宽度”为 10 像素、“颜色”为白色，单击“确定”按钮，取消选区，调整椭圆的位置，并弹出椭圆描边后的选区。选择黑色图形的图层，点击【Delete】键删除选区的部分，并取消选区，如图 7–39 所示。

步骤04 弹出“路径”面板，选择“工作路径”，单击“将路径作为选区载入”按钮，点击【Delete】键删除选区的部分，并取消选区，如图 7–40 所示。

图 7–39 取消选区

图 7–40 取消选区

8. 充值

图解信息图“充值”元素的制作过程如下所示。

步骤01 新建名称为“充值”，宽、高均为200像素的空白文件，选取“矩形工具”，设置前景色为黑色、“选择工具模式”为像素，在图像编辑窗口中绘制一个矩形，如图7-41所示。

步骤02 新建图层，设置前景色为白色，在黑色矩形的上方绘制一个矩形，并调整大小和位置，如图7-42所示。

步骤03 选取“椭圆工具”，在白色矩形的下方绘制一个圆，并调整大小和位置。弹出白色矩形和圆的选区，选择黑色矩形所在的图层，点击【Delete】键删除，并取消选区，如图7-43所示。

步骤04 打开“路径”素材，弹出“路径”面板，选择“工作路径”，单击“用前景色填充路径”按钮，复制并粘贴图形至“充值”文件中，调整大小和位置，如图7-44所示。

图7-41 绘制一个矩形

图7-42 调整白色矩形的大小和位置

图7-43 取消选区

图7-44 调整图形的大小和位置

7.2.3 制作背景

图解信息图背景的制作过程如下所示。

步骤01 新建一副名称为“手机 APP 界面图标图解信息图”、宽度为 200 毫米、高度为 250 毫米的空白文件，如图 7-45 所示。

步骤02 选择“渐变工具”，在工具属性栏中单击“点按可编辑渐变”按钮，弹出“渐变编辑器”对话框，在对话框中设置渐变颜色为浅灰色到灰色，如图 7-46 所示。

图 7-45 创建空白文件

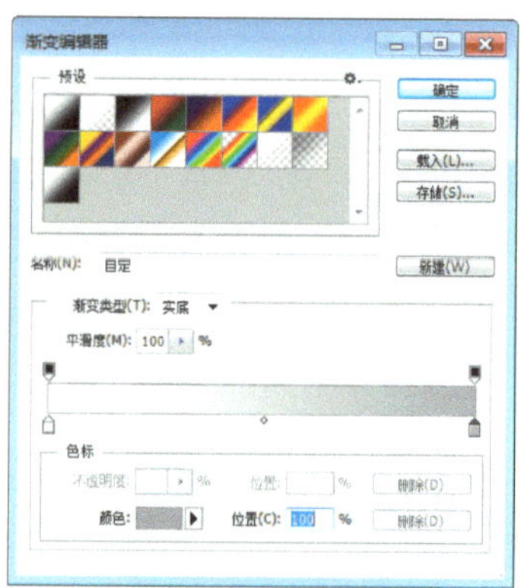

图 7-46 设置渐变颜色

步骤03 单击“确定”按钮，单击“径向渐变”按钮，在窗口中的右上角单击鼠标左键并拖至左下角，为背景图层添加径向渐变效果，如图 7-47 所示。

图 7-47 为背景图层添加径向渐变效果

7.2.4 制作饼图

图解信息图饼图的制作过程如下所示。

步骤01 新建图层，选取“椭圆工具”，设置“前景色”为紫色、“选择工具模式”为像素，按住【Shift】键，在窗口中的合适位置绘制一个正圆，调整大小和位置，如图7-48所示。

步骤02 敲击【Ctrl+R】组合键，拉出红色参考线，移动参考线至正圆中心位置，如图7-49所示。

图7-48 调整正圆的大小和位置

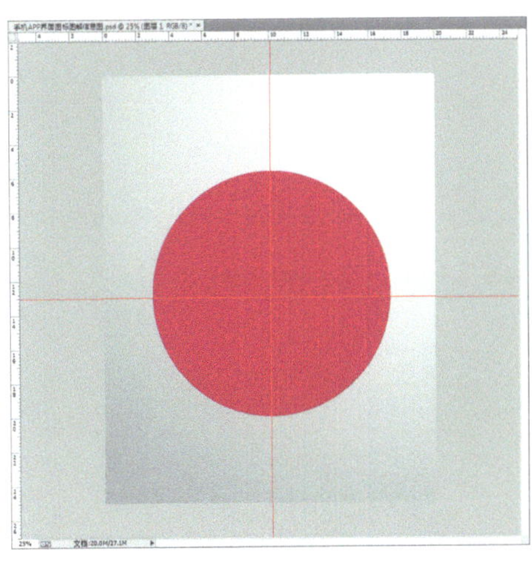

图7-49 移动参考线

步骤03 选取“矩形选框工具”，在编辑窗口中框选正圆的四分之一并建立选区，复制并粘贴选区内容，为选区填充白色，并取消选区，如图7-50所示。

步骤04 敲击【Ctrl+T】组合键，弹出变换控制框，在工具属性栏中“设置旋转”文本框内输入40，敲击【Enter】键两下，即可旋转图形、调整图形的位置，如图7-51所示。

步骤05 选取“矩形选框工具”，在编辑窗口中框选旋转图形的一半，取消选区，并为其填充绿色，单击“指示图层可见性”按钮，将“图层1”隐藏，如图7-52所示。

步骤06 复制“图层2”的图层图像，将其旋转45°，移动至合适位置，并为其填充红色，如图7-53所示。

图 7-50 取消选区

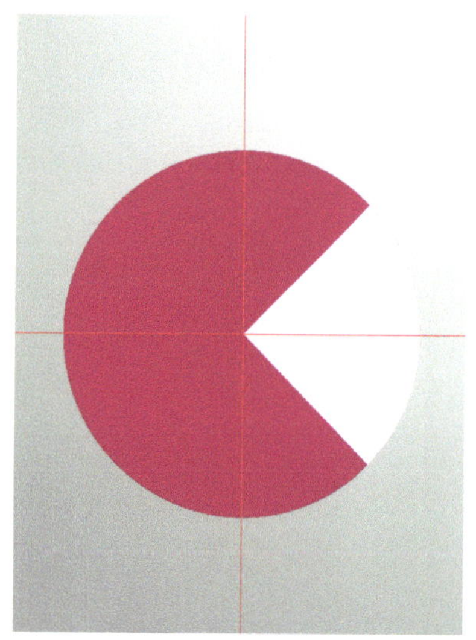

图 7-51 调整图形的位置

图 7-52 将“图层 1”隐藏

图 7-53 为“图层 2”图层图像填充红色

步骤07 使用同样的方法，复制 6 次，旋转并移动至合适位置，并更改其颜色，如图 7-54 所示。

步骤08 选择“图层 2”图层，敲击【Ctrl+T】组合键，弹出控制框，按住【Shift】键，调整图形的大小和位置，如图 7-55 所示。

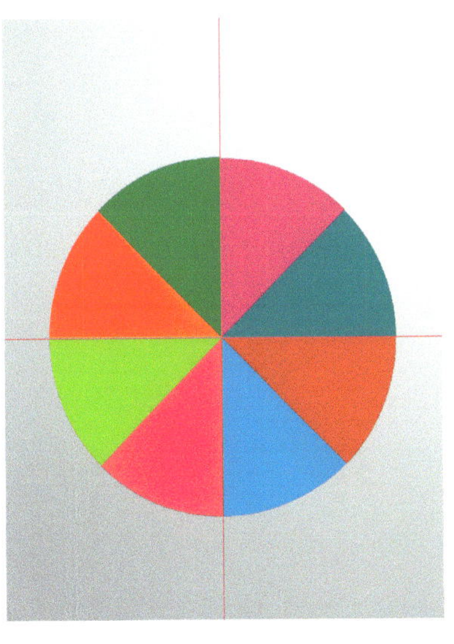

图 7-54 更改颜色

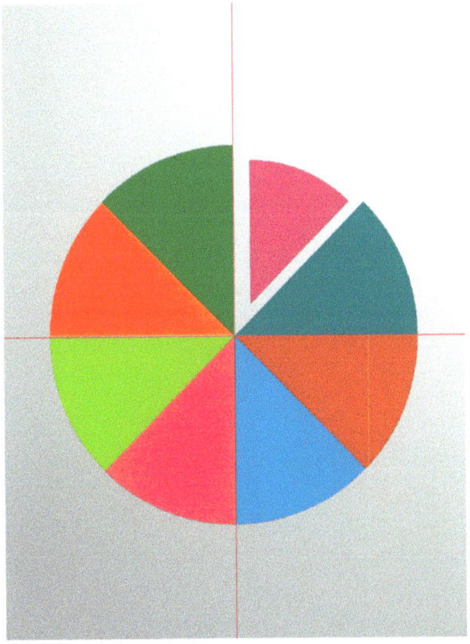

图 7-55 调整图形的大小和位置

步骤09 使用同样的方法，将其他 7 个图形的大小和位置进行调整，如图 7-56 所示。

步骤10 单击“编辑”|“描边”命令，如图 7-57 所示。

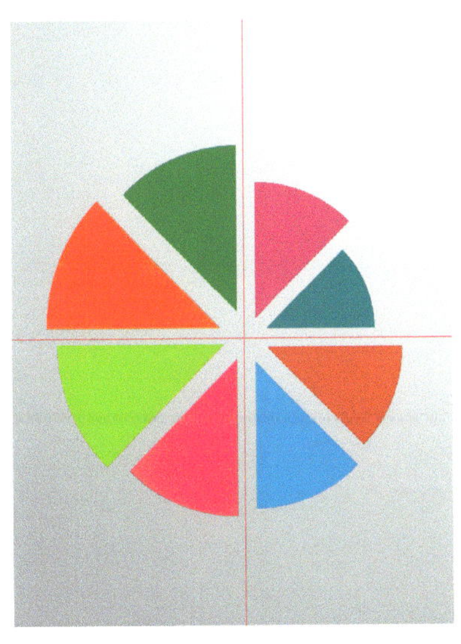

图 7-56 调整其他 7 个图形的大小和位置

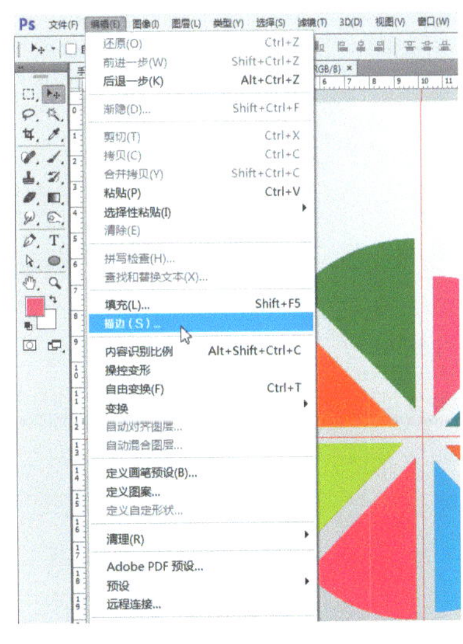

图 7-57 单击“编辑”|“描边”命令

步骤11 在弹出的“描边”对话框中，设置“宽度”为 30 像素、“颜色”为白色，单击“确定”按钮，即可为图形添加描边效果，如图 7-58 所示。

步骤12 使用同样的方法为其他图形添加描边效果，如图 7-59 所示。

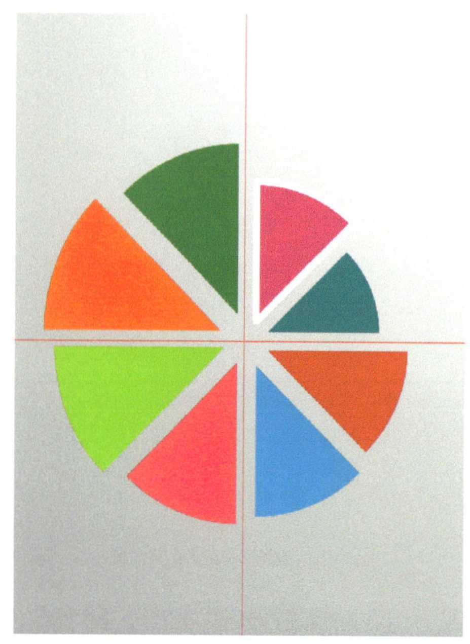

图 7-58 为图形添加描边效果

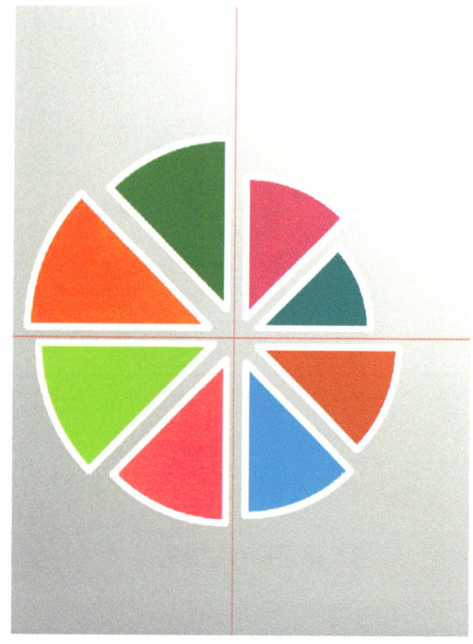

图 7-59 为其他图形添加描边效果

7.2.5 制作中心圆

图解信息图中心圆的制作过程如下所示。

步骤 01 新建图层，选取“椭圆选框”工具，在编辑窗口中的合适位置建立选区，为选区添加浅灰色到灰色的线性渐变，如图 7-60 所示。

步骤 02 新建图层，单击“选择”|“修改”|“收缩”命令，弹出“收缩选区”对话框，在其中设置“收缩量”为 30 像素，单击“确定”按钮。单击“选择”|“修改”|“平滑”命令，弹出“平滑选区”对话框，在其中设置“取样半径”为 30 像素，单击“确定”按钮。为选区填充深灰色到灰色的线性渐变，并取消选区，如图 7-61 所示。

步骤 03 新建图层，单击“选择”|“修改”|“收缩”命令，弹出“收缩选区”对话框，在其中设置“收缩量”为 25 像素，单击“确定”按钮。单击“选择”|“修改”|“平滑”命令，弹出“平滑选区”对话框，在其中设置“取样半径”为 30 像素，单击“确定”按钮。为选区填充深灰色到灰色的线性渐变，并取消选区，如图 7-62 所示。

步骤 04 新建图层，单击“编辑”|“描边”命令，弹出“描边”对话框，设置“宽度”为 5 像素、“颜色”为白色，单击“确定”按钮，并取消选区。单击“添加图层蒙版”按钮，创建蒙版图层，选择渐变工具，为蒙版图层添加渐变颜色为白色到黑色的线性渐变，如图 7-63 所示。

图 7-60 为选区添加线性渐变

图 7-61 为选区填充渐变并取消选区

图 7-62 为选区填充渐变并取消选区

图 7-63 为蒙版图层添加线性渐变

步骤05 新建图层，使用同样的方法，弹出“图层 4”图层图形的选区，并添加描边和蒙版效果，如图 7-64 所示。

步骤06 单击“视图”|“清除参考线”命令，清除参考线，如图 7-65 所示。

图 7-64 添加描边和蒙版效果

图 7-65 清除参考线

7.2.6 添加阴影效果

图解信息图阴影效果的制作过程如下所示。

步骤 01 双击“图层 3”图层，弹出“图层样式”对话框，选中“阴影”复选框，在其中设置“颜色”为黑色、“角度”为 45°、“距离”为 20 像素、“扩展”为 20%、“大小”为 40 像素，单击“确定”按钮，为其添加投影效果，效果如图 7-66 所示。

图 7-66 为图层 3 添加投影效果

步骤02 双击“图层 2 拷贝 7”图层，弹出“图层样式”对话框，选中“阴影”复选框，在其中设置“颜色”为灰色、“角度”为 45° 、“距离”为 30 像素、“扩展”为 30%、“大小”为 40 像素，单击“确定”按钮，为其添加投影效果，效果如图 7-67 所示。

图 7-67 为图层 2 添加投影效果

步骤03 在“图层 2 拷贝 7”图层上单击鼠标右键，在弹出的快捷菜单中选择“拷贝图层样式”选项，如图 7-68 所示。

步骤04 在“图层 2 拷贝 6”图层上单击鼠标右键，在弹出的快捷菜单中选择“粘贴图层样式”选项，如图 7-69 所示。

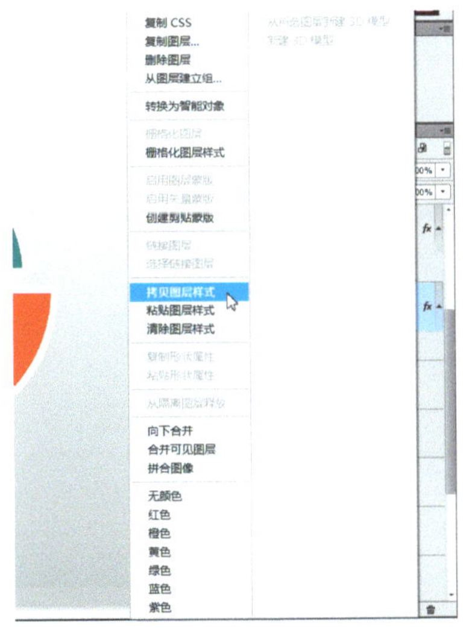

图 7-68 选择“拷贝图层样式”选项

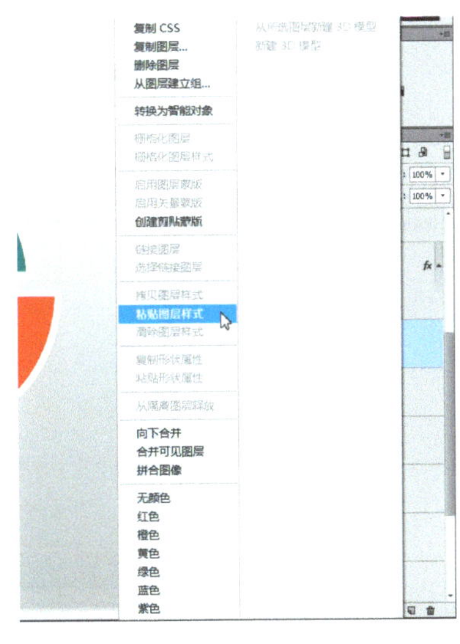

图 7-69 选择“粘贴图层样式”选项

步骤05 执行上述操作后，即可粘贴图层样式，效果如图 7-70 所示。

步骤06 使用同样的方法，为其他的图层粘贴图层样式，效果如图 7-71 所示。

图 7-70 粘贴图层样式效果

图 7-71 为其他图层粘贴图层样式

7.2.7 导入元素

图解信息图元素的导入过程如下所示。

步骤01 单击“文件”|“打开”命令，如图 7-72 所示。

步骤02 弹出“打开”对话框，在计算机中的合适位置选择“首页”文件，如图 7-73 所示，单击“打开”按钮。

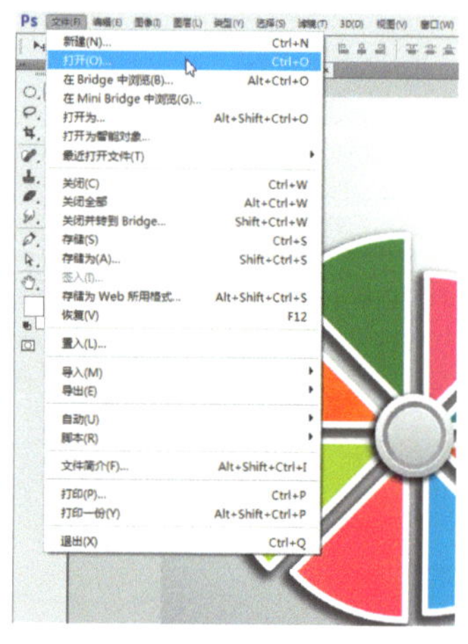

图 7-72 单击“文件”|“打开”命令

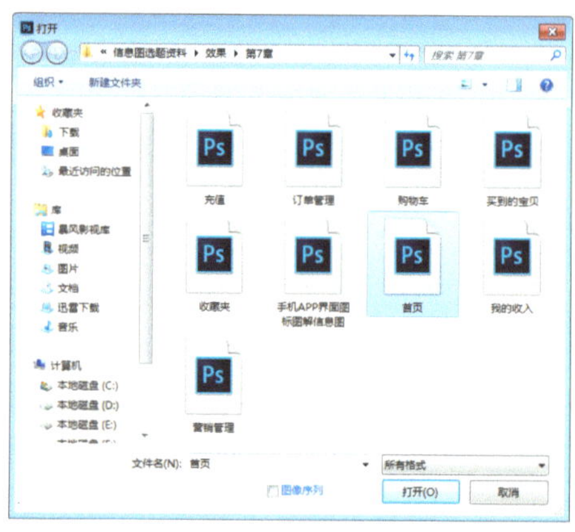

图 7-73 选择“首页”文件

步骤03 执行上述操作后即可打开“首页”，如图 7-74 所示。

步骤04 选择相应图层，并将其拖曳至“手机 APP 界面图标图解信息图”图像编辑窗口中，调整图形至合适位置，如图 7-75 所示。

图 7-74 打开“首页”

图 7-75 调整图形至合适位置

步骤05 选取“魔棒工具”，选取“首页”图形建立选区，为其填充白色，取消选区，如图 7-76 所示。

步骤06 使用同样的方法，将其他元素拖曳至“手机 APP 界面图标图解信息图”图像编辑窗口中，调整图形至合适位置，更改黑色为白色，如图 7-77 所示。

图 7-76 取消选区

图 7-77 更改黑色图形为白色

7.2.8 添加文字

图解信息图文字的添加过程如下所示。

步骤01 选取工具箱中横排文字工具，在图像上单击鼠标左键，确认插入点，设置字体为楷体、字号大小为 25 点、颜色为黑色，单击“仿粗体”按钮，输入标题文字，如图 7-78 所示。

步骤02 在编辑窗口中的合适位置确认插入点，设置字体为楷体、字号大小为 15 点、颜色为白色，输入“首页”元素名称文字，如图 7-79 所示。

步骤03 使用同样的方法，输入其他的元素名称文字，如图 7-80 所示。

步骤04 在编辑窗口中中心圆形的位置，继续输入文字，将字号大小更改为 10 点，输入文字，效果如图 7-81 所示。

图 7-78 输入标题文字

图 7-79 输入“首页”元素名称文字

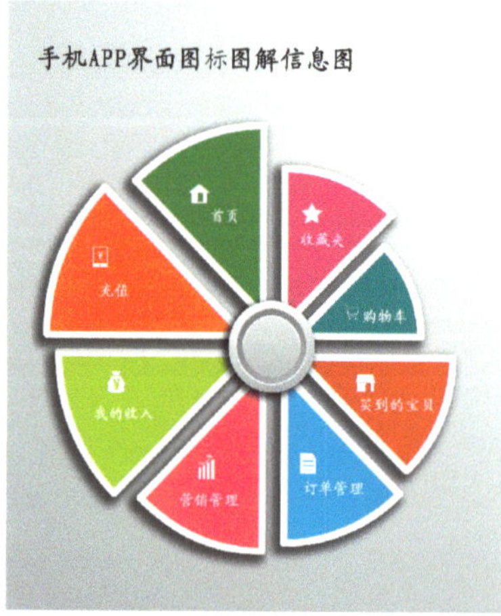

图 7-80 输入其他元素名称文字

图 7-81 在中心圆形位置输入文字

步骤05 双击“APP”图层，弹出“图层样式”对话框，在对话框中选中“斜面和浮雕”和“投影”复选框，如图 7-82 所示，单击“确定”按钮，即可为文字添加相应图层样式。

步骤06 使用同样的方法，为其他图层添加图层样式，完成效果如图 7-83 所示。

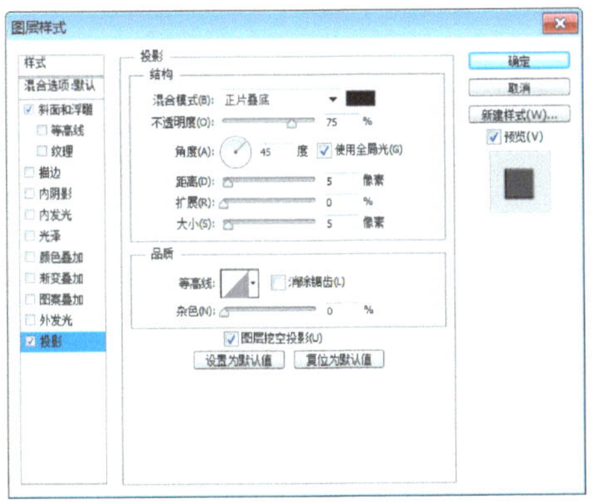

图 7-82 选中“斜面和浮雕”和“投影”复选框

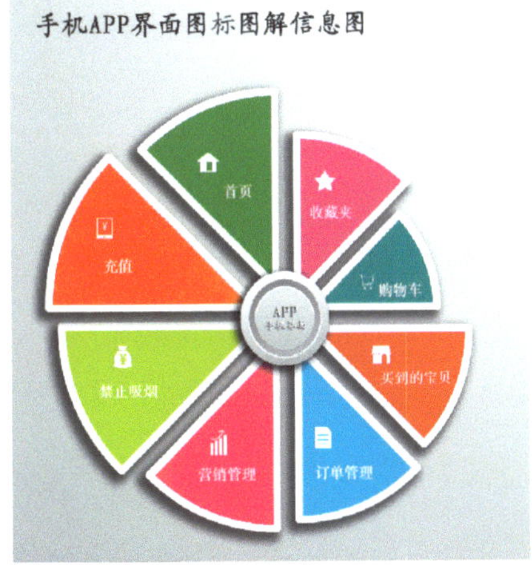

图 7-83 完成效果

读者选择“文字工具”后，可以在工具属性栏中直接对文字的字体字号大小、颜色等进行设置，也可以单击“窗口”|“字符”命令，在弹出的“字符”面板中对文字的参数进行设置。

7.3 巧借活用——图解信息图模板套用

上节主要介绍了图解信息图的制作过程，下面介绍模板的套用方法。

7.3.1 城市公共交通标志运行路线符号版图解信息图

读者可以根据个人需求，更改图解信息图的内容，例如城市公共交通标志运行路线符号的图解信息图，如图 7-84 所示。

城市公共交通标志运行路线符号：
禁止宠物乘车/船
禁止闯入
常规公共汽车
禁止拥挤
交通标志
保持安静
地铁始发站/终点站
当心落水
当心碰头

图 7-84 城市公共交通标志运行路线符号版图解信息图

7.3.2 旅游饭店公共信息图形符号版图解信息图

读者也可以根据图解信息图应用场地的不同，利用图解信息图的模板制作出合适的版本，图 7-85 所示为旅游饭店公共信息图形符号版图解信息图。

图 7-85 旅游饭店公共信息图形符号版图解信息图

7.4 举一反三——其他图解信息图效果展示

前面既介绍了图解信息图的具体制作过程，也讲解了图解信息图模板的套用和修改，本节再展示一下其他图解信息图的效果，帮助读者举一反三，根据自身需要制作出不同的图解信息图，图 7-86 所示为主题为“当今世界食用油三大工艺”的图解信息图。

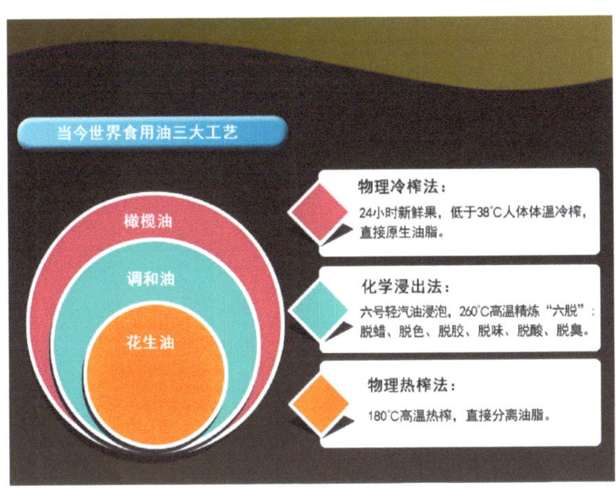

图 7-86 图解信息图样例

读者也可以使用创建图形、添加文字的方法，简易地制作图解信息图，图 7-87 所示为主题为“公司部门分配”的图解信息图。

公司部门分配：

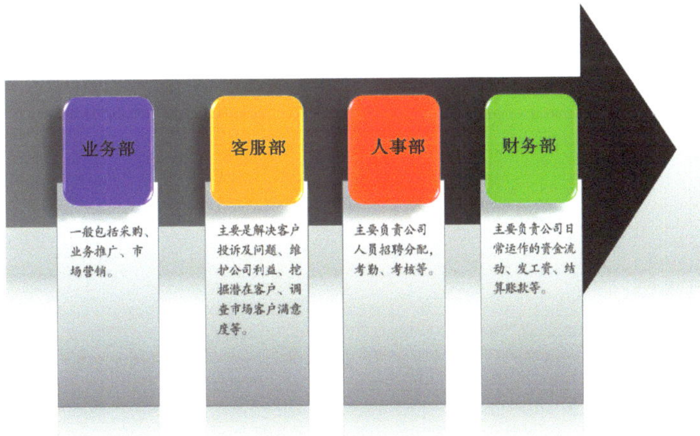

图 7-87 图解信息图样例

第8章

地图信息图的制作

8.1 地图信息图的特点

本章主要介绍地图信息图，地图信息图即将某个区域中的事物缩小后绘制在平面上的图形。

8.1.1 什么是地图信息图

地图信息图是将真实世界转换为平面后形成的，在此过程中必然要将某些东西略去，实际上，说“省略”是绘制地图信息图中最为重要的关键词并不为过，如图 8-1 所示。

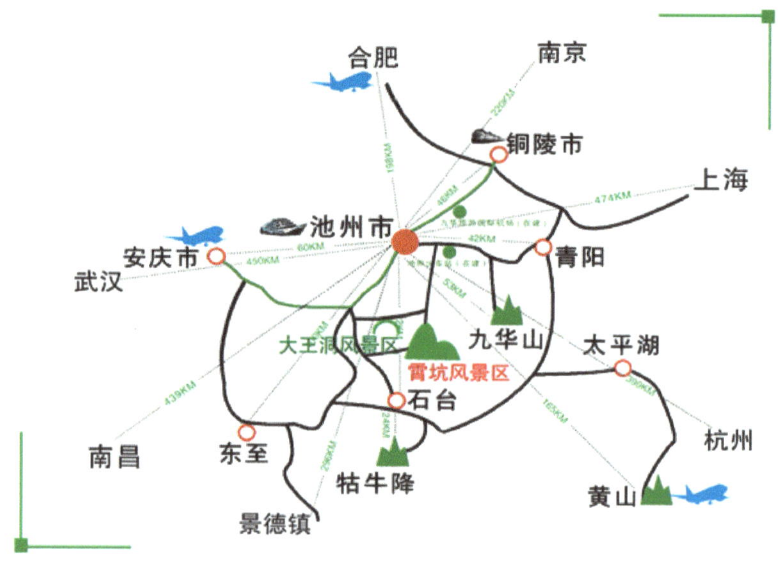

图 8-1 地图信息图

例如，由日本国土地理院发行的比例是 1 ：10000 的地形图或者是日本全境（伊东地区）的 1 ：25000 的地形图，都是将现实世界按比例进行缩小，尽可能忠实地将地形呈现在平面上的测绘图。但是，如果将道路与河流宽度、复杂的海岸线等信息如实反映在地图信息图上，就会使地图信息图难以辨认。因此，在这些地图上，地形地貌都根据既定标准进行了人为的省略。

此外，地图信息图中还大量使用了图例来代替繁复的文字说明。另外，山峦的起伏及河川的坡度等地形上的凹凸变化，都用等高线进行了表现，使信息清晰地反映在平面图上。利用测绘图上的经纬度数据和标高数据，就可以确定地球空间上的任意一点。地形图上所标注的等高线，其意义十分重大。

8.1.2 地图信息图的分类

常见的地图信息图基本上都是以上述地形图为基础绘制而成的。根据侧重的信息不同，地图信息图有许多不同的风格，其中最为基础的就是地形图。地图信息图唯一的目的就是提供正确的地理位置信息，这也是绘制地图信息图的首要原则。

不同的地图信息图均含有不同的信息，例如旅行指南所使用的提供某个区域概观的俯视图，房产商使用的住房与周边生活设施的区域地图，地铁和公交等路线图，机场和车站等使用的楼层指南，观光地所使用的导游图、鸟瞰图、购物指南图等，图 8-2 所示为以“地铁”为主题的地图信息图。

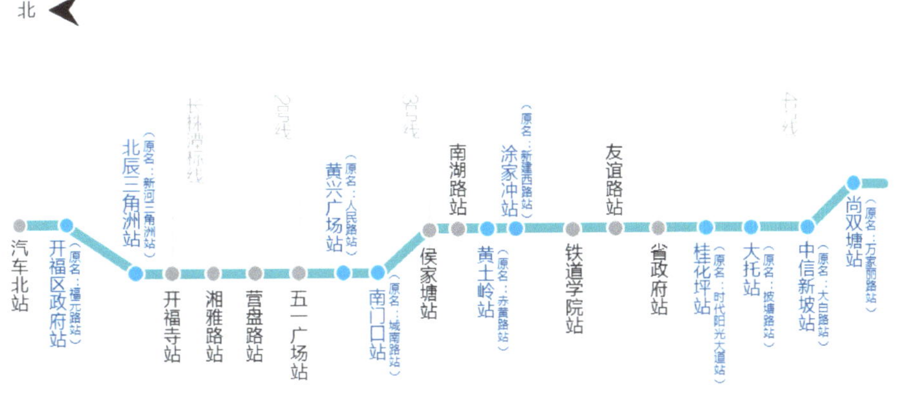

图 8-2 地图信息图样例

这些图首先都是以地形图为基础，选出道路、地形、建筑物等对象，然后在其基本信息上加注必要的信息构成的。诸如导游图、鸟瞰图等，图 8-3 所示为某景区导游图。因为实际的起点或者入口处会有地形图，所以在制作过程中，即使防伪、距离略微出现偏差也无妨，只要能把握住基本信息就可以了。

不论是那种地图信息图，最重要的都是要让看图的人能够快速找到自己所处的位置。要想制作出方便实用的地图信息图，就必须遵循这个大原则。所以，要避免出现会让使用者产生困惑的不必要信息，这一点是非常重要的。此外，要采用能够凸显地形或是四周道路特征的表现形式或不同颜色，这是在地图信息图制作过程中的另一个重点。

根据制作目的不同，地图信息图可以分为将整个区域的布局或结构完整呈现出来的地图信息图和将特定对象突出展现的地图信息图 2 大类。

图 8-3 地图信息图样例

8.1.3 地图信息图的制作流程

1. 确定刊载地图信息图的媒介及目的

根据刊载地图信息图的媒介，了解这些地图信息图的目标读者，然后确定地图信息图的使用目的。比如是表现整个区域，还是表现通往某个目的地的路线，不同的制图目的有不同的表现形式。

2. 确定地图信息图所涵盖的区域范围

一幅领域确定的指南图，为了将使用者引导至某个地点，可以根据车站、周边地表建筑、道路等信息绘制一些颜色醒目的箭头或者图形框。

3. 草图确认

要和委托商商议确定地图信息图所示的区域、表现手法等。为了避免制作后期推倒重做，这是一个十分重要的环节。

4. 绘制线条、基底

以地形图等为基础，绘制矢量图。将不同类型的图形分层进行描绘，能为后续工作提供很大的方便。

5. 安放文字

在合适位置标注文字信息。

6. 润色

检查同一个页面中，相邻的文字、色彩是否和谐。

8.2 实战制作——地图信息图制作

本节以使用 AI 制作《城市地铁路线发布图》为例，主要介绍地图信息图的制作过程。

8.2.1 设计理念

地图信息图制作的流程如下所示。

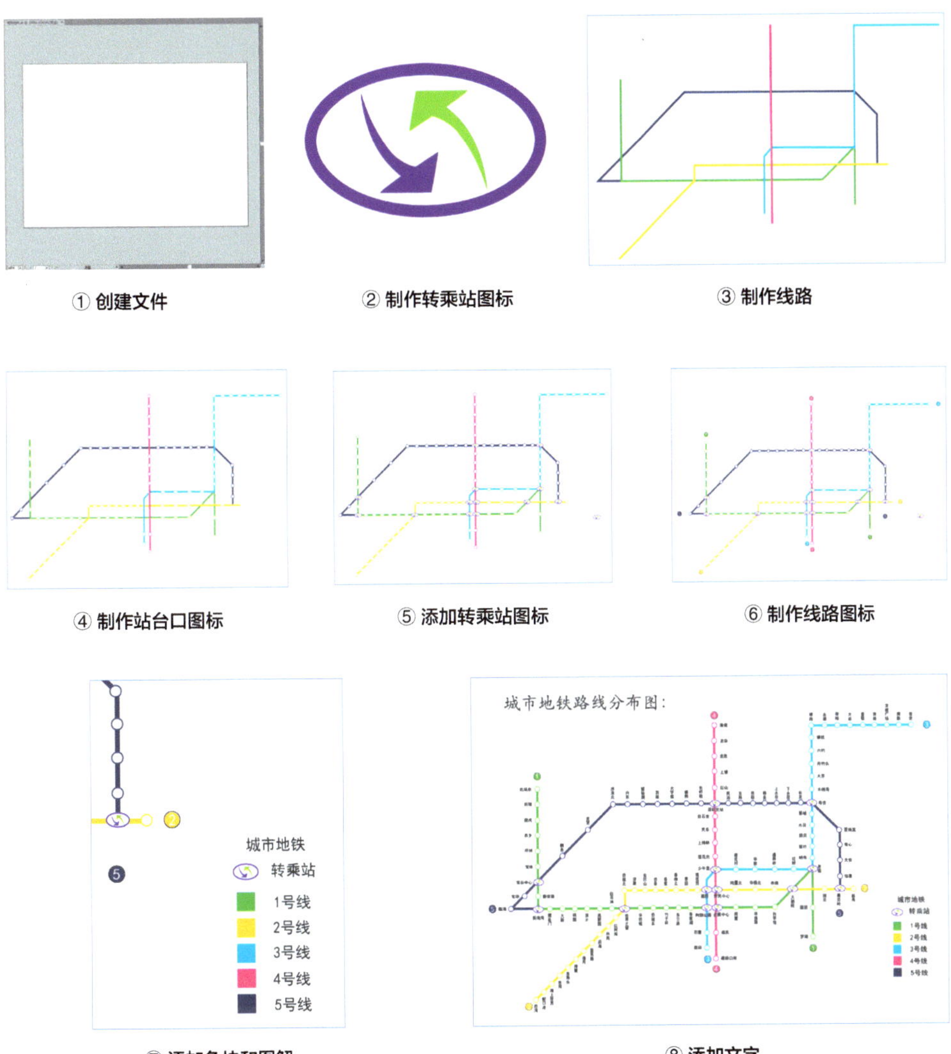

① 创建文件　② 制作转乘站图标　③ 制作线路

④ 制作站台口图标　⑤ 添加转乘站图标　⑥ 制作线路图标

⑦ 添加色块和图解　⑧ 添加文字

8.2.2 创建文件

地图信息图中文件的创建过程如下。

步骤01 运行 AI 软件，单击“文件”|“新建”命令，弹出“新建文档”对话框，在“名称”右侧的文本框中输入“城市地铁”，设置“宽度”为 297 毫米、高度为 210 毫米，如图 8-4 所示。

步骤02 单击“确定”按钮，创建一个空白文档，如图 8-5 所示。

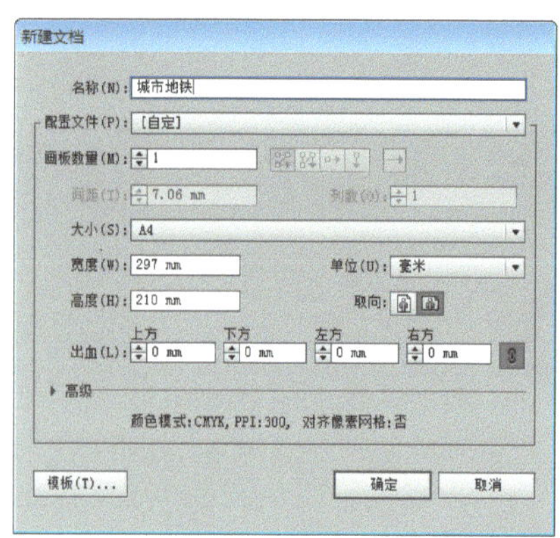

图 8-4 设置各参数

图 8-5 创建空白文档

8.2.3 制作转乘站图标

地图信息图中的转乘站图标制作过程如下。

步骤01 在工具栏中选取“椭圆工具”，如图 8-6 所示。

步骤02 设置“填充”为白色、“描边”为紫色，在编辑窗口中的合适位置绘制一个椭圆，如图 8-7 所示。

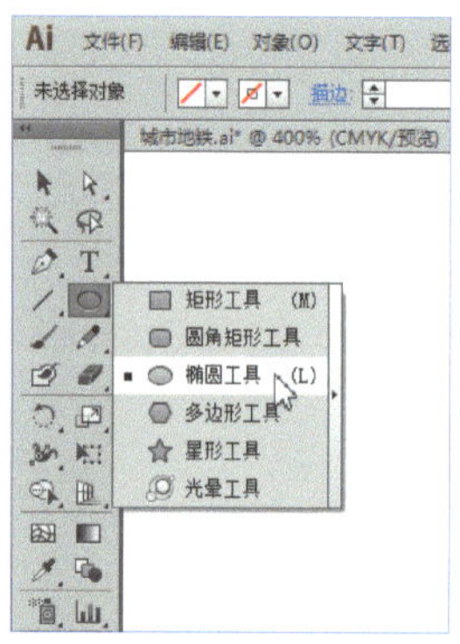

图 8-6 选择“椭圆工具”

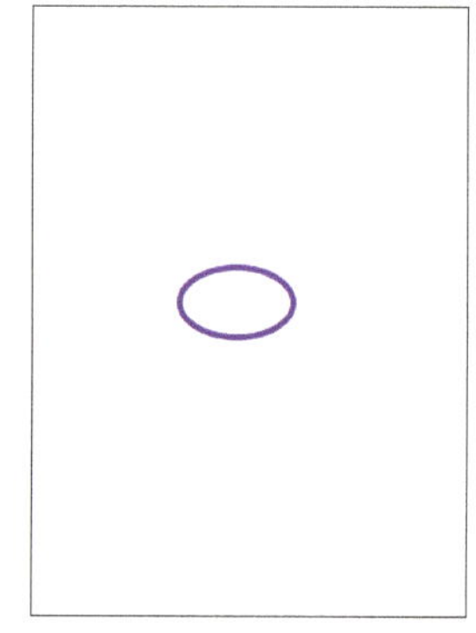

图 8-7 绘制椭圆

步骤03 选取“钢笔工具”，设置“填色”为紫色、“描边”为无填充，使用“钢笔工具”绘制一个箭头形状的路径，效果如图 8-8 所示。在绘制描边后，用户可以选择“直接选择工具”或者敲击【A】键，对路径进行调整。

步骤04 复制并粘贴箭头路径，在路径上方单击鼠标右键，在弹出的快捷菜单中选择“变换”|“对称”选项，如图 8-9 所示。

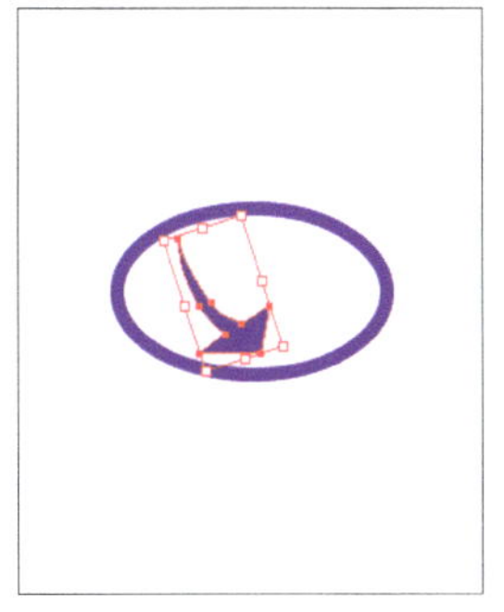
图 8-8 绘制箭头形状的路径

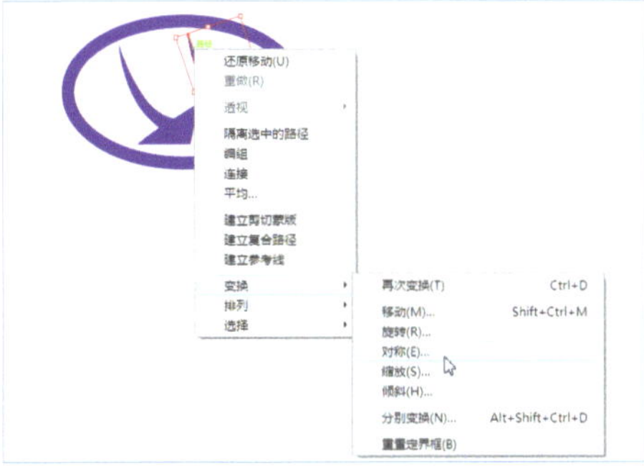

图 8-9 选择“变换”|“对称”选项

步骤05 执行上述操作后，即可弹出“镜像”对话框，选中“垂直”复选框，如图 8-10 所示。

步骤06 单击“确定”按钮，即可翻转路径，如图 8-11 所示。

步骤07 使用同样的方法打开“镜像”对话框，选中“水平”复选框，使路径再次翻转，并移动至合适位置，如图 8-12 所示。

步骤08 设置复制并翻转后路径的填充色为绿色，如图 8-13 所示。

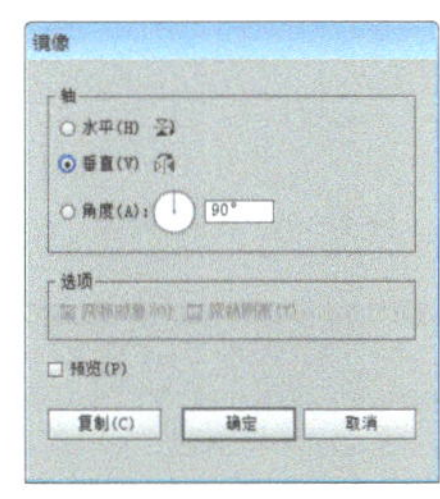

图 8-10 选择“垂直”复选框

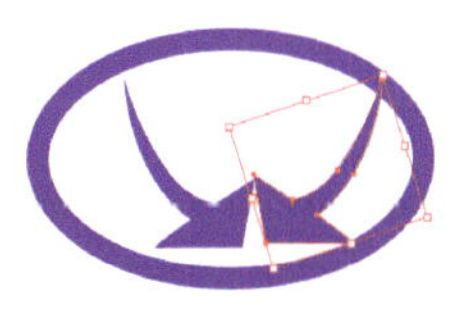
图 8-11 翻转路径

图 8-12 翻转路径并移动至合适位置

图 8-13 为翻转后的路径填充绿色

提示

读者可以单击“对象”|“变换”|“对称”命令，弹出“镜像”对话框，也可以在路径或图形上方单击鼠标右键，在弹出的快捷菜单中选择“变换”|“对称”选项。在“镜像”对话框中，读者根据需求选择“水平”或者“垂直”复选框，单击“确定”按钮，即可对其进行翻转；也可以选中“角度”复选框，在“角度”右侧的文本框中输入相应参数，对其进行自定义翻转。

勾选“预览”复选框，在选择上方的复选框后，即可在编辑窗口中预览翻转后的效果。

8.2.4 制作线路

地图信息图中的路线制作过程如下所示。

步骤 01 新建图层，选取“钢笔工具”，设置“填色”和“描边”均为无填充，如图 8-14 所示。

步骤 02 在编辑窗口中的合适位置单击鼠标左键，绘制的路线是直线，不必拉出控制柄，直接单击即可创建路径，如图 8-15 所示。

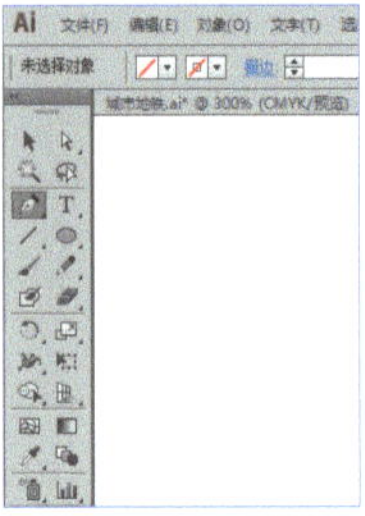

图 8-14 设置“钢笔工具”参数

图 8-15 创建路径

步骤 03 继续绘制路径，如图 8-16 所示。

步骤 04 设置路径“描边”颜色为紫色、“描边粗细”为 4pt，效果如图 8-17 所示。

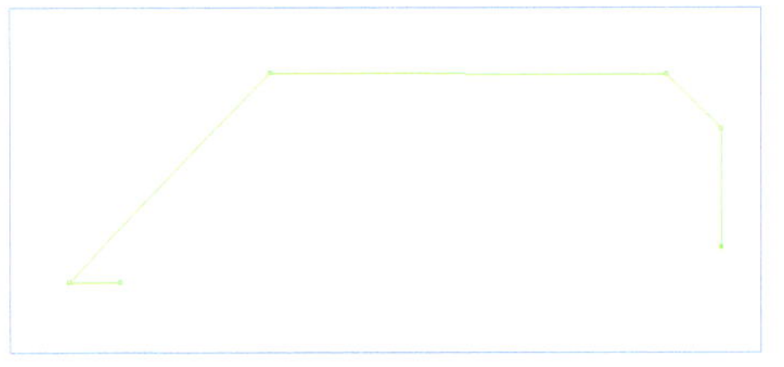

图 8-16 继续绘制路径

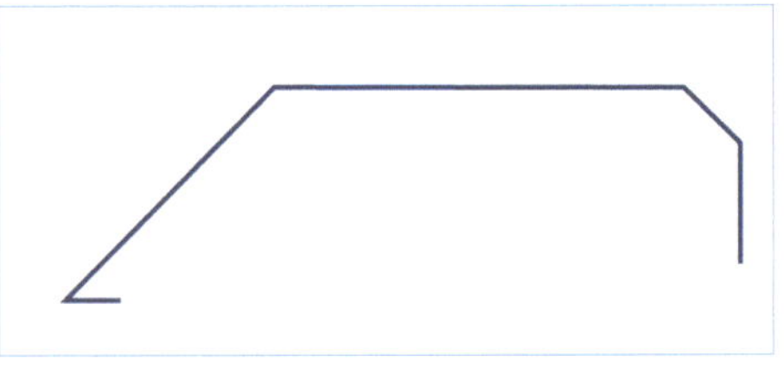

图 8-17 添加描边效果

步骤05 新建图层，使用同样的方法绘制出其他的路线，分别放置于不同的图层以便于修改，效果如图 8-18 所示。

步骤06 选择相应路线，并更改路径的描边颜色，效果如图 8-19 所示。

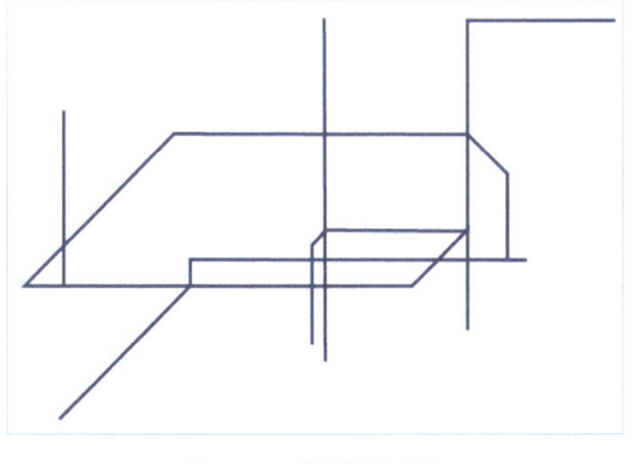

图 8-18 绘制其他路线

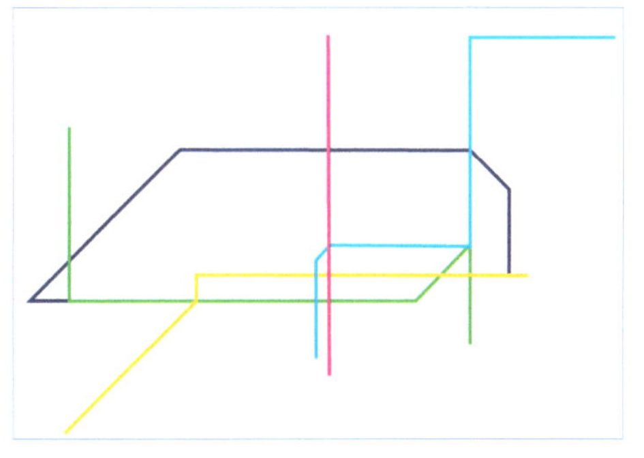

图 8-19 更改路径的描边颜色

8.2.5 制作站台口图标

地图信息图中的站台口图标制作过程如下所示。

步骤01 选取“椭圆工具”，设置“填色”为白色、“描边”为绿色、“描边粗细”为 1pt，如图 8-20 所示。

步骤02 新建图层，按住【Shift】键，在编辑窗口中的合适位置绘制一个正圆，如图 8-21 所示。

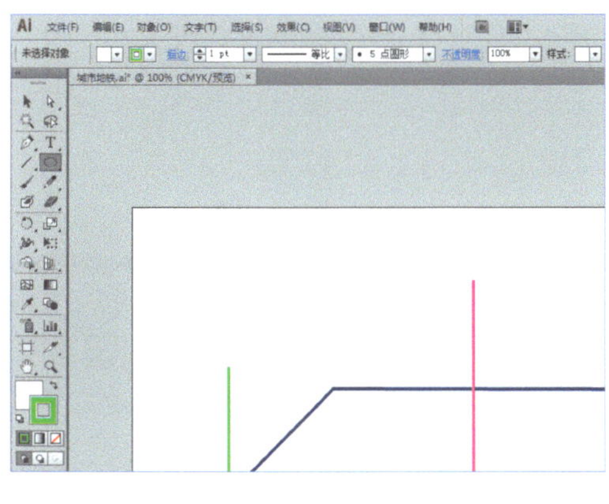

图 8-20 设置“椭圆工具”参数

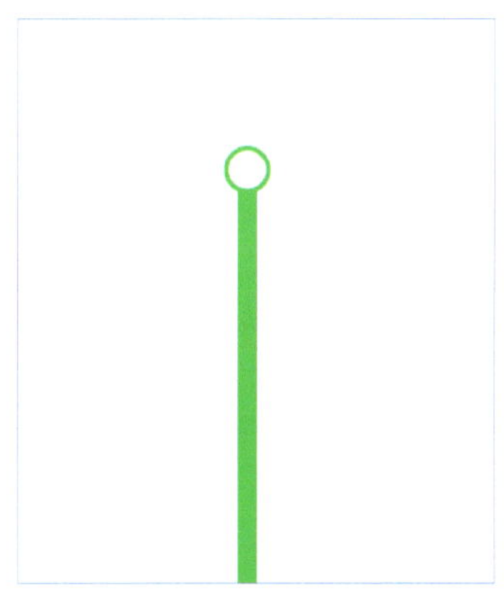

图 8-21 绘制正圆

步骤03 复制多个圆，并将其移动至合适位置，如图 8-22 所示。

步骤04 使用同样的方法，复制圆，更改圆的描边颜色，并移至合适位置，如图 8-23 所示。

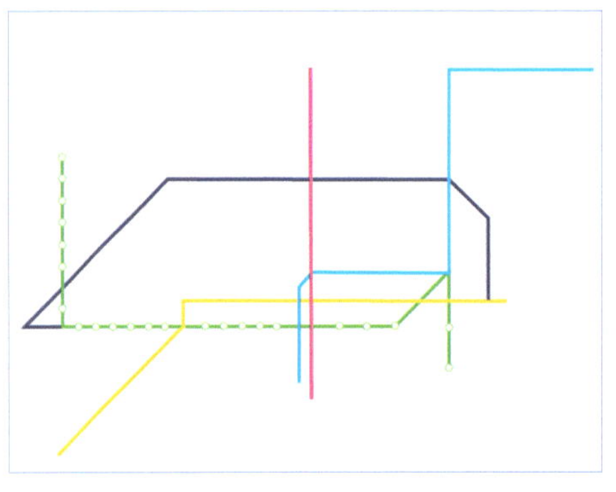

图 8-22 复制圆并移动至合适位置

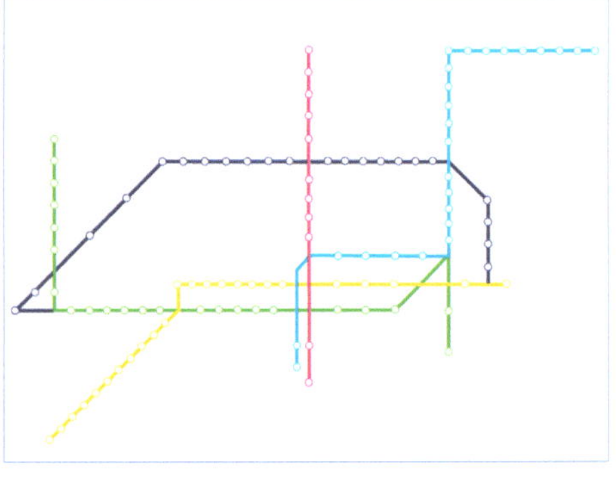

图 8-23 复制更多圆并移动至合适位置

8.2.6 添加转乘站图标

地图信息图中的转乘站图标制作过程如下所示。

步骤01 新建图层，复制并粘贴“转乘站”图标，调整其大小和位置，如图 8-24 所示。

步骤02 复制、粘贴多个“转乘站”图标，并移动至合适位置，如图 8-25 所示。

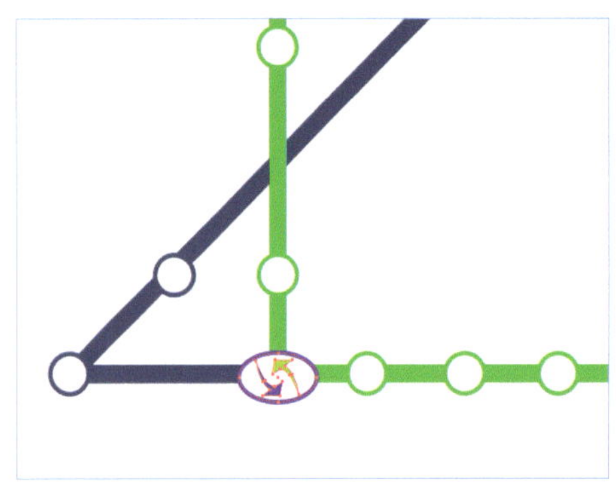

图 8-24 调整图标大小和位置

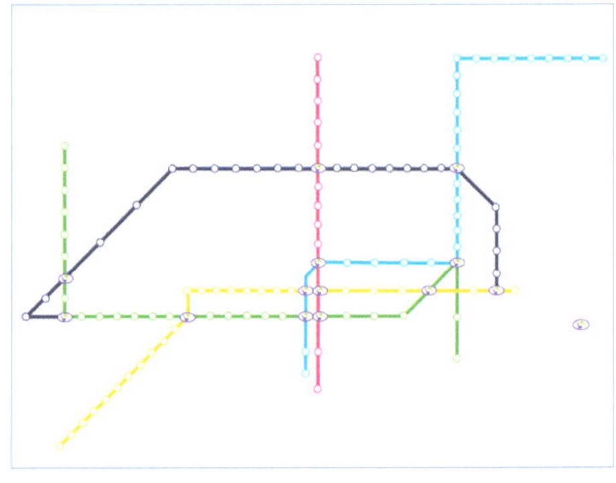

图 8-25 复制、粘贴多个图标并移动位置

8.2.7 制作线路图标

地图信息图中的线路图标制作过程如下。

步骤01 新建图层，选取“椭圆工具”，设置“填色”为绿色、“描边”为黑色、“描边粗细”为 0.5pt，在编辑窗口中的合适位置绘制一个正圆，效果如图 8-26 所示。

步骤02 选取“文字工具”，设置填色为白色、字体为黑体、字号大小为 12pt，在窗口中的合适位置输入文字并移动至合适位置，如图 8-27 所示。

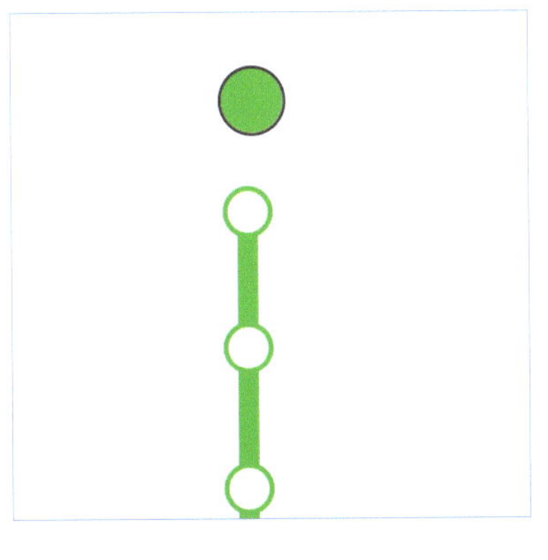

图 8-26 绘制正圆

图 8-27 输入文字并移动至合适位置

步骤03 使用以上同样的方法，制作出其他的线路图标，如图 8-28 所示。

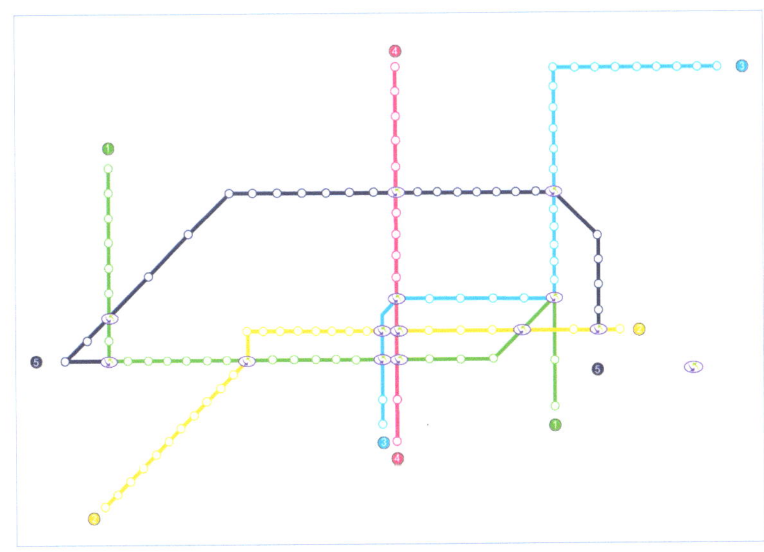

图 8-28 制作其他线路图标

8.2.8 添加色块和图解

地图信息图中的色块和图解制作过程如下所示。

步骤01 新建图层，选取“矩形工具，设置“填充”为绿色、“描边”为无填充，在右下角的“转乘站”图标的下方绘制一个矩形，如图 8-29 所示。

步骤02 复制并粘贴四个绿色矩形，调整至合适位置，如图 8-30 所示。

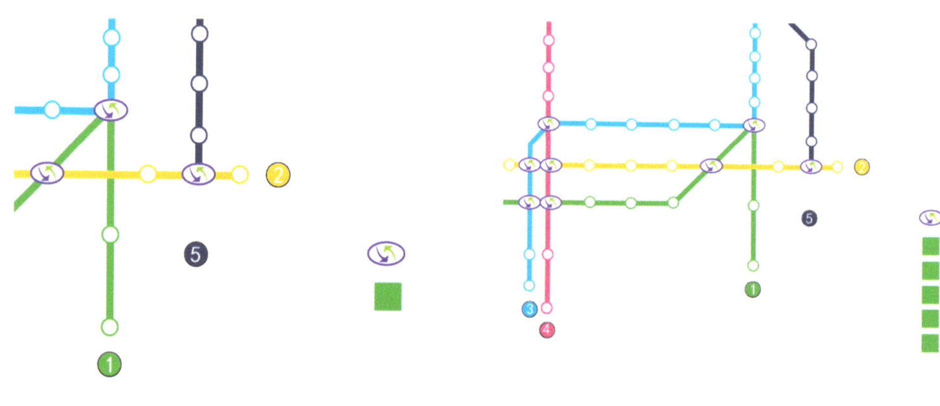

图 8-29 绘制矩形　　图 8-30 复制、粘贴四个矩形并调整位置

步骤03 依次选择矩形，并更改矩形的填充颜色，如图 8-31 所示。

步骤04 选取“文字工具”，设置填色为黑色、字体为黑体、字号大小为 12pt，在窗口中的合适位置输入文字并移动至合适位置，如图 8-32 所示。

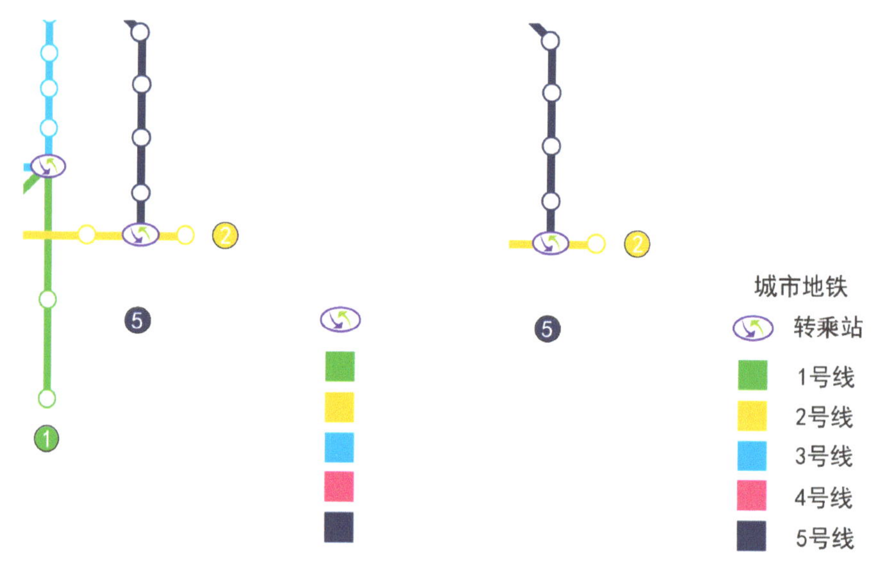

图 8-31 更改矩形的填充颜色　　图 8-32 输入文字并移动至合适位置

8.2.9 添加文字

地图信息图中的添加文字过程如下所示。

步骤01 新建图层，选取“文字工具”，设置填色为黑色、字体为华文楷体、字号大小为 30pt，在窗口中的左上角输入主题文字并移动至合适位置，如图 8-33 所示。

步骤02 新建图层，选取“文字工具”，设置填色为黑色、字体为黑体、字号大小为7pt，在窗口中的站台口图标旁输入文字并移动至合适位置，如图 8-34 所示。

步骤03 使用同样的方法输入其他站台口名称文字并移动至合适位置，如图 8-35 所示。

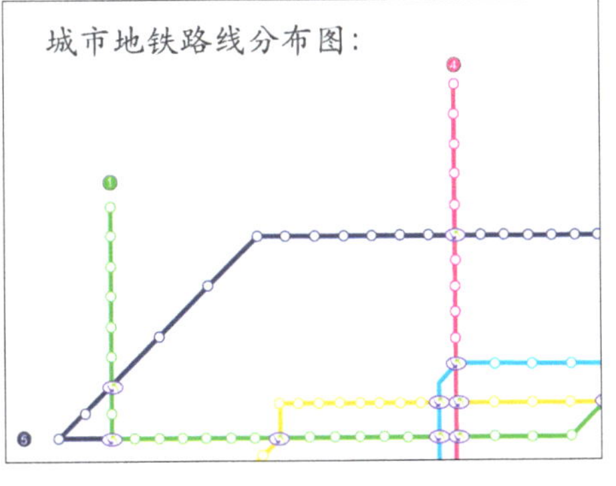

图 8-33 输入主题文字并移动至合适位置

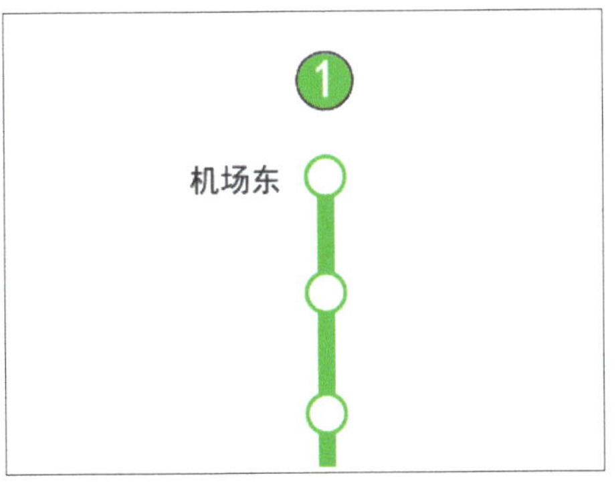

图 8-34 输入站台口名称文字并移动至合适位置

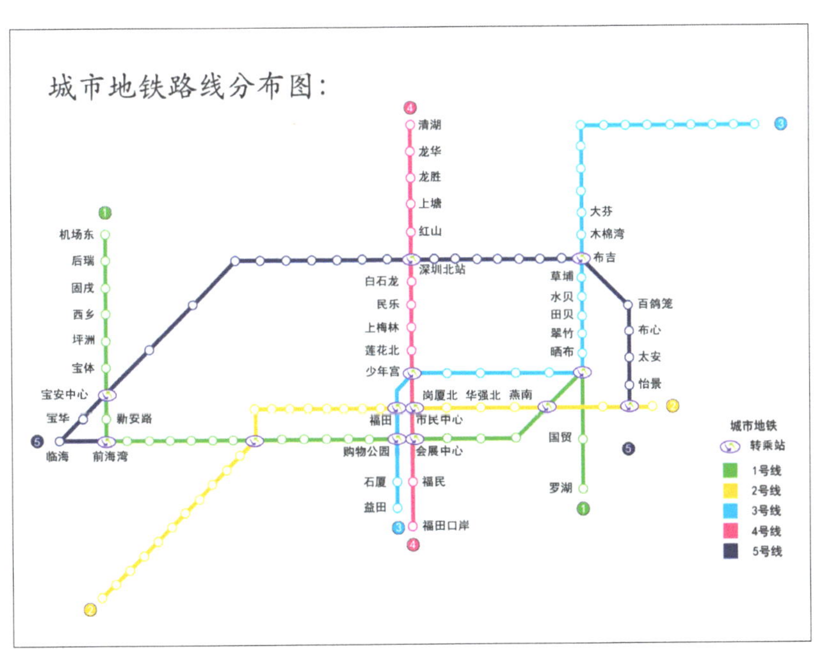

图 8-35 输入其他文字并移动至合适位置

步骤04 新建图层，选取“直排文字工具”，输入其余文字并移动至合适位置，完成效果如图 8-36 所示。

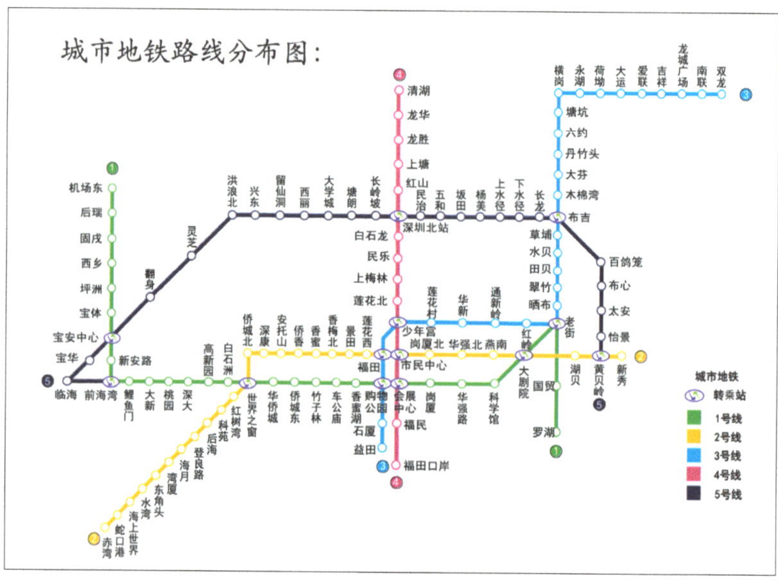

图 8-36 完成效果

8.3 巧借活用——地图信息图模板套用

上节主要介绍了地图信息图的制作过程，下面介绍模板的套用方法。

8.3.1 单条地铁地图信息图

地铁站台的地图信息图一般只有该条地铁线路的信息，如图 8-37 所示，可以根据实际需要绘制。

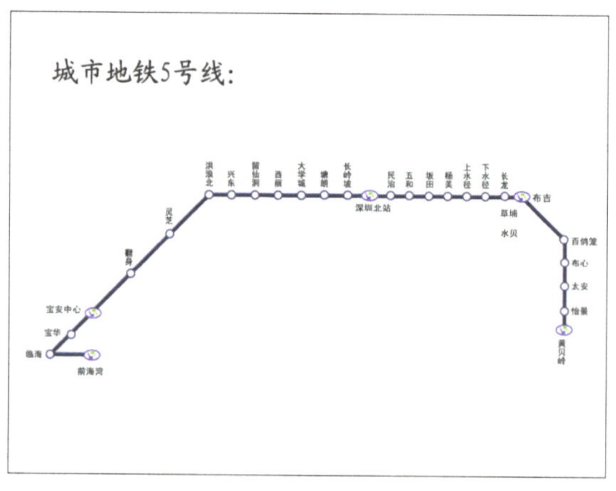

图 8-37 单条地铁地图信息图

8.3.2 双条或多条地铁地图信息图

在有两条或者两条以上的地图线路站台处的地图信息图，会包含着两条或者多条的地铁路线信息，如图 8-38 所示。

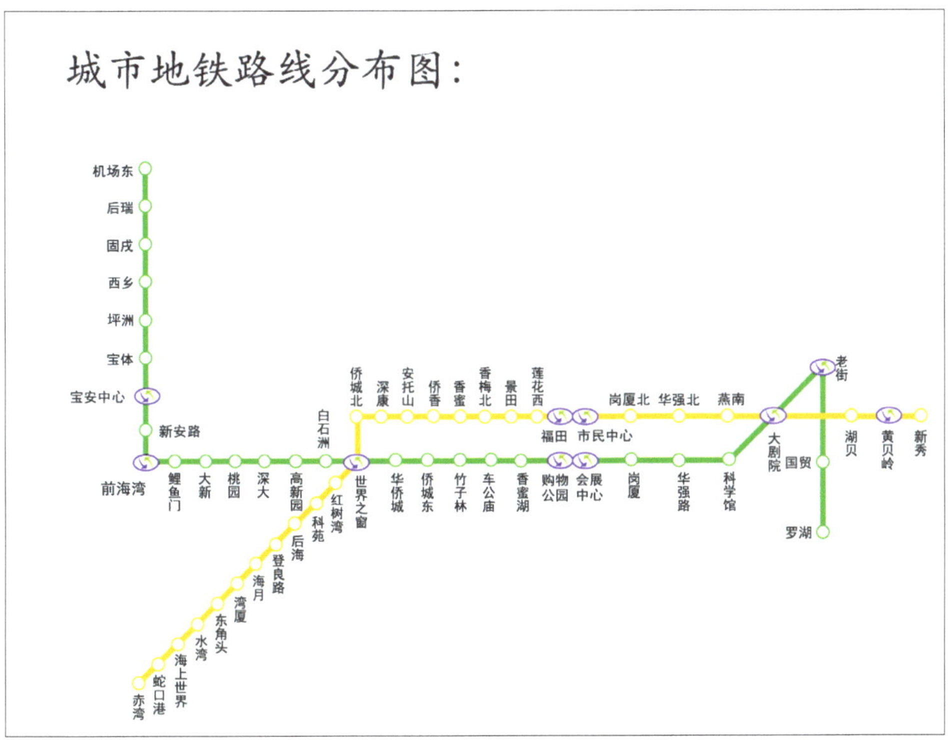

图 8-38 多条地铁地图信息图

8.4 技巧放送——制作其他地图信息图

前面介绍了地图信息图的制作以及模板的套用，下面以制作《公交车线路图》为例，介绍制作其他的地图信息图。

8.4.1 背景的制作

地图信息图中的背景制作过程如下所示。

步骤 01 新建一个名称为“公交车线路图”，“宽度”为 297 毫米、高度为 210 毫米，的空白文件，如图 8-39 所示。

步骤 02 选取“钢笔工具”，设置“填色”为绿色、“描边”为无填充，在编辑窗口的下方绘制一个绿色路径，如图 8-40 所示。

图 8-39 新建空白文件

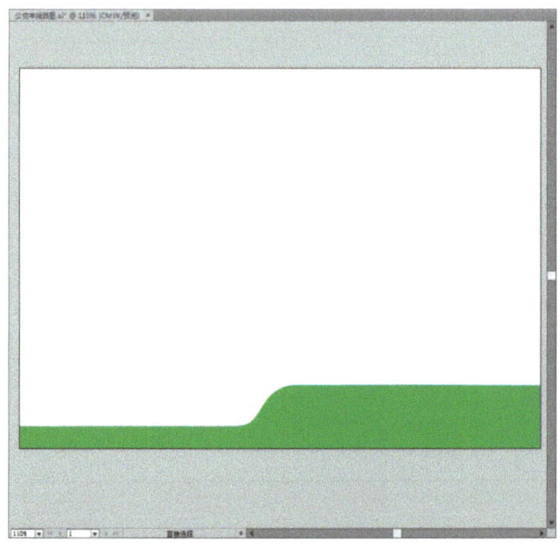

图 8-40 绘制绿色路径

8.4.2 背景道路的制作

地图信息图中的背景道路制作过程如下所示。

步骤01 新建图层，选取“椭圆工具”，设置“填色”为灰色、“描边”为无填充，在编辑窗口中绘制一个圆角矩形，如图 8-41 所示。

步骤02 复制并粘贴圆角矩形，在圆角矩形上方单击鼠标左键，在弹出的快捷菜单中选择“变换”|“旋转”选项，如图 8-42 所示。

图 8-41 绘制圆角矩形

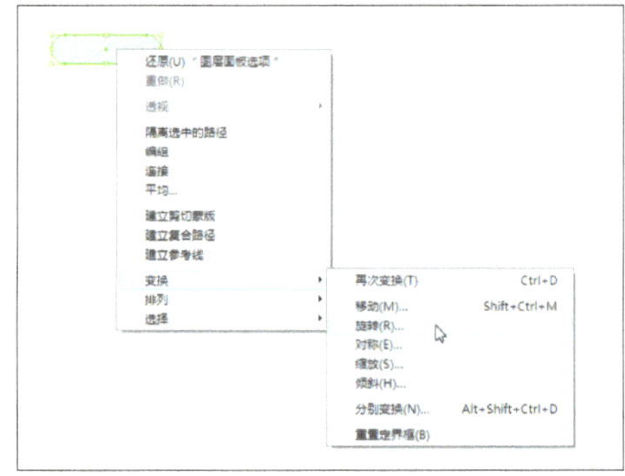

图 8-42 选择“变换”|“旋转”选项

步骤03 执行上述操作后即可弹出“旋转”对话框，在对话框中设置“角度”为 90°，如图 8-43 所示。

步骤04 单击“确定”按钮，旋转圆角矩形，调整圆角矩形的大小和位置，如图 8-44 所示。

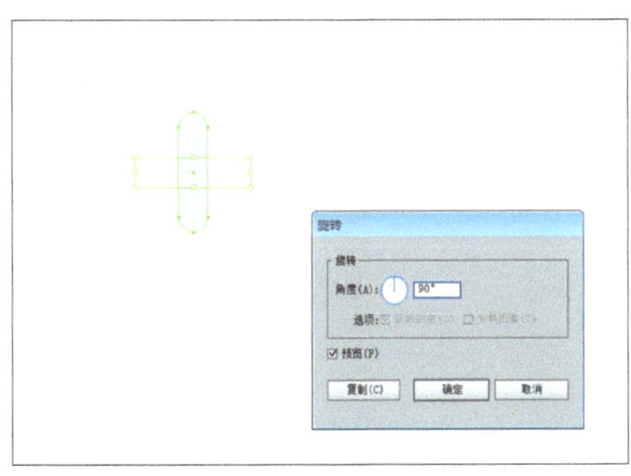

图 8-43 设置角度为 90°

图 8-44 调整圆角矩形的大小和位置

步骤05 使用同样的方法，制作出其他的圆角矩形，如图 8-45 所示。

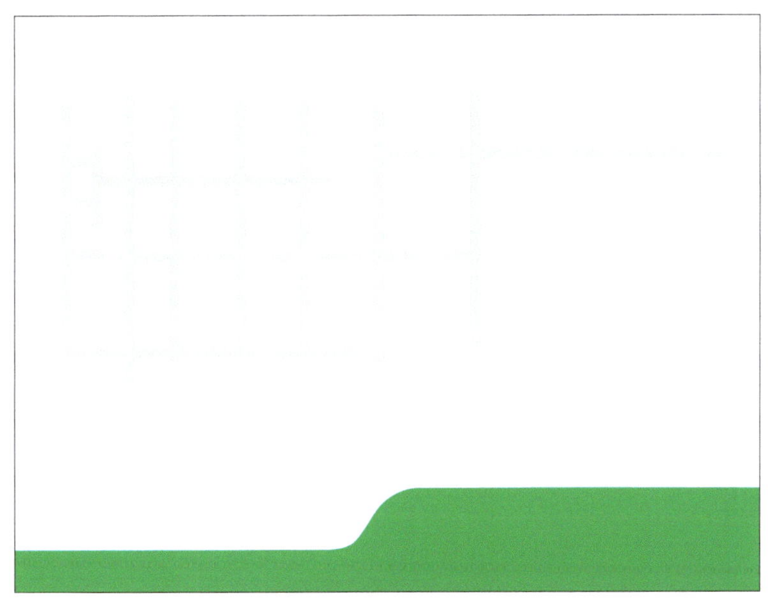

图 8-45 制作其他圆角矩形

8.4.3 方向图标的制作

地图信息图中的方向图标制作过程如下所示。

步骤01 新建图层，选取“钢笔工具”，设置“填色”和“描边”均为无填充，在编辑窗口中绘制路径，如图 8-46 所示。

步骤02 弹出“渐变”面板，在面板中设置“类型”为线性、渐变颜色为白色到白色到黑色再到黑色，如图 8-47 所示。

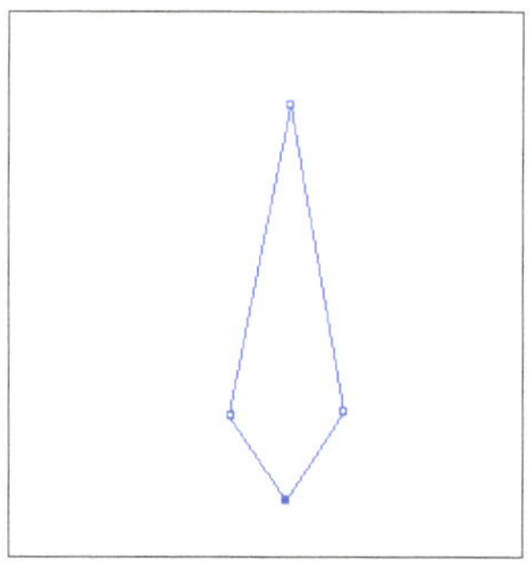

图 8-46 绘制路径

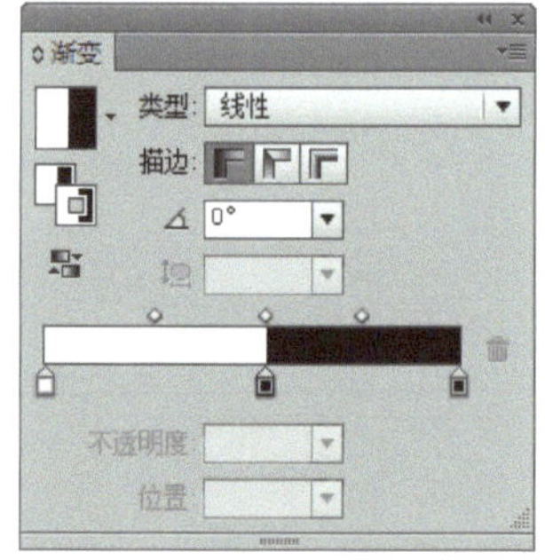

图 8-47 为路径设置渐变参数

步骤03 执行上述操作后，即可为路径添加渐变效果，设置“描边”颜色为黑色，如图 8-48 所示。

步骤04 复制路径，单击鼠标右键，在弹出的快捷菜单中选择“变换”|“旋转”选项，在“旋转”对话框中设置“角度”为 90°，单击“确定”按钮，并将其移动至合适位置。使用同样的方法，再复制并旋转路径两次，并移至合适位置，如图 8-49 所示。

图 8-48 设置“描边”颜色为黑色

图 8-49 复制、旋转路径并移至合适位置

步骤05 选取“文字工具”，设置填色为黑色、字体为黑体、字号大小为 10pt，在窗口中插入点、输入文字，并移动至合适位置，如图 8-50 所示。

图 8-50 输入文字并移至合适位置

8.4.4 公交路线的制作

地图信息图中的公交路线制作过程如下所示。

步骤01 新建图层，选取“钢笔工具”，设置“填色”为无填充、“描边”为绿色，在编辑窗口中的合适位置绘制路径，如图 8-51 所示。

图 8-51 绘制路径

步骤02 新建图层，选取“椭圆工具”，设置“描边”为绿色，在编辑窗口中的合适位置绘制两个正圆，设置上面一个圆的“填色”为草绿色，下面为白色，如图 8-52 所示。

步骤03 选中两个圆，单击鼠标右键，在弹出的快捷菜单中选择“编组”选项，如图 8-53 所示。

图 8-52 设置圆的“填色”参数

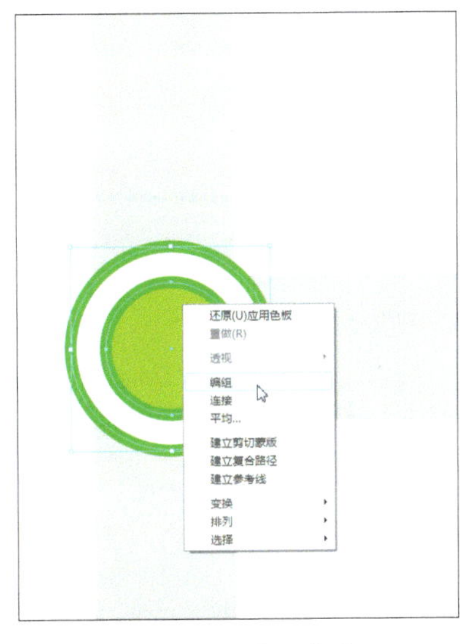

图 8-53 选择“编组”选项

步骤04 复制 3 个圆并移动至合适位置，如图 8-54 所示。

步骤05 使用以上同样的方法，绘制一个“填色”为白色、“描边”为绿色的正圆，复制多个并移至合适位置，如图 8-55 所示。

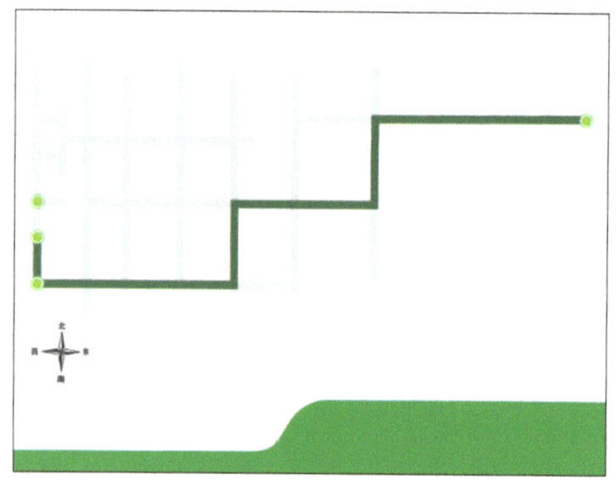

图 8-54 复制圆并移动至合适位置

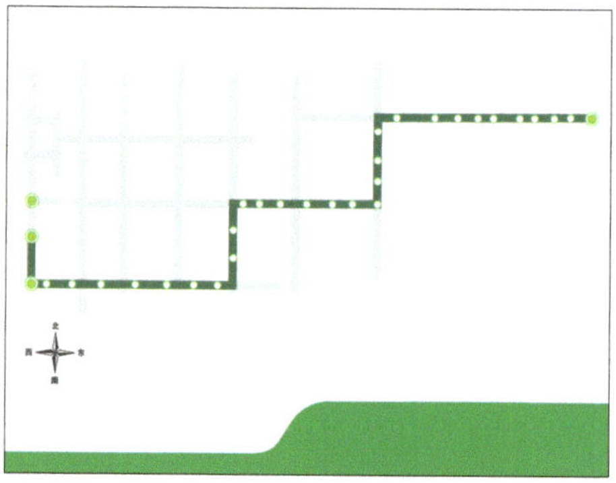

图 8-55 复制多个圆并移动至合适位置

8.4.5 添加箭头和文字

地图信息图中的箭头和文字添加过程如下所示。

步骤01 新建图层，选取“钢笔工具”，设置“填充”为无填充、“描边”为绿色，在窗口中的合适位置绘制两条路径，如图 8-56 所示。

步骤02 选取“钢笔工具”，设置“填充”为绿色、“描边”为无填充，在窗口中的合适位置绘制路径，复制路径，并对其进行镜像翻转，并移至合适位置，如图 8-57 所示。

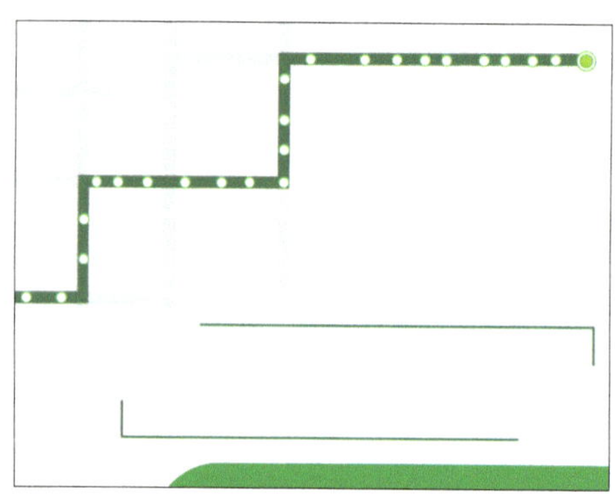

图 8-56 绘制两条路径

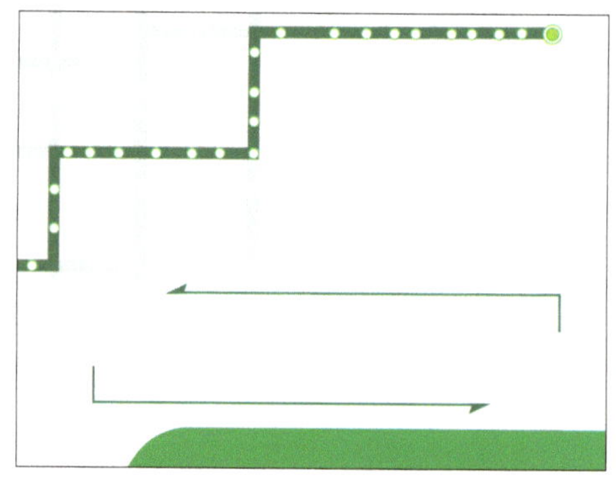

图 8-57 复制、翻转路径并移动至合适位置

步骤03 新建图层，选取“文字工具”，设置填色为黑色、字体为华文楷体、字号大小为 36pt，在窗口中的左上角输入主题文字并移动至合适位置，如图 8-58 所示。

步骤04 新建图层，选取“文字工具”或“直排文字工具”，设置填色为黑色、字体为黑体、字号大小为12pt，在窗口中的左上角输入站台口名称文字并移动至合适位置，如图8-59所示。

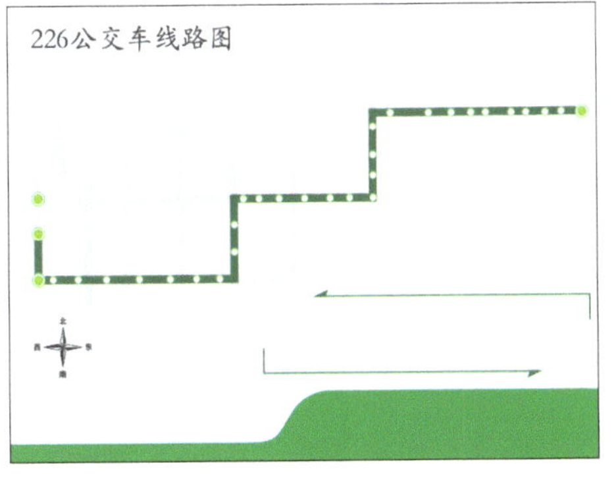

图8-58 输入主题文字并移动至合适位置

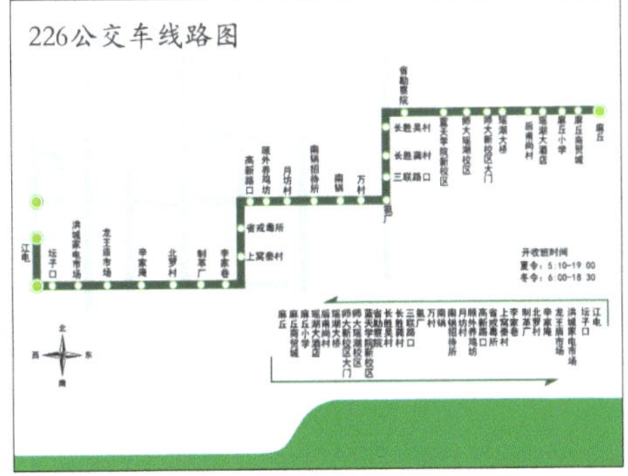

图8-59 输入站台口名称文字并移动至合适位置

8.5 举一反三——其他地图信息图效果展示

前面既介绍了地图信息图的具体制作过程，也讲解了信息图模板的套用和修改，本节再展示一下其他地图信息图的效果，帮助读者举一反三，根据自身需要制作出不同的地图信息图，如图8-60所示。

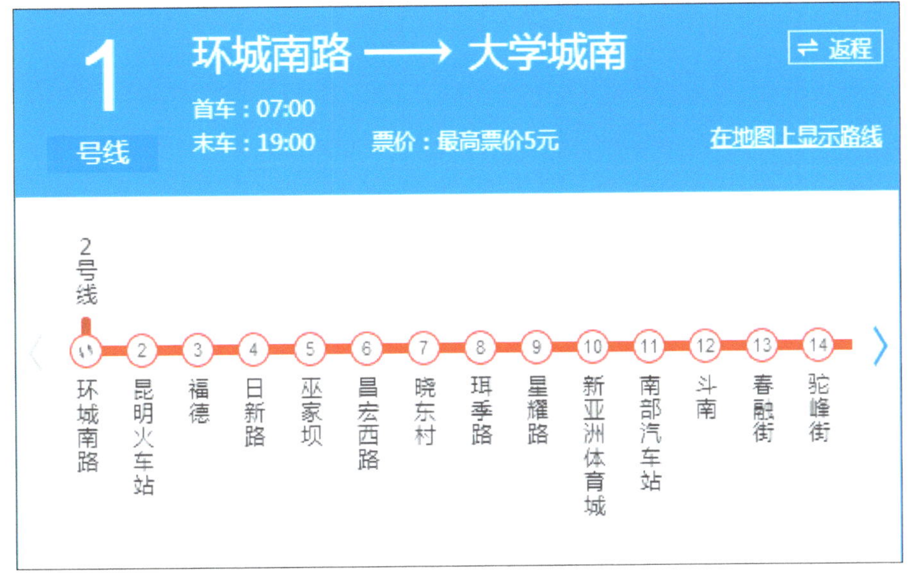

图8-60 地图信息图样例

读者也可以根据实际用途，制作出合适并实用的地图信息图，如图 8-61 所示。

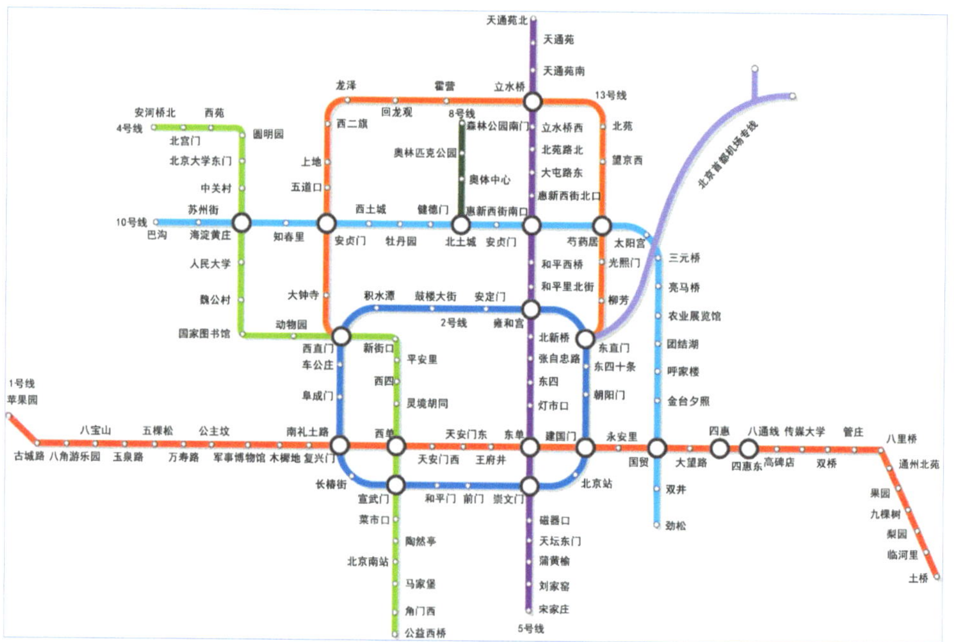

图 8-61 地图信息图样例

www.ingramcontent.com/pod-product-compliance
Ingram Content Group UK Ltd.
Pitfield, Milton Keynes, MK11 3LW, UK
UKHW060103300726
14090UKWH00003B/363

* 9 7 8 7 1 1 5 4 0 4 5 1 0 *